JN493506

모든 것은 기초에서 시작된다

기초수학

BASIC MATHEMATICS 2판

이재원 지음

한빛아카데미
Hanbit Academy, Inc.

지은이 **이재원** ljaewon@kumoh.ac.kr

성균관대학교 수학과를 졸업하였고, 동 대학교 대학원에서 이학석사, 이학박사를 취득하였다. 미국 아이오와대학교에서 객원 교수를 지냈으며, 1996년부터 2024년 8월까지 국립금오공과대학교 수리빅데이터학과에 재직하였고, 현재는 교양학부 명예교수이다. 현재는 한국수학교육학회, 대한수학회, 영남수학회에서 회원으로 활동하고 있다. 다음의 도서를 포함하여 수학/통계 관련 교재의 집필과 번역 활동을 활발히 하고 있다.

- 『알기 쉬운 미분적분학(개정판)』 (북스힐, 2010)
- 『확률과 보험통계(개정판)』 (경문사, 2012)
- 『대학수학 Plus』 (한빛아카데미, 2013)
- 『이자론 중심으로 배우는 금융수학 : 보험계리사 시험 대비』 (한빛아카데미, 2014)
- 『(실생활 소재로 쉽게 설명한) 경영경제통계학』 (북스힐, 2015)
- 『공학인증을 위한 확률과 통계(제4판)』 (북스힐, 2019)
- 『쉽게 배우는 생활 속의 통계학』 (북스힐, 2020)
- 『최신 수리통계학(2판)』 (경문사, 2021)
- 『EXCEL을 활용한 확률과 통계』 (북스힐, 2021)
- 『공학도라면 반드시 알아야 할 최소한의 수학(8판)』 (한빛아카데미, 2022)
- 『경영경제수학 첫걸음』 (한빛아카데미, 2023)
- 『문제 풀며 정리하는 확률과 통계(2판)』 (북스힐, 2023)
- 『통계학의 이해(3판)』 (북스힐, 2023)
- 『확률과 통계 입문(2판)』 (한빛아카데미, 2023)
- 『만화로 즐기는 확률과 통계』 (북스힐, 2023)
- 『신소재 · 화공계열을 위한 공학수학』 (북스힐, 2024)
- 『생생한 사례로 배우는 확률과 통계(2판)』 (한빛아카데미, 2024)
- 『전기전자공학을 위한 공학수학』 (북스힐, 2026)
- 『공학 확률과 통계』 (북스힐, 2026)
- 『만화로 즐기는 미분적분학』 (북스힐, 2026)

기초수학 2판

초판발행 2020년 1월 10일
6쇄발행 2026년 1월 26일

지은이 이재원 / **펴낸이** 전태호
펴낸곳 한빛아카데미(주) / **주소** 서울시 서대문구 연희로2길 62 한빛아카데미(주) 2층
전화 02-336-7112 / **팩스** 02-336-7199
등록 2013년 1월 14일 제2017-000063호 / **ISBN** 979-11-5664-481-1 93410

총괄 · 책임편집 김은정 / **기획** 박현경 / **편집** 박현경, 조우리 / **진행** 조우리
디자인 김연정, 조현덕 / **전산편집** 백지선 / **제작** 박성우, 김정우
영업 김성삼, 이정훈, 임현기, 이성훈, 김주성, 심지연

이 책에 대한 의견이나 오탈자 및 잘못된 내용은 출판사 홈페이지나 아래 이메일로 알려주십시오.
파본은 구매처에서 교환하실 수 있습니다. 책값은 뒤표지에 표시되어 있습니다.

홈페이지 www.hanbit.co.kr / 이메일 question@hanbit.co.kr

모든 것은 기초에서 시작된다

기초수학

BASIC MATHEMATICS 2판

이재원 지음

한빛아카데미
Hanbit Academy, Inc.

이 책을 보는 여러분께

2012년 초판이 발간된 이후로 본 교재는 공학계열, 자연계열, 사회계열 학생들에게 많은 사랑을 받고 있습니다. 초판으로 학습한 많은 학생들에게 이메일을 통하여 질문을 받고 답변하면서 학생들이 어떤 점에서 의문을 갖고 있는지, 수학적 지식이 풍부하지 않은 학생에게 문제 해결력을 함양시키기 위해 어떻게 설명해야 할지 많은 고민을 했습니다.

2판은 초판에 이어 학생 중심의 생각에서 집필하고 학생이 가질 수 있는 의문점을 스스로 해결할 수 있는 능력을 함양하도록 수정 방향을 설정하였습니다. 본 교재를 집필하는 동안 두 가지를 마음 속 깊이 생각했습니다. 첫 번째는 수학적 기초가 부족한 학생을 위한다는 것이고, 두 번째는 그 학생들의 수학적 사고력을 함양시킨다는 것입니다. 이와 같은 기본 방향 아래에서, 새로운 마음으로 교재를 집필한다는 생각을 갖고 전체적으로 학습 내용을 손질하였습니다. 초판과 달라진 점은 아래와 같습니다.

1. 고등학교에서 부족한 내용을 보충하여 목차를 재구성하였습니다.
2. 절별 확인문제를 풀 때 스스로 해결할 수 있도록 힌트를 제공합니다.
3. 문제를 풀고 바로 확인할 수 있도록 홈페이지에 해답을 제공합니다.

본 교재는 기초가 부족한 학생들이 학습하기에 충분하도록 초판에 비하여 분량을 대폭 축소하였으나, 학습 내용과 문제는 결코 부족하지 않도록 유지하였습니다. 그리고 함수의 그래프를 포함하여, 그림을 최대한 많이 수록하여 학습 내용을 충분히 이해할 수 있도록 전개하고 있습니다.

다음 장에 스케줄 표를 추가하였으니, 학습하는 데 사용하면 좋겠습니다. 이를 따라 학습하면서 개념을 충분히 익히고, 많은 양의 문제를 풀어보며 꾸준히 연습하다 보면 수학적인 지식이 차곡차곡 늘어날 것입니다. 아울러 문제 해결에 어려움을 겪는 학생이 있다면 언제든지 저자에게 이메일로 문의하기를 바랍니다.

초판에 이어 본 교재에 대한 독자 여러분의 끊임없는 사랑과 충고를 바라면서, 출판에 아낌없는 성원을 해주신 전태호 대표님, 그리고 편집에 많은 노고를 아끼지 않은 박현경 씨, 조우리 씨께도 진심으로 감사를 드립니다.

2019년 12월

이재원

• 표준 스케줄 표

주	해당 장	주제
1	1장	실수의 체계, 식과 연산, 항등식과 방정식
2	2장	직교좌표계, 함수의 정의, 함수의 연산
3	2장	여러 가지 함수
4	3장	지수와 로그, 지수함수
5	3장	지수함수, 로그함수
6	4장	삼각비, 삼각비의 성질
7	4장	삼각함수, 역삼각함수
8		**중간고사**
9	5장	함수의 극한, 극한의 성질, 삼각함수의 극한
10	5장	지수 · 로그함수의 극한, 함수의 연속성
11	6장	미분계수와 도함수, 여러 가지 미분법
12	6장	초월함수의 미분법, 평균값 정리, 함수의 극대와 극소
13	7장	부정적분, 치환적분과 부분적분법
14	7장	정적분, 유리함수의 적분법, 삼각함수의 적분법
15	7장	무리함수의 적분법, 정적분의 응용
16		**기말고사**

미리보기

도입글

해당 장의 내용을 왜 배워야 하는지, 다른 장과는 어떤 관계가 있는지를 보여준다.

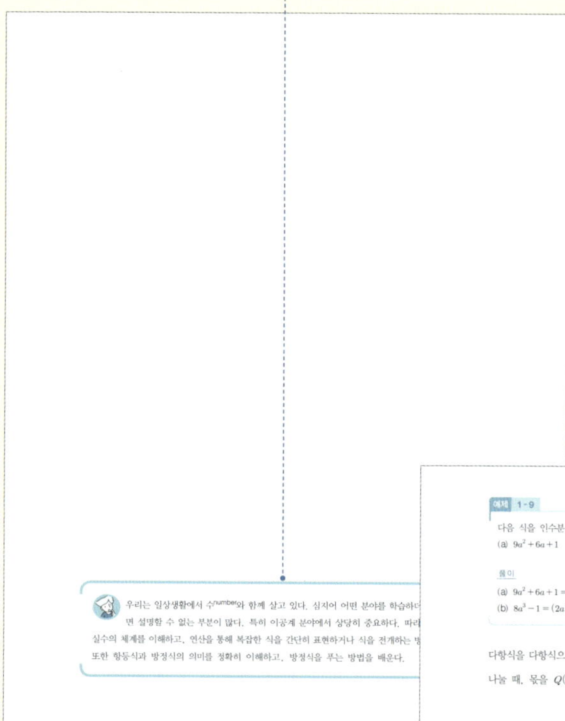

우리는 일상생활에서 수[number]와 함께 살고 있다. 심지어 어떤 분야를 학습하더
면 설명할 수 없는 부분이 많다. 특히 이공계 분야에서 상당히 중요하다. 따라
실수의 체계를 이해하고, 연산을 통해 복잡한 식을 간단히 표현하거나 식을 전개하는 방
또한 항등식과 방정식의 의미를 정확히 이해하고, 방정식을 푸는 방법을 배운다.

주요 용어와 수식

핵심이 되는 용어와 수식을 쉽게 이해할 수 있도록 보여준다.

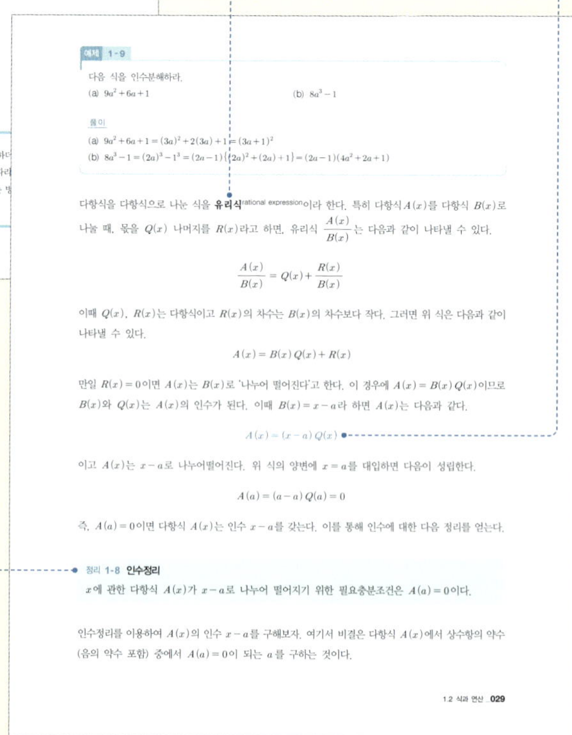

예제 1-9

다음 식을 인수분해하라.

(a) $9a^2+6a+1$ (b) $8a^3-1$

풀이

(a) $9a^2+6a+1=(3a)^2+2(3a)+1=(3a+1)^2$

(b) $8a^3-1=(2a)^3-1^3=(2a-1)\{(2a)^2+(2a)+1\}=(2a-1)(4a^2+2a+1)$

다항식을 다항식으로 나눈 식을 **유리식**[rational expression]이라 한다. 특히 다항식 $A(x)$를 다항식 $B(x)$로 나눌 때, 몫을 $Q(x)$ 나머지를 $R(x)$라고 하면, 유리식 $\frac{A(x)}{B(x)}$는 다음과 같이 나타낼 수 있다.

$$\frac{A(x)}{B(x)}=Q(x)+\frac{R(x)}{B(x)}$$

이때 $Q(x)$, $R(x)$는 다항식이고 $R(x)$의 차수는 $B(x)$의 차수보다 작다. 그러면 위 식은 다음과 같이 나타낼 수 있다.

$$A(x)=B(x)Q(x)+R(x)$$

만일 $R(x)=0$이면 $A(x)$는 $B(x)$로 '나누어 떨어진다'고 한다. 이 경우에 $A(x)=B(x)Q(x)$이므로 $B(x)$와 $Q(x)$는 $A(x)$의 인수가 된다. 이때 $B(x)=x-a$라 하면 $A(x)$는 다음과 같다.

$$A(x)=(x-a)Q(x)$$

이고 $A(x)$는 $x-a$로 나누어떨어진다. 위 식의 양변에 $x=a$를 대입하면 다음이 성립한다.

$$A(a)=(a-a)Q(a)=0$$

즉, $A(a)=0$이면 다항식 $A(x)$는 인수 $x-a$를 갖는다. 이를 통해 인수에 대한 다음 정리를 얻는다.

정리 1-8 **인수정리**

x에 관한 다항식 $A(x)$가 $x-a$로 나누어 떨어지기 위한 필요충분조건은 $A(a)=0$이다.

인수정리를 이용하여 $A(x)$의 인수 $x-a$를 구해보자. 여기서 비결은 다항식 $A(x)$에서 상수항의 약수(음의 약수 포함) 중에서 $A(a)=0$이 되는 a를 구하는 것이다.

1.2 식과 연산 _029

정리

해당 주제에서 기억해 두어야 할 중요한 개념과 수식을 정리하여 보여준다.

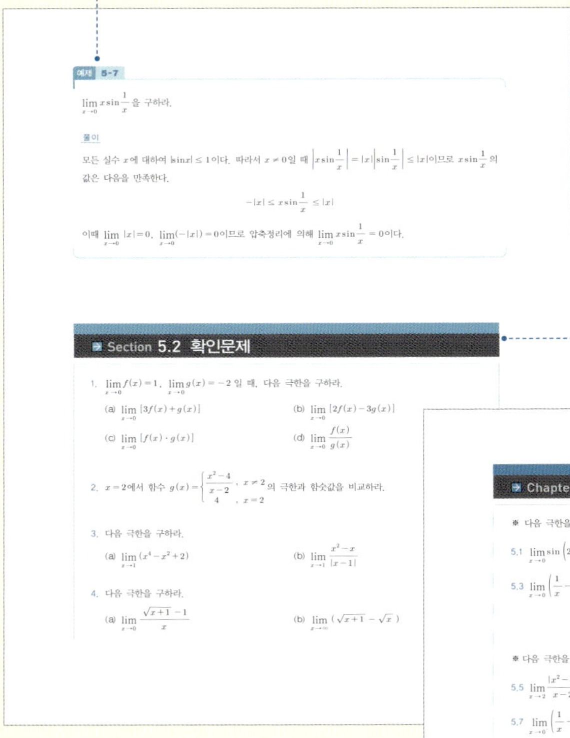

예제 5-7

$\lim_{x\to0} x\sin\frac{1}{x}$ 을 구하라.

풀이

모든 실수 x에 대하여 $|\sin x| \le 1$이다. 따라서 $x \ne 0$일 때 $\left|x\sin\frac{1}{x}\right| = |x|\left|\sin\frac{1}{x}\right| \le |x|$이므로 $x\sin\frac{1}{x}$의 값은 다음을 만족한다.

$$-|x| \le x\sin\frac{1}{x} \le |x|$$

이때 $\lim_{x\to0}|x| = 0$, $\lim_{x\to0}(-|x|) = 0$이므로 압축정리에 의해 $\lim_{x\to0} x\sin\frac{1}{x} = 0$이다.

Section 5.2 확인문제

1. $\lim_{x\to0} f(x) = 1$, $\lim_{x\to0} g(x) = -2$ 일 때, 다음 극한을 구하라.

(a) $\lim_{x\to0}[3f(x)+g(x)]$ (b) $\lim_{x\to0}[2f(x)-3g(x)]$

(c) $\lim_{x\to0}[f(x)\cdot g(x)]$ (d) $\lim_{x\to0}\frac{f(x)}{g(x)}$

2. $x=2$에서 함수 $g(x)=\begin{cases}\frac{x^2-4}{x-2}, & x\ne2\\ 4, & x=2\end{cases}$의 극한과 함숫값을 비교하라.

3. 다음 극한을 구하라.

(a) $\lim_{x\to1}(x^4-x^2+2)$ (b) $\lim_{x\to1}\frac{x^2-x}{|x-1|}$

4. 다음 극한을 구하라.

(a) $\lim_{x\to0}\frac{\sqrt{x+1}-1}{x}$ (b) $\lim_{x\to\infty}(\sqrt{x+1}-\sqrt{x})$

예제 및 풀이

본문에서 다룬 개념들을 적용한 문제와 그에 대한 풀이를 담았다.

확인문제

해당 절이 끝날 때마다 배운 내용을 확인할 수 있는 문제를 제시한다.

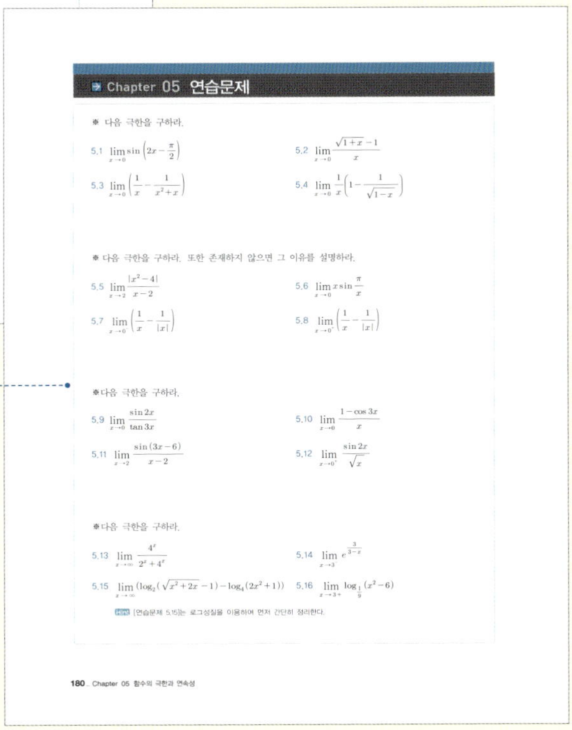

Chapter 05 연습문제

※ 다음 극한을 구하라.

5.1 $\lim_{x\to0}\sin\left(2x-\frac{\pi}{2}\right)$ 5.2 $\lim_{x\to0}\frac{\sqrt{1+x}-1}{x}$

5.3 $\lim_{x\to0}\left(\frac{1}{x}-\frac{1}{x^2+x}\right)$ 5.4 $\lim_{x\to0}\frac{1}{x}\left(1-\frac{1}{\sqrt{1-x}}\right)$

※ 다음 극한을 구하라. 또한 존재하지 않으면 그 이유를 설명하라.

5.5 $\lim_{x\to2}\frac{|x^2-4|}{x-2}$ 5.6 $\lim_{x\to0} x\sin\frac{\pi}{x}$

5.7 $\lim_{x\to0^-}\left(\frac{1}{x}-\frac{1}{|x|}\right)$ 5.8 $\lim_{x\to0^+}\left(\frac{1}{x}-\frac{1}{|x|}\right)$

※ 다음 극한을 구하라.

5.9 $\lim_{x\to0}\frac{\sin 2x}{\tan 3x}$ 5.10 $\lim_{x\to0}\frac{1-\cos 3x}{x}$

5.11 $\lim_{x\to2}\frac{\sin(3x-6)}{x-2}$ 5.12 $\lim_{x\to0^+}\frac{\sin 2x}{\sqrt{x}}$

※ 다음 극한을 구하라.

5.13 $\lim_{x\to\infty}\frac{4^x}{2^x+4^x}$ 5.14 $\lim_{x\to3^-} e^{\frac{3}{3-x}}$

5.15 $\lim_{x\to\infty}(\log_2(\sqrt{x^2+2x}-1)-\log_4(2x^2+1))$ 5.16 $\lim_{x\to3+}\log_{\frac{1}{9}}(x^2-6)$

Hint [연습문제 5.15]는 로그성질을 이용하여 먼저 간단히 정리한다.

180 Chapter 05 함수의 극한과 연속성

연습문제

해당 장이 끝날 때마다 본문에서 익힌 내용을 정리하도록 연습문제를 제시한다.

- **강의자용 : 강의보조자료 다운로드**
  한빛출판네트워크(http://www.hanbit.co.kr) → [교수전용] 클릭 → [강의자료] 클릭
- **학습자용 : 연습문제 해답 다운로드**
  한빛출판네트워크(http://www.hanbit.co.kr) → [SUPPORT] 클릭 → [자료실] 클릭

목차

Chapter 05 함수의 극한과 연속성

Chapter 06 미분법

Chapter 07 적분법

Chapter

01

수와 방정식

Real Number and Equation

학습목표

- 실수의 체계를 이해할 수 있다.
- 절댓값과 제곱근을 이해하고, 지수법칙을 이용하여 문제를 해결할 수 있다.
- 식을 이해하고, 인수분해를 하거나 식을 전개할 수 있다.
- 항등식과 방정식을 이해하고, 여러 가지 방정식의 해를 구할 수 있다.

우리는 일상생활에서 수number와 함께 살고 있다. 심지어 어떤 분야를 학습하더라도 수가 없으면 설명할 수 없는 부분이 많다. 특히 이공계 분야에서 상당히 중요하다. 따라서 이 장에서는 실수의 체계를 이해하고, 연산을 통해 복잡한 식을 간단히 표현하거나 식을 전개하는 방법을 살펴본다. 또한 항등식과 방정식의 의미를 정확히 이해하고, 방정식을 푸는 방법을 배운다.

1.1 실수의 체계

이 절에서는 자연수, 정수, 유리수, 실수의 체계에 대하여 살펴보자. 특히 실수의 체계 안에서 지금까지 사용했던 사칙연산의 의미를 다시 한 번 정리하고, 절댓값을 학습한다. 그리고 거듭제곱과 거듭제곱근의 의미를 살펴보고 $\sqrt{2}$ 가 유리수가 아님을 증명해보자. 또한 실수의 집합을 수직선 위에 표현하는 방법과 여러 가지 구간을 표기하는 방법도 살펴본다.

정수

우리가 '하나, 둘, 셋'과 같이 셈을 하거나 '첫째, 둘째, 셋째'와 같이 순서를 정하기 위하여 자연스럽게 발생한 수를 **자연수**natural number 라 하고, 자연수의 전체 집합은 $\mathbb{N}$으로 나타낸다. 자연수 집합은 덧셈과 곱셈에 대해서만 닫혀있다. 즉 자연수끼리의 덧셈과 곱셈은 자연수이지만 뺄셈과 나눗셈이 반드시 자연수인 것은 아니다.

한편 5~6세기경 인도에서 숫자 '0'이 발견되면서 자연스럽게 음수에 대한 개념이 등장했다. 이로써 양의 정수와 0, 음의 정수로 구성된 수의 체계가 만들어졌다. 이런 수의 체계를 **정수**integer 라 하고, 정수의 전체 집합은 $\mathbb{Z}$로 나타낸다.[1] 정수의 집합은 덧셈, 뺄셈, 곱셈에 대해 닫혀있다.

예제 1-1

두 정수 a와 b가 다음과 같다. 사칙연산 결과가 정수이면 ○, 정수가 아니면 ×를 표시하라.

사칙연산	$a+b$	$a-b$	$a \cdot b$	$a \div b$
$a=1,\ b=2$				
$a=6,\ b=3$				

풀이

사칙연산	$a+b$	$a-b$	$a \cdot b$	$a \div b$
$a=1,\ b=2$	○	○	○	×
$a=6,\ b=3$	○	○	○	○

1 $\mathbb{Z}$는 수(number)를 나타내는 독일어 'Zahl'에서 유래되었다.

유리수

임의의 정수 a를 0이 아닌 정수 b로 나눈 수를 **분수**fractional number 라 하고 $\frac{a}{b}$ 또는 a/b로 나타낸다. 다음 분수를 살펴보자.

$$\frac{2}{5},\ \frac{4}{10},\ \frac{8}{20},\ \frac{16}{40}$$

이때 두 정수 2와 5의 공약수는 1뿐이며, 이처럼 1 이외의 공약수를 갖지 않는 둘 이상의 양의 정수를 **서로소**relatively prime 라 한다. $\frac{2}{5}$는 분모와 분자가 서로소인 분수이다. 그러나 $\frac{4}{10}$, $\frac{8}{20}$, $\frac{16}{40}$은 분모와 분자가 서로소인 분수가 아니지만 최대공약수로 분모와 분자를 각각 나누면 모두 $\frac{2}{5}$가 된다. 이와 같이 분모와 분자가 서로소인 분수를 **기약분수**irreducible fractional number 라 한다. 그리고 기약분수와 정수를 포함하여, 분수로 나타낼 수 있는 수의 체계를 **유리수**rational number 라 하고, 이때 유리수의 전체 집합은 $\mathbb{Q}$로 나타낸다. 임의의 유리수 r은 정수 p와 0이 아닌 정수 q에 대하여 다음과 같이 나타낼 수 있다.

$$r = \frac{p}{q} \ \text{(단, } p\text{와 } q\text{는 서로소)}$$

유리수 집합은 사칙연산에 대해 닫혀있다. 즉 두 유리수의 사칙연산 결과는 유리수이다. 이때 0으로 나눈 것은 제외한다.

예제 1-2

두 유리수 a와 b가 다음과 같다. 사칙연산 결과가 유리수이면 ○, 유리수가 아니면 ×를 표시하라.

사칙연산	$a+b$	$a-b$	$a \cdot b$	$a \div b$
$a=\frac{1}{2},\ b=3$				
$a=4,\ b=\frac{1}{2}$				

풀이

사칙연산	$a+b$	$a-b$	$a \cdot b$	$a \div b$
$a=\frac{1}{2},\ b=3$	○	○	○	○
$a=4,\ b=\frac{1}{2}$	○	○	○	○

특히 정수가 아닌 유리수는 $\frac{1}{8}=0.125$와 같이 소수점 아래의 자릿수가 유한개인 **유한소수**finite decimal와 $\frac{1}{7}=0.142857142857\cdots$과 같이 소수점 아래의 숫자가 규칙적으로 반복되는 **순환소수**recurring decimal로 나뉜다. 그리고 순환소수는 다음과 같이 순환되는 마디의 처음과 끝에 점을 찍어서 간단히 나타낸다.

$$\frac{1}{7}=0.142857142857\cdots=0.\dot{1}4285\dot{7}$$

실수

피타고라스 학파의 히파수스Hippasos는 한 변의 길이가 1인 정사각형의 대각선의 길이가 유리수가 아닌 것을 발견하였으며, 그 이후로 19세기 말에 칸토어Cantor, 데데킨트Dedekind 등에 의하여 순환하지 않는 무한소수가 존재한다는 사실이 밝혀졌다. 이처럼 순환하지 않는 무한소수를 **무리수**irrational number라 하고 유리수와 무리수를 합하여 **실수**real number라 한다. 이때 실수의 전체 집합은 $\mathbb{R}$로 나타낸다. 실수 집합은 유리수와 같이 사칙연산에 대해 닫혀있다. 이와 같은 실수의 체계는 [그림 1-1]과 같이 이루어진다.

- 실수
  - 유리수
    - 정수
      - 양의 정수(자연수)
      - 0
      - 음의 정수
    - 정수가 아닌 유리수
      - 유한소수
      - 순환소수
  - 무리수(순환하지 않는 무한소수)

[그림 1-1] **실수의 체계**

예제 1-3

각각의 수의 집합이 사칙연산 중에서 어떤 연산에 대하여 닫혀있는지 확인해보자. 닫혀있으면 ○, 아니면 ×를 표시하라. 단, 0으로 나누는 것은 제외한다.

구분	덧셈	뺄셈	곱셈	나눗셈
자연수				
정수				
유리수				
실수				

풀이

구분	덧셈	뺄셈	곱셈	나눗셈
자연수	○	×	○	×
정수	○	○	○	×
유리수	○	○	○	○
실수	○	○	○	○

절댓값

모든 실수는 연속이므로 임의의 실수를 수직선 위에 표시할 수 있다. 이때 실수 0으로 대응되는 어떤 정점을 **원점**origin이라 한다. 이 원점의 오른쪽 방향은 양수, 왼쪽 방향은 음수를 의미한다. 임의의 양의 실수 a를 [그림 1-2]와 같이 수직선 위의 오른쪽 방향에 있는 점으로 표시하면 $-a$를 왼쪽 방향에 있는 점으로 표시할 수 있다. 여기서 원점에서 점 a까지의 거리를 실수 a의 **절댓값**absolute value이라 하고 기호 $|a|$로 나타낸다.

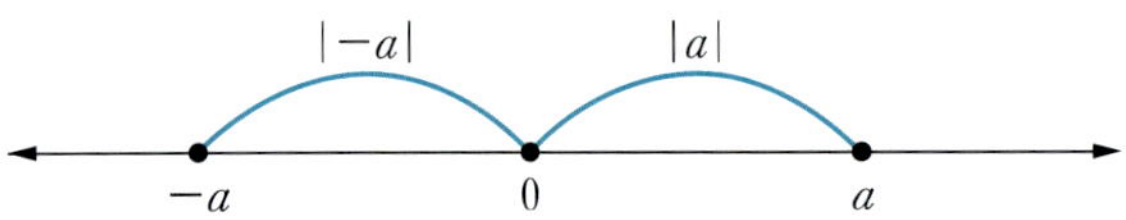

[그림 1-2] 실수와 수직선

예를 들어, 실수 0은 원점에 대응되므로 원점으로부터 거리가 0이다($|0|=0$). 또한 실수 -2와 2는 원점으로부터 각각 2만큼 떨어진 거리에 있는 점에 대응되므로 $|-2|=|2|=2$다. 이때 [그림 1-3]과 같이 음수 -2의 절댓값은 자신의 수 -2에 음수 -1을 곱한 값이지만 양수 2의 절댓값은 그 자신과 동일한 것을 알 수 있다.

$|-2|=2=-(-2)$ $\qquad$ $|2|=2$

[그림 1-3] -2와 2의 절댓값

따라서 임의의 실수 a에 대한 절댓값은 다음과 같이 정의한다.

$$|a|=\begin{cases} a, & a \geq 0 \\ -a, & a < 0 \end{cases}$$

절댓값의 성질은 다음과 같다.

정리 1-1 절댓값의 성질

임의의 실수 a, b에 대하여 다음이 성립한다.

(1) $|a|=0 \Leftrightarrow a=0$

(2) $|a| \geq 0$

(3) $|a|=|-a|$

(4) $|a|+|b|=0 \Leftrightarrow a=0,\ b=0$

(5) $|ab|=|a|\cdot|b|$

(6) $\left|\dfrac{a}{b}\right|=\dfrac{|a|}{|b|}$ (단, $b \neq 0$)

(7) $|x|=a$이면 $x=\pm a$

(8) $|x|=|a|$이면 $x=\pm a$

(9) $-|a| \leq a \leq |a|$

예제 1-4

$a=-1$, $b=2$ 일 때, $|-a|+|-b|\cdot|1-a|-\dfrac{|a|}{|1+b|}$의 값을 구하라.

풀이

주어진 식은 다음과 같이 푼다.

$$\begin{aligned}|-a|+|-b|\cdot|1-a|-\frac{|a|}{|1+b|}&=|-(-1)|+|-2|\cdot|1-(-1)|-\frac{|-1|}{|1+2|}\\&=|1|+|-2|\cdot|2|-\frac{|-1|}{|3|}\\&=1+2\times2-\frac{1}{3}\\&=\frac{14}{3}\end{aligned}$$

거듭제곱과 거듭제곱근

0이 아닌 실수 a를 n번 곱한 결과를 a의 n **거듭제곱**power 이라 하고 a^n으로 나타낸다. 이때 a를 거듭하여 곱한 횟수 n을 a의 **지수**exponent, a를 **밑**base 이라 한다.

$$a^n=\overbrace{a\times\cdots\times a}^{n\text{번}} \quad (\text{단, } a\neq 0)$$

예를 들어, 2의 5 거듭제곱은 2를 5번 반복하여 곱한 것으로, $2 \times 2 \times 2 \times 2 \times 2 = 2^5$으로 나타낸다.

이제, 거듭제곱에 대한 다양한 형태를 살펴볼 것이다. 2^5과 2^3을 곱해보자.

$$2^5 \times 2^3 = (2 \times 2 \times 2 \times 2 \times 2) \times (2 \times 2 \times 2)$$

이때 실수는 곱셈에 대하여 결합법칙이 성립하므로 다음과 같이 표현할 수 있다.

$$\mathbf{2^5 \times 2^3} = 2 \times 2 \times 2 \times 2 \times 2 \times 2 \times 2 \times 2 = 2^8 = \mathbf{2^{5+3}}$$

$(2^5)^3$은 다음과 같이 표현할 수 있다.

$$\mathbf{(2^5)^3} = \overbrace{2 \times \cdots \times 2}^{5} \times \overbrace{2 \times \cdots \times 2}^{5} \times \overbrace{2 \times \cdots \times 2}^{5} = 2^{15} = \mathbf{2^{5 \cdot 3}}$$

그리고 $(2 \times 3)^3$과 $\left(\frac{2}{3}\right)^3$은 각각 다음과 같이 표현할 수 있다.

$$\mathbf{(2 \times 3)^3} = (2 \times 3) \times (2 \times 3) \times (2 \times 3) = (2 \times 2 \times 2) \times (3 \times 3 \times 3) = \mathbf{2^3 \times 3^3}$$

$$\left(\mathbf{\frac{2}{3}}\right)^3 = \frac{2}{3} \times \frac{2}{3} \times \frac{2}{3} = \frac{2 \times 2 \times 2}{3 \times 3 \times 3} = \mathbf{\frac{2^3}{3^3}}$$

특히 밑이 동일한 두 거듭제곱의 나눗셈은 다음과 같다.

$$\mathbf{2^5 \div 2^3} = \frac{2 \times 2 \times 2 \times 2 \times 2}{2 \times 2 \times 2} = 2 \times 2 = 2^2 = \mathbf{2^{5-3}}$$

$$\mathbf{2^3 \div 2^3} = \frac{2 \times 2 \times 2}{2 \times 2 \times 2} = \mathbf{1}$$

$$\mathbf{2^3 \div 2^5} = \frac{2 \times 2 \times 2}{2 \times 2 \times 2 \times 2 \times 2} = \frac{1}{2 \times 2} = \frac{1}{2^2} = \mathbf{\frac{1}{2^{5-3}}}$$

거듭제곱의 곱셈이나 나눗셈을 지수의 덧셈이나 뺄셈으로 나타내는 것을 **지수법칙**law of exponents이라 한다.

정리 1-2 지수법칙

임의의 실수 a, b와 자연수 m, n에 대하여 다음이 성립한다.

(1) $a^m a^n = a^{m+n}$

(2) $(a^m)^n = a^{mn}$

(3) $(ab)^n = a^n b^n$

(4) $\left(\dfrac{a}{b}\right)^n = \dfrac{a^n}{b^n}$ (단, $b \neq 0$)

(5) $a^m \div a^n = \begin{cases} a^{m-n} &, m > n \\ 1 &, m = n \\ \dfrac{1}{a^{n-m}} &, m < n \end{cases}$

이때 $a^0 = 1$, $\dfrac{1}{a^n} = a^{-n}$으로 두고, [정리 1-2]의 식 (5)를 살펴보자.

$$a^{m-m} = a^0 = 1, \qquad \frac{1}{a^{n-m}} = a^{-(n-m)} = a^{m-n}$$

m과 n의 크기에 상관없이 다음과 같이 표현할 수 있다.

$$\boldsymbol{a^m \div a^n = a^{m-n}}$$

그리고 [정리 1-2]의 식 (4)는 $b \neq 0$에 대하여 다음과 같이 표현할 수 있다.

$$\left(\frac{a}{b}\right)^n = \frac{a^n}{b^n} = a^n \cdot \frac{1}{b^n} = a^n \cdot b^{-n}$$

따라서 자연수인 지수뿐만 아니라 정수인 지수에도 확장하여 지수법칙을 적용할 수 있다.

정리 1-3 실수의 제곱과 절댓값의 성질

임의의 실수 a, b에 대하여 다음이 성립한다.

(1) $a^2 \geq 0$

(2) $|a|^2 = a^2$

(3) $a^2 + b^2 = 0 \Leftrightarrow a = 0,\ b = 0$

(4) $|a+b| \leq |a| + |b|$ (삼각부등식)

한편, 어떤 실수 a를 다음과 같이 n번 반복하여 곱한 결과를 b라고 하자.

$$b = \overbrace{a \times \cdots \times a}^{n\text{번}} = a^n$$

a를 **b의 n 제곱근**n-th root 이라 하고, $a = \sqrt[n]{b}$로 나타낸다. 특히 $n=2$인 경우에 a를 b의 **제곱근**square root 이라 하고, 간단하게 $a = \sqrt{b}$로 표현한다. 따라서 $a = \sqrt{b}$일 때, $b = a^2 \geq 0$이므로 근호 안의 수 b는 항상 0보다 크거나 같아야 한다. 즉, $b \geq 0$이고, $\sqrt{b} \geq 0$이다.

예를 들어, $a^2 = 4$를 살펴보자.

$$2 \cdot 2 = 2^2 = 4, \quad (-2) \cdot (-2) = (-2)^2 = 4$$

제곱했을 때 4가 되는 경우는 두 가지 경우가 존재한다. 이때 $2 = \sqrt{4}$를 양의 제곱근, $-2 = -\sqrt{4}$를 음의 제곱근이라 한다. 따라서 어떤 실수 a에 대하여 $a^2 = b$라 하면, b의 제곱근은 항상 $\sqrt{a^2}$과 $-\sqrt{a^2}$이다.

$a \geq 0$일 때 $\sqrt{a^2} = a$이고, $a < 0$일 때는 어떤 양수 c에 대하여 $a = -c$라고 하자.

$$\sqrt{a^2} = \sqrt{(-c)^2} = \sqrt{c^2} = c = -a$$

따라서 a^2의 제곱근과 절댓값 사이에 다음 관계가 성립한다.

$$\sqrt{a^2} = |a| = \begin{cases} a, & a \geq 0 \\ -a, & a < 0 \end{cases}$$

또한 $2^3 = 8$이므로 $2 = \sqrt[3]{8} = \sqrt[3]{2^3}$이고, $(-2)^3 = -8$이므로 $-2 = \sqrt[3]{-8} = \sqrt[3]{(-2)^3}$이다. 이와 같이 세제곱하여 a가 되는 수를 a의 **세제곱근**cubic root 이라 하고, 이 경우에는 제곱근과 달리 a의 부호에 관계없이 $\sqrt[3]{a^3} = a$다. 따라서 일반적으로 다음과 같다.

$$n\text{이 짝수일 때, } \sqrt[n]{a^n} = |a| = \begin{cases} a, & a \geq 0 \\ -a, & a < 0 \end{cases}$$

$$n\text{이 홀수일 때, } \sqrt[n]{a^n} = a$$

정리 1-4 제곱근의 성질

임의의 양의 실수 a, b에 대하여 다음이 성립한다.

(1) $\sqrt{a}\sqrt{b}=\sqrt{ab}$

(2) $\dfrac{\sqrt{a}}{\sqrt{b}}=\sqrt{\dfrac{a}{b}}$

(3) $(\sqrt{a})^2=a$, $(-\sqrt{a})^2=a$

(4) $0\le a<b$ 이면 $\sqrt{a}<\sqrt{b}$ 이고 역도 성립한다.

n 제곱근은 다음과 같이 지수가 분수인 수로 표현할 수 있다.

$$\sqrt[n]{a}=a^{\frac{1}{n}}$$

그러면 다음과 같이 지수가 유리수인 경우에도 지수법칙을 적용할 수 있으며, 실수가 지수인 경우에도 동일하게 성립한다.

정리 1-5 유리수 지수의 지수법칙

임의의 양의 실수 a, b와 유리수 p, q에 대하여 다음이 성립한다.

(1) $a^p a^q=a^{p+q}$

(2) $(a^p)^q=a^{pq}$

(3) $(ab)^p=a^p b^p$

(4) $\left(\dfrac{a}{b}\right)^p=a^p\cdot b^{-p}$

(5) $a^p\div a^q=a^{p-q}$

예제 1-5

양의 실수 a, b에 대하여 $\sqrt[4]{a^{-4}b^8}$ 을 간단히 하라.

풀이

$$\sqrt[4]{a^{-4}b^8}=(a^{-4}b^8)^{\frac{1}{4}}=(a^{-4})^{\frac{1}{4}}(b^8)^{\frac{1}{4}}=a^{(-4)\cdot\frac{1}{4}}b^{8\cdot\frac{1}{4}}=a^{-1}b^2=\frac{b^2}{a}$$

예제 1-6

$\sqrt{2}$는 유리수가 아님을 보여라.

풀이

$\sqrt{2}$가 유리수라 하자. 그러면 서로소인 정수 p와 $q(q \neq 0)$에 대하여 $\sqrt{2}$는 다음과 같이 표현할 수 있다.

$$\sqrt{2} = \frac{p}{q}$$

양변을 제곱하여 정리하면 $p^2 = 2q^2$이고, p^2은 2의 배수이므로 p도 역시 2의 배수다. (왜냐하면 p가 2의 배수가 아닌 홀수라면, p^2은 홀수일 수밖에 없기 때문이다.) 그러므로 어떤 정수 k에 대하여 $p = 2k$라 할 수 있다. 이때 $p^2 = (2k)^2 = 4k^2$이므로

$$p^2 = 4k^2 = 2q^2 \quad \Rightarrow \quad q^2 = 2k^2$$

이고 q도 2의 배수가 된다. 따라서 p와 q가 서로소인 정수라는 가정에 모순이므로 $\sqrt{2}$는 유리수가 아니다.

여러 가지 구간

임의의 두 실수 a와 b에 대하여 다음과 같은 $\mathbb{R}$의 부분집합을 구간interval이라고 한다.

$$[a, b] = \{x \in \mathbb{R} \mid a \le x \le b\}, \quad (a, b) = \{x \in \mathbb{R} \mid a < x < b\}$$
$$[a, b) = \{x \in \mathbb{R} \mid a \le x < b\}, \quad (a, b] = \{x \in \mathbb{R} \mid a < x \le b\}$$
$$(-\infty, a] = \{x \in \mathbb{R} \mid x \le a\}, \quad [a, \infty) = \{x \in \mathbb{R} \mid a \le x\}$$
$$(-\infty, a) = \{x \in \mathbb{R} \mid x < a\}, \quad (a, \infty) = \{x \in \mathbb{R} \mid a < x\}$$
$$(-\infty, \infty) = \mathbb{R}$$

특히 $[a, b]$를 **폐구간**closed interval, (a, b)를 **개구간**open interval, $[a, b)$와 $(a, b]$를 **반개구간**half-open interval 또는 **반폐구간**half-closed interval, $(-\infty, a]$와 $[a, \infty)$를 **무한폐구간**infinite closed interval 그리고 $(-\infty, a)$와 (a, ∞)를 **무한개구간**infinite open interval이라 한다. [그림 1-4]는 이러한 구간의 형태를 수직선 위에 나타낸 것이다.

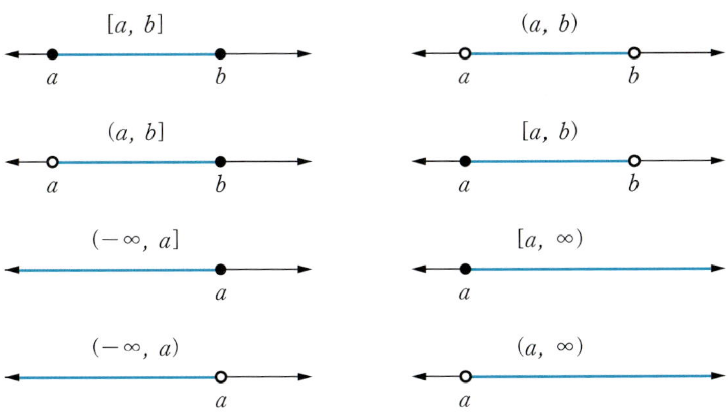

[그림 1-4] 여러 가지 구간의 형태

양수 a에 대하여 부등식 $|x| < a$를 만족하는 모든 x의 집합은 원점으로부터 거리가 a보다 작은 실수 x의 집합이다.

$$(-a,\ a) = \{x \in \mathbb{R} \mid -a < x < a\}$$

$|x| \leq a$를 만족하는 모든 x의 집합은 원점으로부터 거리가 a보다 작거나 같은 실수 x의 집합이다.

$$[-a,\ a] = \{x \in \mathbb{R} \mid -a \leq x \leq a\}$$

또한 $|x| > a$를 만족하는 모든 x의 집합은 원점으로부터 거리가 a보다 큰 실수 x의 집합이다.

$$(-\infty,\ -a) \cup (a,\ \infty) = \{x \in \mathbb{R} \mid x < -a\} \cup \{x \in \mathbb{R} \mid x > a\}$$

$|x| \geq a$를 만족하는 모든 x의 집합은 원점으로부터 거리가 a보다 크거나 같은 실수 x의 집합이다.

$$(-\infty,\ -a] \cup [a,\ \infty) = \{x \in \mathbb{R} \mid x \leq -a\} \cup \{x \in \mathbb{R} \mid x \geq a\}$$

이와 같은 구간을 수직선 위에 나타내면 [그림 1-5]와 같다.

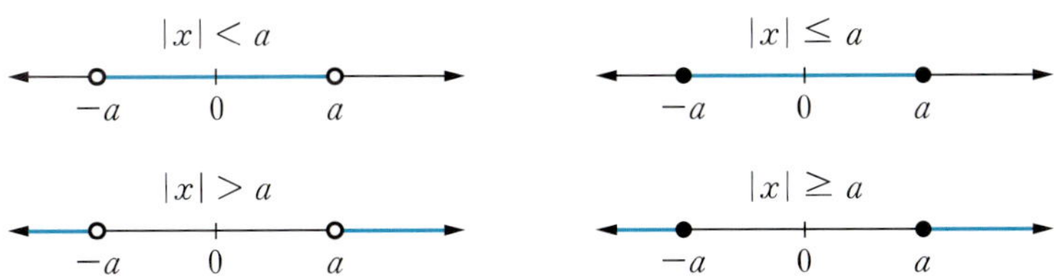

[그림 1-5] 절댓값으로 주어진 구간

Section 1.1 확인문제

1. 두 자연수 a와 b가 다음과 같다. 사칙연산 결과가 자연수이면 ○, 자연수가 아니면 ×로 표시하라.

사칙연산	$a+b$	$a-b$	$a\cdot b$	$a\div b$
(a) $a=4,\ b=2$				
(b) $a=2,\ b=3$				

2. $a=-2$일 때, $|-a|+|a|\cdot|1-a|-\dfrac{|a|}{|1+a|}$의 값을 구하라.

3. 다음 식의 값을 구하라.

(a) $|2-\sqrt{3}|+|1-\sqrt{3}|$　　(b) $|2-2\sqrt{2}|+|1-3\sqrt{2}|$

4. 다음 식의 값을 구하라.

(a) $-1\le x\le 1$일 때, $|1-x|+|x+1|$

(b) $x\ge 1$일 때, $|1+x|+|x-1|$

5. $0<a<b<c$를 만족하는 실수 $a,\ b,\ c$에 대하여 다음 세 실수 $A,\ B,\ C$의 대소관계를 비교하라.

$$A=\frac{a}{c},\quad B=\frac{a+b}{b+c},\quad C=\frac{b-a}{c-a}$$

Hint 조건을 만족하는 임의의 실수 $a,\ b,\ c$를 대입한다.

6. 두 실수 $a,\ b$에 대하여 $a-b>0,\ ab<0$일 때, $\big||a|-|2a-3b|\big|$를 구하라.

7. $(x-y+4)^2+(x-2)^2=0$을 만족하는 실수 $x,\ y$를 구하라.

Hint 실수 $x,\ y$에 대하여, $x^2+y^2=0 \Leftrightarrow x=0,\ y=0$이다.

8. $1<a<2$일 때 $\sqrt{\left(\sqrt{(a-1)^2}-1\right)^2}-|a-2|$를 구하라.

9. $\dfrac{2}{1-\sqrt{3}}=a+b\sqrt{3}$을 만족하는 실수 $a,\ b$에 대해 $a-b$를 구하라.

Hint 분모와 분자에 각각 $1+\sqrt{3}$을 곱한다.

10. $\sqrt{5}$는 유리수가 아님을 보여라.

11. 0이 아닌 실수 a, b, c, d에 대하여 $\frac{|a|}{a}+\frac{|b|}{b}+\frac{c}{|c|}+\frac{d}{|d|}$ 의 값을 모두 구하라.

Hint 0이 아닌 실수 a에 대해 $\frac{|a|}{a}$가 가질 수 있는 값은 -1과 1뿐이다.

1.2 식과 연산

이 절에서는 단항식과 다항식의 의미를 살펴보고, 곱셈공식을 이용하여 식을 전개하는 방법과 인수분해를 이용하여 전개된 식을 간단히 하는 방법을 알아본다. 또한 파스칼의 삼각형을 이용하여 $(a+b)^n$ 형태의 식을 전개하고, 고차다항식을 쉽게 인수분해하기 위해 인수정리를 배워보자.

단항식과 다항식

수 또는 문자의 곱으로 이루어진 식을 **항**term이라 한다. 숫자 또는 몇 개의 문자의 곱으로만 이루어진 식을 **단항식**monomial, 두 개 이상의 단항식의 합으로 이루어진 식을 **다항식**polynomial이라고 한다. 예를 들어, 식 $3x^3-x^2+x+2$는 단항식 $3x^3$, $-x^2$, x, 2의 합으로 이루어진 다항식이다. 이때 단항식 2와 같이 숫자로만 이루어진 항을 **상수항**constant term이라 하고, 문자에 곱해진 숫자는 **계수**coefficient라 한다. x^3의 계수는 3, x^2의 계수는 -1, x의 계수는 1이다. 그리고 단항식에서 곱해진 문자의 개수를 그 문자에 대한 **차수**degree라 하고, 다항식에서 특정한 문자에 대하여 차수가 가장 큰 항의 차수를 **다항식의 차수**degree of polynomial로 정한다. 예를 들어, 식 $x^3-y^2+x^2y^3+1$은 x에 대하여 3차식, y에 대하여 3차식이다.

두 개 이상의 단항식의 합으로 이루어진 다항식에서 계수는 다르더라도 문자의 차수가 동일한 항을 **동류항**similar term이라 한다. 예를 들어 단항식 $-2a^2$, $3a^2$은 동류항이다. 아래 식을 살펴보자.

$$x^3-2x-2x^3+5x+4x^3+x$$

$-2x$, $5x$, x가 동류항이고 x^3, $-2x^3$, $4x^3$이 동류항이다. 다항식에서는 덧셈과 뺄셈에 대하여 교환법칙, 결합법칙과 분배법칙이 성립한다. 다음과 같이 다항식을 동류항끼리 묶어서 정리하는 것을 '**동류항을 간단히 한다**.'고 한다.

$$\begin{aligned} x^3-2x-2x^3+5x+4x^3+x &= (x^3-2x^3+4x^3)+(-2x+5x+x) \\ &= (1-2+4)x^3+(-2+5+1)x \\ &= 3x^3+4x \end{aligned}$$

예제 1-7

동류항을 간단히 하여 다음 두 다항식의 합과 차를 구하라.

$$A(x)=x^3-2x^2+x-2,\ B(x)=2x^3-4x+2$$

풀이

$$\begin{aligned} A(x)+B(x) &= (x^3-2x^2+x-2)+(2x^3-4x+2) \\ &= (x^3+2x^3)-2x^2+(x-4x)+(-2+2) \\ &= (1+2)x^3-2x^2+(1-4)x \\ &= 3x^3-2x^2-3x \end{aligned}$$

$$\begin{aligned} A(x)-B(x) &= (x^3-2x^2+x-2)-(2x^3-4x+2) \\ &= (x^3-2x^3)-2x^2+(x+4x)+(-2-2) \\ &= (1-2)x^3-2x^2+(1+4)x-4 \\ &= -x^3-2x^2+5x-4 \end{aligned}$$

곱셈공식

이제 두 개 이상의 다항식의 곱을 전개하기 위한 곱셈공식을 살펴보자.

정리 1-6 곱셈공식

(1) $(a+b)^2 = a^2+2ab+b^2$, $(a-b)^2 = a^2-2ab+b^2$

(2) $(a+b)(a-b) = a^2-b^2$

(3) $(x+a)(x+b) = x^2+(a+b)x+ab$

(4) $(ax+b)(cx+d) = acx^2+(ad+bc)x+bd$

(5) $(x+a)(x+b)(x+c) = x^3+(a+b+c)x^2+(ab+bc+ac)x+abc$

(6) $(a+b+c)^2 = a^2+b^2+c^2+2(ab+bc+ac)$

(7) $(a+b)^3 = a^3+3a^2b+3ab^2+b^3$, $(a-b)^3 = a^3-3a^2b+3ab^2-b^3$

(8) $(a+b)(a^2-ab+b^2) = a^3+b^3$, $(a-b)(a^2+ab+b^2) = a^3-b^3$

(9) $(a+b+c)(a^2+b^2+c^2-ab-bc-ca) = a^3+b^3+c^3-3abc$

(10) $(a^2+ab+b^2)(a^2-ab+b^2) = a^4+a^2b^2+b^4$

특히 자연수 n에 대하여 $(a+b)^n$의 전개식은 [그림 1-6]과 같은 **파스칼의 삼각형**Pascal's triangle 을 통하여 구할 수 있다. 파스칼의 삼각형은 윗줄에 있는 두 수의 합이 다음 줄에서 두 수의 가운데에 놓이도록 삼각형 모양으로 수를 배열한 그림을 의미한다. 수의 배열을 살펴보면 [그림 1-6]과 같이 두 번째 줄의 수 1과 1은 $1a+1b$에서 각 항의 계수를 나타내고, 세 번째 줄의 수 1, 2, 1은 $(a+b)^2$의 전개식 $a^2+2ab+b^2$의 각 항의 계수를 나타낸다.

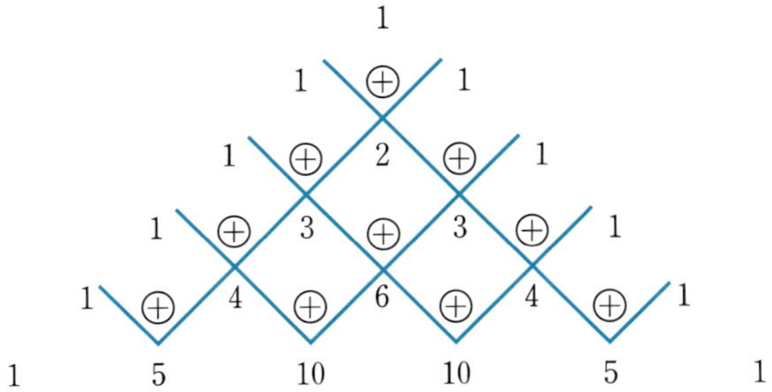

$(a+b)^1 = 1a+1b$

$(a+b)^2 = 1a^2+2ab+1b^2$

$(a+b)^3 = 1a^3+3a^2b+3ab^2+1b^3$

$(a+b)^4 = 1a^4+4a^3b+6a^2b^2+4ab^3+1b^4$

[그림 1-6] 파스칼의 삼각형

한편 복잡한 다항식의 곱을 전개할 때는 전개한 식을 쉽게 얻기 위해 공통부분을 하나의 문자 t로 치환하거나 또는 식을 변형하여 공통부분을 유도한다. 그리고 최종적으로 문자 t 대신에 공통부분을 넣으면 원하는 전개식을 얻을 수 있다.

예제 1-8

다음 식을 전개하라.

(a) $(2a-3b)^2$ (b) $(a-b+c)(a-b-c)$

풀이

(a) $(2a-3b)^2=(2a)^2-2(2a)(3b)+(3b)^2=4a^2-12ab+9b^2$

(b) $t=a-b$라 하면 $(a-b+c)(a-b-c)=(t+c)(t-c)=t^2-c^2$이고, $t^2=(a-b)^2=a^2-2ab+b^2$이므로 $(a-b+c)(a-b-c)=a^2-2ab+b^2-c^2$ 이다.

인수분해

곱셈공식의 역으로 주어진 다항식을 두 개 이상의 다항식의 곱으로 간단하게 표현하는 것을 **인수분해**factorization라 하고, 곱해진 각각의 다항식을 **인수**factor라 한다.

정리 1-7 인수분해 공식

(1) $ab+ac=a(b+c)$, $ab-ac=a(b-c)$

(2) $a^2+2ab+b^2=(a+b)^2$, $a^2-2ab+b^2=(a-b)^2$

(3) $a^2-b^2=(a+b)(a-b)$

(4) $x^2+(a+b)x+ab=(x+a)(x+b)$

(5) $acx^2+(ad+bc)x+bd=(ax+b)(cx+d)$

(6) $x^3+(a+b+c)x^2+(ab+bc+ac)x+abc=(x+a)(x+b)(x+c)$

(7) $a^2+b^2+c^2+2(ab+bc+ac)=(a+b+c)^2$

(8) $a^3+3a^2b+3ab^2+b^3=(a+b)^3$, $a^3-3a^2b+3ab^2-b^3=(a-b)^3$

(9) $a^3+b^3=(a+b)(a^2-ab+b^2)$, $a^3-b^3=(a-b)(a^2+ab+b^2)$

(10) $a^3+b^3+c^3-3abc=(a+b+c)(a^2+b^2+c^2-ab-bc-ca)$

(11) $a^4+a^2b^2+b^4=(a^2+ab+b^2)(a^2-ab+b^2)$

예제 1-9

다음 식을 인수분해하라.

(a) $9a^2+6a+1$

(b) $8a^3-1$

풀이

(a) $9a^2+6a+1=(3a)^2+2(3a)+1=(3a+1)^2$

(b) $8a^3-1=(2a)^3-1^3=(2a-1)\{(2a)^2+(2a)+1\}=(2a-1)(4a^2+2a+1)$

다항식을 다항식으로 나눈 식을 **유리식** rational expression 이라 한다. 특히 다항식 $A(x)$를 다항식 $B(x)$로 나눌 때, 몫을 $Q(x)$ 나머지를 $R(x)$라고 하면, 유리식 $\dfrac{A(x)}{B(x)}$는 다음과 같이 나타낼 수 있다.

$$\frac{A(x)}{B(x)}=Q(x)+\frac{R(x)}{B(x)}$$

이때 $Q(x)$, $R(x)$는 다항식이고 $R(x)$의 차수는 $B(x)$의 차수보다 작다. 그러면 위 식은 다음과 같이 나타낼 수 있다.

$$A(x)=B(x)\,Q(x)+R(x)$$

만일 $R(x)=0$이면 $A(x)$는 $B(x)$로 '나누어 떨어진다'고 한다. 이 경우에 $A(x)=B(x)\,Q(x)$이므로 $B(x)$와 $Q(x)$는 $A(x)$의 인수가 된다. 이때 $B(x)=x-a$라 하면 $A(x)$는 다음과 같다.

$$A(x)=(x-a)\,Q(x)$$

이고 $A(x)$는 $x-a$로 나누어떨어진다. 위 식의 양변에 $x=a$를 대입하면 다음이 성립한다.

$$A(a)=(a-a)\,Q(a)=0$$

즉, $A(a)=0$이면 다항식 $A(x)$는 인수 $x-a$를 갖는다. 이를 통해 인수에 대한 다음 정리를 얻는다.

정리 1-8 인수정리

x에 관한 다항식 $A(x)$가 $x-a$로 나누어 떨어지기 위한 필요충분조건은 $A(a)=0$이다.

인수정리를 이용하여 $A(x)$의 인수 $x-a$를 구해보자. 여기서 비결은 다항식 $A(x)$에서 상수항의 약수(음의 약수 포함) 중에서 $A(a)=0$이 되는 a를 구하는 것이다.

예를 들어, 다항식 $A(x)=2x^3-5x^2+x+2$에서 상수항 2의 약수 -2, -1, 1, 2를 $A(x)$에 대입하면 1과 2일 때 0이 된다.

$$A(1)=0,\ A(2)=0$$

$A(x)$의 인수는 $x-1$과 $x-2$이다. 따라서 식 $A(x)$는 다음과 같이 인수분해된다.

$$A(x)=2x^3-5x^2+x+2=(x-1)(x-2)(ax+b)$$

이제 우변을 전개한 후 동류항끼리 계수를 비교해보자.

$$\begin{aligned}&(x^2-3x+2)(ax+b)\\&=ax^3+(b-3a)x^2+(-3b+2a)x+2b\\&=2x^3-5x^2+x+2\end{aligned}$$

동류항을 비교하여 미정계수 $a=2$, $b=1$를 구할 수 있다. 따라서 a와 b에 각각 2와 1을 대입하여, $A(x)$는 다음과 같이 인수분해할 수 있다.

$$A(x)=2x^3-5x^2+x+2=(x-1)(x-2)(2x+1)$$

예제 1-10

다음 식을 인수분해하라.

(a) $3x^2+5x-2$

(b) x^4-13x^2+36

풀이

(a) $A(x)=3x^2+5x-2$라 하자. 상수항 -2의 약수 -2, -1, 1, 2 중에서 $A(-2)=0$이므로 다음과 같다.

$$\begin{aligned}3x^2+5x-2&=(x+2)(ax+b)\\&=ax^2+(2a+b)x+2b\end{aligned}$$

$a=3$, $b=-1$이므로 주어진 식은 다음과 같이 인수분해할 수 있다.

$$3x^2+5x-2=(x+2)(3x-1)$$

(b) $A(x)=x^4-13x^2+36$이라 하자. 상수항 36의 약수 중에서 $A(-3)=0$, $A(-2)=0$, $A(2)=0$, $A(3)=0$이므로 $A(x)$는 $x+3$, $x+2$, $x-2$, $x-3$을 인수로 갖는다. 따라서 주어진 식은 다음과 같이 인수분해된다.

$$x^4-13x^2+36=(x-3)(x-2)(x+2)(x+3)$$

한편 $\sqrt[n]{ax+b}$, $a \neq 0$와 같이 근호 안에 미지수 x를 포함하는 식을 **무리식**irrational expression이라 한다. 이때 n에 따라 무리식의 값이 존재하기 위한 x 값의 범위가 제한되는 것을 유의해야 한다.

예제 1-11

무리식 $\sqrt{2-x}+\dfrac{1}{\sqrt{x+2}}$의 값이 존재하기 위한 x값의 범위를 구하라.

풀이

주어진 무리식이 존재하기 위하여 $2-x \geq 0$이고 $x+2 \geq 0$이어야 한다. 그러므로 $-2 \leq x \leq 2$이어야 한다. 그러나 $x=-2$이면 $\dfrac{1}{\sqrt{x+2}}$의 분모가 0이 되므로 $x=-2$는 안 된다. 따라서 주어진 무리식이 존재하기 위한 x값의 범위는 $-2 < x \leq 2$이다.

예제 1-12

$x=\sqrt{2}$일 때, 무리식 $\dfrac{\sqrt{x+1}+\sqrt{x-1}}{\sqrt{x+1}-\sqrt{x-1}}$의 값을 구하라.

풀이

$x=\sqrt{2}$이므로 $x+1=1+\sqrt{2}>0$이고 $x-1=-1+\sqrt{2}>0$이므로 다음을 얻는다.

$$\begin{aligned}\frac{\sqrt{x+1}+\sqrt{x-1}}{\sqrt{x+1}-\sqrt{x-1}} &= \frac{(\sqrt{x+1}+\sqrt{x-1})(\sqrt{x+1}+\sqrt{x-1})}{(\sqrt{x+1}-\sqrt{x-1})(\sqrt{x+1}+\sqrt{x-1})} \\ &= \frac{(\sqrt{x+1}+\sqrt{x-1})^2}{(x+1)-(x-1)} \\ &= \frac{(x+1)+(x-1)+2\sqrt{x+1}\sqrt{x-1}}{2} \\ &= \frac{2x+2\sqrt{x^2-1}}{2} = x+\sqrt{x^2-1} = \sqrt{2}+1\end{aligned}$$

Section 1.2 확인문제

1. 다음 두 다항식의 합과 차를 구하라.

(a) $A(x)=x^2-5x+6$, $B(x)=x^2+x-2$

(b) $A(x)=x^2-2x-2$, $B(x)=-3x^2+4x+3$

(c) $A(x, y)=(x+y-2)^2$, $B(x, y)=(x-2y+3)^2$

2. 다음 식을 전개하라.

(a) $(2a-b+c)^2$

(b) $(a^2-b)(a^2-b+2)$

(c) $(a+3)(a+1)(a-2)(a-4)$

Hint (c) $(a+3)(a+1)(a-2)(a-4)=\{(a+3)(a-4)\}\{(a+1)(a-2)\}$

3. $a+b=2$, $ab=-1$ 일 때, 다음 식의 값을 구하라.

(a) a^2+b^2

(b) $a-b$

(c) a^3+b^3

(d) a^4+b^4

4. 다음 식을 인수분해하라.

(a) a^2-3a+2

(b) a^2-6a+9

(c) a^4-3a^2+2

(d) a^4+2a^2+9

Hint (c) $t=a^2$이라 놓는다. (d) $4a^2$을 더하고 뺀다.

5. 다음 식을 인수분해하라.

(a) $a^2+ab-2b^2-3b-1$

(b) $(a+b)^2+2(a+b)-3$

(c) $a^2b-a^2c+b^2c-ab^2$

(d) $a^2-a(2b-1)+b(b-1)$

Hint (c) $a^2b-a^2c+b^2c-ab^2=(a^2b-ab^2)+(-a^2c+b^2c)$

6. 인수정리를 이용하여 다음 식을 인수분해하라.

(a) $x^4+8x^3+14x^2-8x-15$

(b) x^4+3x^2-4

7. 다항식 $x^4+3x^3-ax^2+x-b$가 $(x-1)(x+2)$로 나누어떨어질 때, 상수 a, b 그리고 몫을 구하라.

8. 다항식 $(x+1)(x+2)(x+3)(x+4)+1$을 이차식의 완전제곱 형태 $(x^2+ax+b)^2$로 나타낼 때, 상수 a, b 값을 구하라.

9. $x=\sqrt{3}$일 때, $\dfrac{\sqrt{3+x}+\sqrt{3-x}}{\sqrt{3+x}-\sqrt{3-x}}$를 구하라.

10. 삼각형의 세 변의 길이 a b, c 사이에 다음이 성립할 때, 이 삼각형은 어떤 삼각형인지 구하라.

$$(a+b+c)(a-b+c)=(a+b-c)(-a+b+c)$$

Hint 좌변은 $a+c$로 묶고 우변은 $a-c$로 묶어서 전개한다.

1.3 항등식과 방정식

이 절에서는 방정식의 의미를 살펴볼 것이다. 그 중에서도 특별히 일차방정식과 이차방정식의 해가 존재하기 위한 조건과 근의 공식에 대하여 학습해보자. 그러면 인수정리를 이용하여 고차방정식의 해를 구할 수 있을 것이다.

항등식과 방정식

변수를 포함하는 등식에서 변수에 어떠한 수를 대입해도 항상 등식이 성립하는 식은 **항등식**identity 이고, 어떤 특정한 값에 대하여 등식이 성립하는 식을 **방정식**equation 이라 한다.

예를 들어, 식 $0\cdot x=0$을 살펴보자. 임의의 실수에 0을 곱한 결과는 항상 0이다. x 대신에 어떠한 실수를 대입하여도 등식이 성립하므로 $0\cdot x=0$은 항등식이다. 반면에 식 $1+x=0$은 $x=-1$일 때만 등식이 성립한다. 그러므로 $1+x=0$은 방정식이고, $x=-1$과 같이 방정식에서 등식이 성립하도록 하는 특정한 x를 방정식의 **근**root 또는 **해**solution라 한다. 즉 $x=-1$은 방정식 $1+x=0$의 해이다.

일차방정식과 이차방정식

이제 일차방정식과 이차방정식의 해법에 대하여 살펴보자. 어떤 상수 a, b에 대하여 방정식 $ax=b$와 같이 방정식에 포함된 미지수 x의 최고 차수가 1인 방정식을 **일차방정식**linear equation 이라 한다. 일차방정식 $ax=b$는 상수 a, b에 대하여 다음 세 가지 경우를 생각할 수 있다.

❶ $a \neq 0$인 경우, 일차방정식의 양변에 $\dfrac{1}{a}$을 곱하면 해 $x = \dfrac{b}{a}$를 얻는다.

❷ $a = 0$, $b = 0$인 경우, 주어진 방정식은 $0 \cdot x = 0$이므로 항등식이고 모든 실수 x에 대하여 등식이 성립한다.

❸ $a = 0$, $b \neq 0$인 경우, 주어진 방정식은 $0 \cdot x = b$이므로 좌변은 0이고 우변은 0이 아닌 실수 b이다. 따라서 방정식 $0 \cdot x = b$를 만족하는 x가 존재하지 않는다.

예제 1-13

방정식 $ax - 2 + x = 0$의 해 x를 구하라.

풀이

$ax - 2 + x = (a+1)x - 2 = 0$에서 $(a+1)x = 2$이므로 해는 다음과 같다.

(i) $a \neq -1$ 이면, $x = \dfrac{2}{a+1}$다.

(ii) $a = -1$ 이면, $0 \cdot x = 2$이므로 이 방정식을 만족하는 해가 존재하지 않는다.

방정식 $ax^2 + bx + c = 0$과 같이 미지수 x의 최고 차수가 2인 방정식을 **이차방정식**quadratic equation 이라 한다. 이차방정식 $ax^2 + bx + c = 0$($a \neq 0$, a, b, c는 상수)의 해는 다음과 같이 구할 수 있다.

❶ **인수분해되는 경우**

$ax^2 + bx + c = a(x-p)(x-q)$로 인수분해 되면 $ax^2 + bx + c = 0$의 해는 $x = p$, $x = q$다.

❷ **인수분해되지 않는 경우**

근의 공식formula of root에 의해 다음과 같은 두 해를 얻는다.

$$x = \frac{-b \pm \sqrt{b^2 - 4ac}}{2a}$$

이때 근호 안의 값 $D = b^2 - 4ac$에 따라 이차방정식의 근은 다양한 형태를 보인다. 이에 따라 이차방정식의 근을 구분하는 **판별식**discriminant D라 한다.

❶ $D>0$이면, 이차방정식은 다음과 같은 **서로 다른 두 실근**을 갖는다.

$$x=\frac{-b-\sqrt{b^2-4ac}}{2a},\quad x=\frac{-b+\sqrt{b^2-4ac}}{2a}$$

❷ $D=0$이면, 이차방정식은 다음과 같은 동일한 두 실근을 가지며, 이러한 근을 **중근**multiple root이라 한다.

$$x=-\frac{b}{2a}$$

❸ $D<0$이면, 이차방정식은 다음과 같은 **서로 다른 두 허근**을 가지며, 두 허근은 켤레복소수다.

$$x=\frac{-b-i\sqrt{-b^2+4ac}}{2a},\quad x=\frac{-b+i\sqrt{-b^2+4ac}}{2a}$$

예제 1-14

다음 이차방정식의 해를 구하라.

(a) $x^2-2x-3=0$　　(b) $2x^2-3x+1=0$

풀이

(a) 주어진 이차방정식을 인수분해하면

$$x^2-2x-3=(x-3)(x+1)=0$$

이므로 $x=3$, $x=-1$ 이다.

(b) $x=\dfrac{-(-3)\pm\sqrt{(-3)^2-4\cdot2\cdot1}}{2\cdot2}=\dfrac{3\pm\sqrt{9-8}}{4}=\dfrac{3\pm1}{4}$ 이므로 서로 다른 두 실근 $x=1$, $x=\dfrac{1}{2}$ 이다.

고차방정식

방정식에 포함된 미지수 x에 관한 3차 이상의 방정식을 **고차방정식**equation of higher order 이라 한다. 고차방정식은 인수정리를 이용하여 인수분해하는 방법으로 근을 구한다. 여기서는 삼차방정식 $ax^3+bx^2+cx+d=0$($a\neq 0$, a, b, c, d는 실수)의 해법에 대하여 다룰 것이다. 삼차방정식의 근을 살펴보면 다음과 같다.

❶ $ax^3+bx^2+cx+d=a(x-p)(x-q)(x-r)=0$인 경우, 삼차방정식은 서로 다른 세 실근 $x=p$, $x=q$, $x=r$을 가진다.

❷ $ax^3+bx^2+cx+d=a(x-p)(x-q)^2=0$인 경우, 삼차방정식은 한 실근 $x=p$와 중근 $x=q$를 가진다.

❸ $ax^3+bx^2+cx+d=a(x-p)^3=0$인 경우, 삼차방정식은 삼중근 $x=p$를 가진다.

❹ $ax^3+bx^2+cx+d=(x-p)(ax^2+qx+r)=0$인 경우, $D=q^2-4ar<0$이면 삼차방정식은 한 실근 $x=p$와 두 허근을 가진다.

예제 1-15

다음 삼차방정식의 실수인 해를 구하라.

(a) $x^3-x^2-4x+4=0$

(b) $x^3-3x^2+5x-3=0$

풀이

(a) $A(x)=x^3-x^2-4x+4$에 대하여 $A(-2)=0$, $A(1)=0$, $A(2)=0$이다.

$$x^3-x^2-4x+4=(x+2)(x-1)(x-2)=0$$

따라서 구하고자 하는 실수인 해는 $x=-2$, $x=1$, $x=2$다.

(b) $A(x)=x^3-3x^2+5x-3$에 대하여 $A(1)=0$이다.

$$x^3-3x^2+5x-3=(x-1)(x^2-2x+3)=0$$

$x^2-2x+3=0$에서 $D=(-2)^2-4\cdot 1\cdot 3=-8<0$이므로 이 식은 실근을 갖지 않는다.
따라서 구하고자 하는 실수인 해는 $x=1$이다.

Section 1.3 확인문제

1. 일차방정식 $3x+6=0$의 해를 구하라.

2. x 에 관한 다음 일차방정식을 풀어라.

(a) $a(x+1)=2x-3$

(b) $a^2x+1=a(x+1)$

3. x 에 관한 방정식 $(a^2-4a)x+3=-3x+a$가 무수히 많은 해를 갖기 위한 실수 a 값을 구하라.

Hint 주어진 방정식을 정리하여 $0\cdot x=0$이 되는 경우를 생각한다.

4. 인수분해를 이용하여 다음 이차방정식의 해를 구하라.

(a) $2x^2+3x-2=-x+4$

(b) $x^2+4x+4=0$

5. 근의 공식을 이용하여 다음 이차방정식의 해를 구하라.

(a) $x^2+2x-8=0$

(b) $x^2+2x+4=0$

6. 다음 고차방정식의 해를 구하라.

(a) $x^3+x-2=0$

(b) $x^4-3x^2+2=0$

7. 이차방정식 $x^2+2(a-1)x+a^2=0$이 다음과 같은 근을 갖기 위한 실수 a 값 또는 그 범위를 구하라.

(a) 서로 다른 두 실근

(b) 중근

(c) 서로 다른 두 허근

Hint 판별식 D를 이용한다.

Chapter 01 연습문제

1.1 $a=-1$일 때, $|-2a|+|1-a|-\dfrac{|a|}{|2+a|}$의 값을 구하라.

※ 다음 식의 값을 구하라.

1.2 $-2 \le x \le 2$일 때, $|x-2|+|x+2|$

1.3 $2 \le x \le 4$일 때, $|x-2|+\sqrt{x^2-8x+16}$

※ 다음 식을 전개하라.

1.4 $(2a-3b)^2$

1.5 $(a+1)(a-2)(a-3)$

※ 다음 식의 값을 구하라.

1.6 $a+\dfrac{1}{a}=3$일 때, $a^3+\dfrac{1}{a^3}$

1.7 $a+b=3$, $a^3+b^3=19$일 때, a^2+b^2

※ 다음 식을 인수분해하라.

1.8 a^4-b^4

1.9 a^9-b^9

1.10 $x^2-(1-2a)x+a(a-1)$

1.11 $a^2-c^2+9b^2+6ab$

※ 인수정리를 이용하여 다음 식을 인수분해하라.

1.12 $x^4+2x^3-13x^2-14x+24$

1.13 $2x^4-9x^3+6x^2+11x-6$

1.14 인수분해를 이용하여 $2013^2-2014^2-2015^2+2016^2$을 구하라.

Hint $a^2-b^2=(a-b)(a+b)$를 이용한다.

※ x에 관한 다음 일차방정식을 풀어라.

1.15 $ax+3=2x+a-1$

1.16 $a^2x+a=2ax+1$

※ 절댓값이 포함된 다음 방정식을 풀어라.

1.17 $|x-1|+|x+2|=5$

1.18 $|x-3|+|x-4|=3$

Hint 절댓값이 0이 되는 x를 기준으로 범위를 나누어 방정식을 만족하는 해를 구한다.

※ 다음 이차방정식을 풀어라.

1.19 $2x^2-3x-2=0$

1.20 $(1+\sqrt{2})x^2-(1-\sqrt{2})x-2=0$

1.21 $x^2+|x|-6=0$

1.22 $x^2+|x-2|-4=0$

Hint [연습문제 1.17], [연습문제 1.18]과 같은 방법으로 해를 구한다.

1.23 이차방정식 $x^2+ax+b=0$ (a, b는 유리수)의 한 근이 $1-\sqrt{2}$일 때 $a+b$를 구하라.

1.24 x에 대한 이차방정식 $x^2-12x+m^2-6m=0$의 두 근의 비가 $1:3$ 일 때 m 값을 구하라. (단, $m>1$이다.)

1.25 삼각형 ABC에서 세 변의 길이 a, b, c가 다음을 만족한다면, 이 삼각형은 어떤 삼각형인가?

$$ab(a+b)+bc(b-c)=ac(a+c)$$

Hint 좌변으로 식을 모아서 a에 관한 식으로 동류항을 간단히 한다.

Chapter

02

함수

Function

학습목표

- 직교좌표계의 의미를 이해하고, 평면 위의 두 점 사이의 거리를 계산할 수 있다.
- 함수의 의미를 정확히 이해할 수 있다.
- 함수의 연산을 이해하고, 합성함수를 구할 수 있다.
- 일차함수와 이차함수를 포함한 대수적 함수를 이해하고, 이 함수들의 사칙연산을 구할 수 있다.
- 여러 가지 유형의 함수와 역함수를 이해하고, 이 함수들을 응용할 수 있다.

사회 현상과 자연 현상 및 공학을 포함한 여러 분야에서는 다양한 데이터를 다룬다. 공학에서 실험을 통해 얻은 데이터의 특징을 파악하기 위해서는 실험 결과를 구조적으로 표현할 줄 알아야 한다. 이를 바탕으로 결론을 내리거나 미래를 예측할 수 있다. 이때 데이터를 구조적으로 표현하기 위해서는 함수를 사용한다. 데이터를 다루는 사람은 함수에서 벗어날 수 없다. 이 장에서는 함수의 정의와 표현 방법, 성질을 학습하고, 여러 가지 유형의 함수와 그 성질에 대해 살펴본다.

2.1 직교좌표계

1장에서 모든 실수를 수직선 위의 점으로 나타냈다. 실수 0을 수직선의 원점 O에 대응시켜, 원점을 기준으로 오른쪽 방향은 양수, 왼쪽 방향은 음수라고 학습하였다. 이때 양의 실수 a는 원점에서 오른쪽 방향으로 거리가 a만큼 떨어진 점, $-a$는 원점에서 왼쪽 방향으로 거리가 $|-a|$만큼 떨어진 점에 대응한다. 예를 들어, [그림 2-1]과 같이 실수 2는 원점 O로부터 오른쪽 방향으로 2만큼 떨어진 점으로, 실수 -1은 원점 O로부터 왼쪽 방향으로 1만큼 떨어진 점으로 표현할 수 있다. 이와 같이 수직선 위의 임의의 점 P를 나타내는 실수를 점 P의 **좌표**coordinate라 한다.

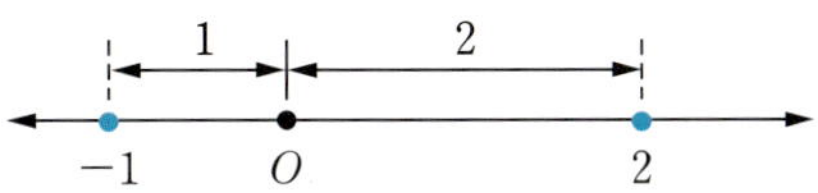

[그림 2-1] 수직선 위의 좌표

[그림 2-2]와 같이 두 개의 수직선을 하나는 수평, 다른 하나는 수직으로 나타낸 좌표계를 **직교좌표계** orthogonal coordinate system라 한다. 이때 수평과 수직으로 놓여 있는 수직선을 **좌표축**coordinate axis이라 한다. 이때 관습적으로, 수평 좌표축을 **x축**, 수직 좌표축을 **y축**이라 한다. 그리고 이 두 좌표축이 만나는 정점 O를 **원점**origin이라 한다.

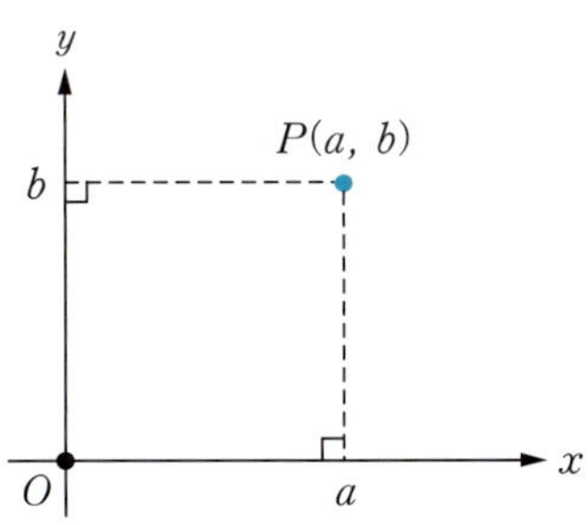

[그림 2-2] 직교좌표계

일반적으로 평면에 놓인 임의의 점은 직교좌표계 위의 점으로 표시할 수 있다. [그림 2-2]와 같이 점 P로부터 각각의 좌표축에 수선을 그어보자. x축과 a에서 만나고, y축과 b에서 만날 때 점 P의 좌표는 (a, b)이다. 그리고 $P(a, b)$로 표기한다.

이때 원점으로부터 점 $P(a, b)$까지의 거리는 다음과 같다.

$$\overline{OP} = \sqrt{a^2 + b^2}$$

예를 들어, 두 점 $O(0,\ 0)$, $A(2,\ 2)$를 평면 위에 나타내면 [그림 2-3]과 같으며 선분 OA 의 길이는 $\overline{OA} = \sqrt{2^2+2^2} = 2\sqrt{2}$ 이다.

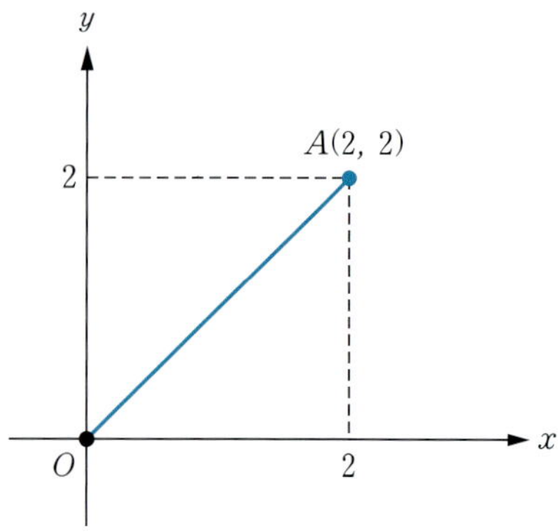

[그림 2-3] **평면 위에서 점 A의 좌표**

[그림 2-4]를 보면, 점 $(a,\ 0)$에서 x축을 중심으로 거리 b만큼 떨어진 두 점 $A(a,\ b)$와 $D(a,\ -b)$가 있다. 이때 두 점은 x축에 대해 **대칭**symmetric이라고 한다. 점 $(0,\ b)$에서 y축을 중심으로 거리 a만큼 떨어진 두 점 $A(a,\ b)$와 $B(-a,\ b)$가 있다. 이 두 점은 y축에 대해 대칭이다. 동일한 방법으로, 두 점 $A(a,\ b)$와 $C(-a,\ -b)$는 원점 O에 대해 대칭이다.

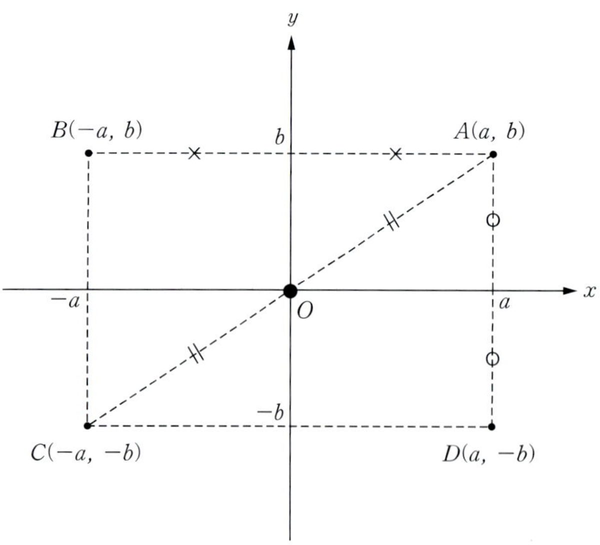

[그림 2-4] $A(a,\ b)$**의 대칭점**

예제 2-1

원점으로부터 다음에 주어진 점까지의 거리를 구하라.

(a) $A(2,\ -1)$ (b) $B(-2,\ -1)$ (c) $C(-1,\ 2)$ (d) $D(1,\ 1)$

풀이

(a) $\overline{OA}=\sqrt{2^2+(-1)^2}=\sqrt{5}$ (b) $\overline{OB}=\sqrt{(-2)^2+(-1)^2}=\sqrt{5}$

(c) $\overline{OC}=\sqrt{(-1)^2+2^2}=\sqrt{5}$ (d) $\overline{OD}=\sqrt{1^2+1^2}=\sqrt{2}$

예제 2-2

점 $A(2,\ 1)$을 좌표평면에 표시하고, 어떤 점 P, Q, R에 대하여 선분 $\overline{AP}$, $\overline{AQ}$, $\overline{AR}$이 각각 x축, y축, 원점에 의해 이등분된다고 할 때, 점 P, Q, R의 좌표를 구하라.

풀이

선분 $\overline{AP}$, $\overline{AQ}$, $\overline{AR}$이 각각 x축, y축, 원점에 의해 이등분되므로 점 P, Q, R은 각각 x축, y축, 원점에 관하여 점 A와 대칭인 점들이다. 그러므로 세 점 P, Q, R의 좌표는 오른쪽 그림과 같이 $P(2,\ -1)$, $Q(-2,\ 1)$, $R(-2,\ -1)$이다.

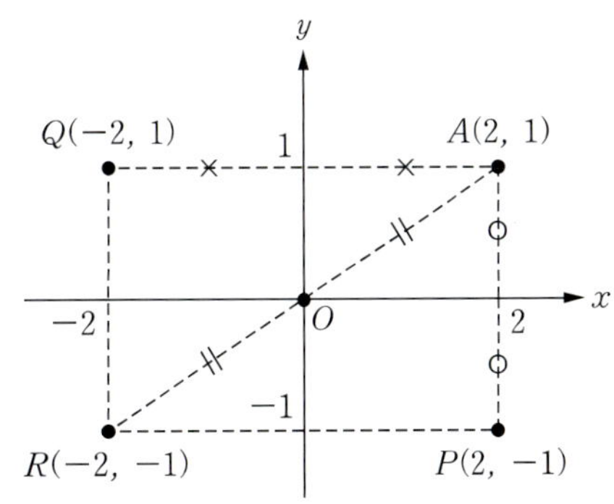

Section 2.1 확인문제

1. 다음 점을 좌표평면 위에 나타내고, 원점으로부터 주어진 점까지의 거리를 구하라.

   (a) $A(2,\ 3)$ (b) $B(-1,\ 1)$

   (c) $C(3,\ -2)$ (d) $D(-1,\ -1)$

2. 점 $A(3,\ -2)$와 x축, y축, 원점에 대해 대칭인 점을 구하라.

3. 점 $A(4,\ 4)$와 원점에 대해 대칭이면서 원점으로부터 거리가 $\overline{OA}$의 $\frac{1}{2}$이 되는 점 B의 좌표를 구하라.

2.2 함수의 정의

공집합이 아닌 두 집합 X와 Y에 대하여, 집합 X 안의 각 원소 x를 집합 Y의 오로지 한 원소 y에 대응시키는 대응 관계 f를 집합 X에서 집합 Y로의 **함수**function 또는 **사상**mapping이라 하고, 다음과 같이 나타낸다.

$$f: X \to Y \quad \text{또는} \quad y = f(x)$$

이때 함수 $f: X \to Y$에 대하여 사용하는 용어와 의미는 다음과 같다.

X	함수 f의 **정의역**domain, 함숫값 y가 존재하는 x들의 집합
Y	함수 f의 **공역**codomain
x	**독립변수**independent variable, 함수 $f: X \to Y$에 대하여 X의 각 원소
y	**종속변수**dependent variable, 함수 f에서 x에서의 **함숫값**value, f에 의한 x의 **상**image
$f(X) = \{y \mid y = f(x), x \in X\}$	함수 f의 **치역**range, 정의역 X의 모든 원소 x에 대한 함숫값들의 집합

[그림 2-5]와 같이 치역과 공역 사이에는 $f(X) \subseteq Y$가 성립하는 것을 알 수 있다.

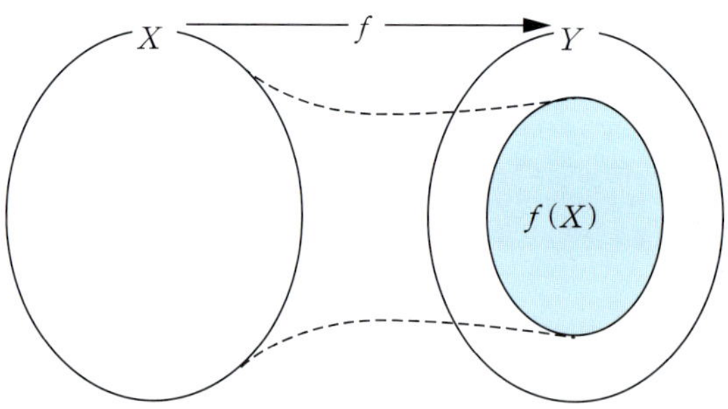

[그림 2-5] **공역** Y**와 치역** $f(X)$

예제 2-3

다음 집합 X에서 Y로의 대응관계 f는 함수인가? 이 대응관계가 함수이면 정의역, 공역, 치역을 구하라.

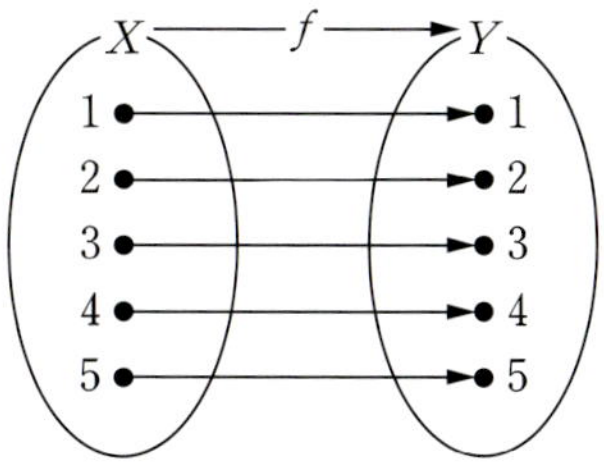
(a)

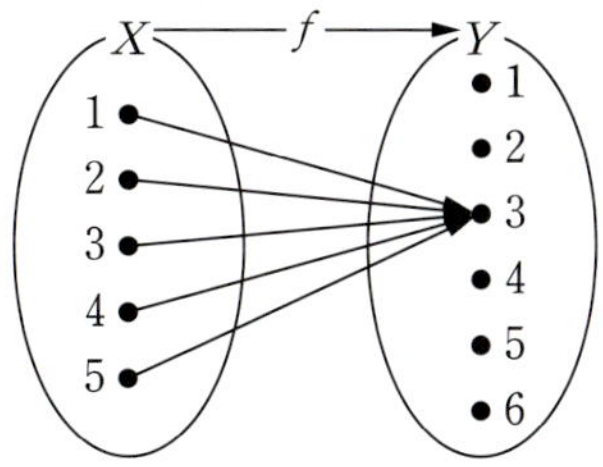
(b)

풀이

(a) 집합 X의 각 원소에 집합 Y의 원소가 하나씩 대응하므로 대응관계 $f: X \to Y$는 함수다. 이때 정의역 X, 공역 Y, 치역 $f(X)$는 각각 다음과 같다.

$$X = \{1, 2, 3, 4, 5\}, \quad Y = \{1, 2, 3, 4, 5\}, \quad f(X) = \{1, 2, 3, 4, 5\}$$

(b) 집합 X의 각 원소에 집합 Y의 원소가 하나씩 대응하므로 대응관계 $f: X \to Y$는 함수다. 이때 정의역 X, 공역 Y, 치역 $f(X)$는 각각 다음과 같다.

$$X = \{1, 2, 3, 4, 5\}, \quad Y = \{1, 2, 3, 4, 5, 6\}, \quad f(X) = \{3\}$$

특히 [예제 2-3(a)]에서 $X = Y$이고 함수 f는 집합 X의 각 원소가 자기 자신과 대응된다. 이와 같이 집합 $X(X \neq \varnothing)$의 모든 원소 x를 그 자신으로 대응시키는 함수 $y = f(x)$를 집합 X 위의 **항등함수**identity function라 하고 다음과 같이 나타낸다.

$$f: x \mapsto x \text{ 또는 } y = f(x) = x$$

[예제 2-3(b)]는 집합 X의 모든 원소가 집합 Y의 오로지 하나의 원소와 대응을 이룬다. 이와 같이 집합 X의 모든 원소 x가 집합 Y의 오로지 하나의 원소 a와 대응을 이루는 함수를 **상수함수**constant function라 한다.

$$y = f(x) = a$$

또한 함수 $y = f(x)$에 대하여 정의역 X의 모든 원소 x와 그에 대응하는 함숫값 $f(x)$ 또는 y의 순서쌍 전체의 집합 G를 함수 $y = f(x)$의 **그래프**graph라 한다.

$$G = \{(x, f(x)) \mid x \in X\} = \{(x, y) \mid y = f(x), x \in X\}$$

예제 2-4

다음 그림과 같은 함수 $f: X \to Y$의 그래프를 구하라.

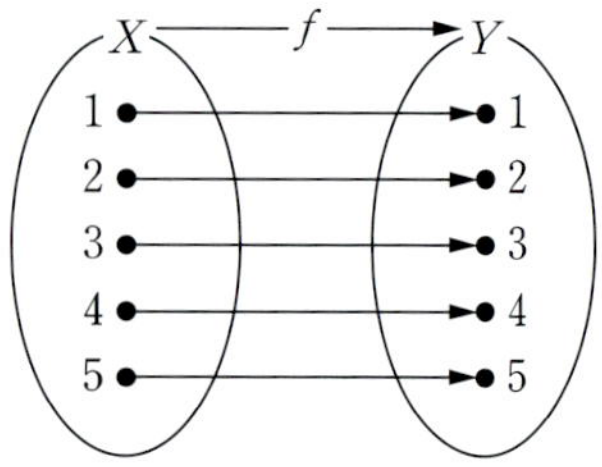

(a)

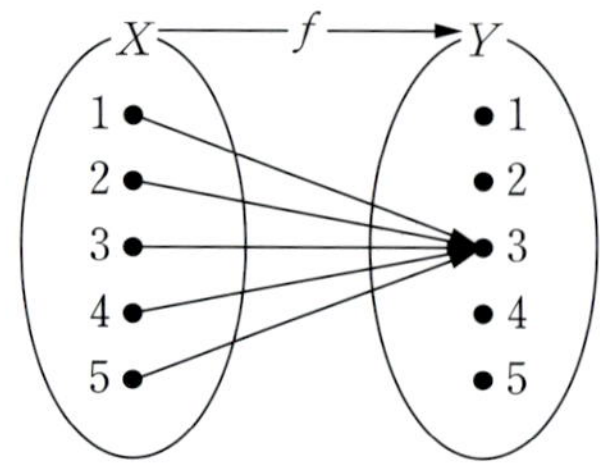

(b)

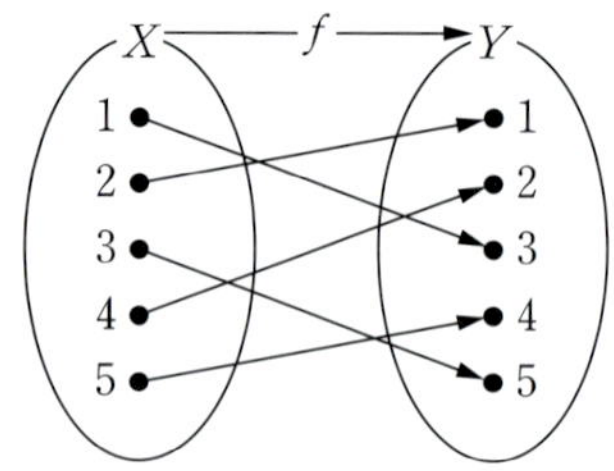

(c)

풀이

(a) $G = \{(1,\ 1),\ (2,\ 2),\ (3,\ 3),\ (4,\ 4),\ (5,\ 5)\}$

(b) $G = \{(1,\ 3),\ (2,\ 3),\ (3,\ 3),\ (4,\ 3),\ (5,\ 3)\}$

(c) $G = \{(1,\ 3),\ (2,\ 1),\ (3,\ 5),\ (4,\ 2),\ (5,\ 4)\}$

Section 2.2 확인문제

1. 다음 대응관계가 함수인지 조사하고, 함수이면 치역을 구하라.

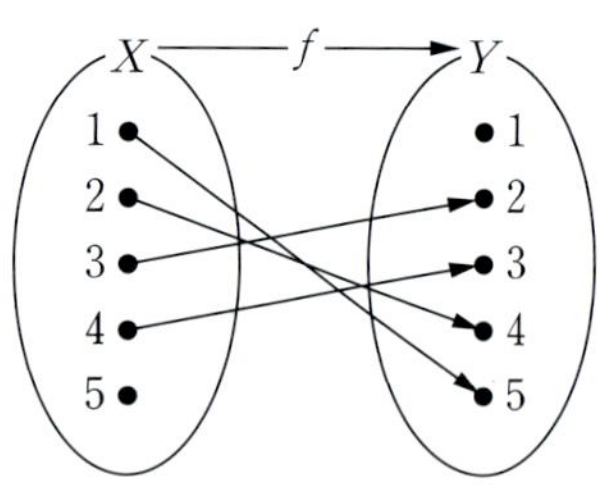

(a)

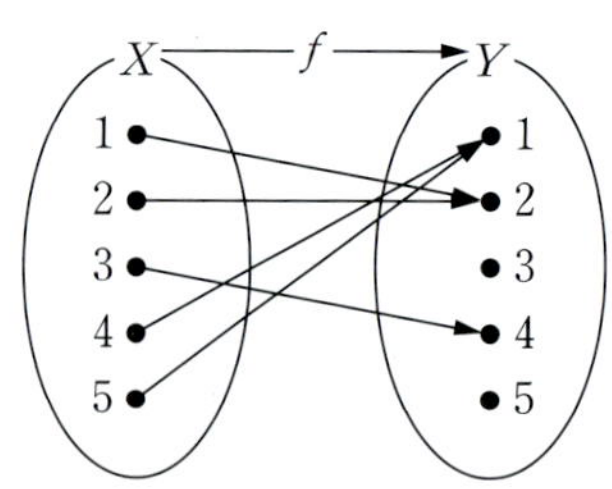

(b)

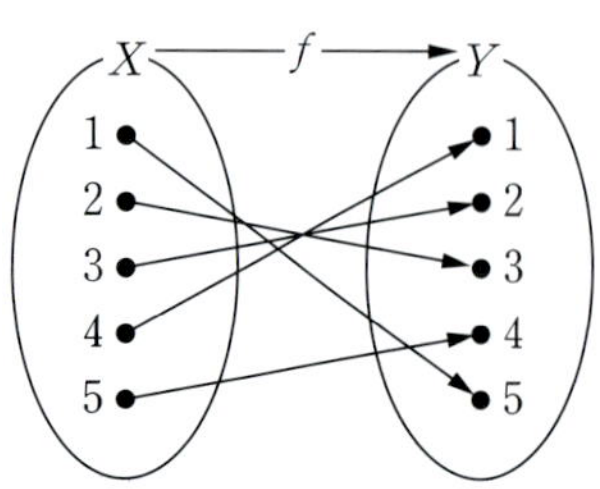

(c)

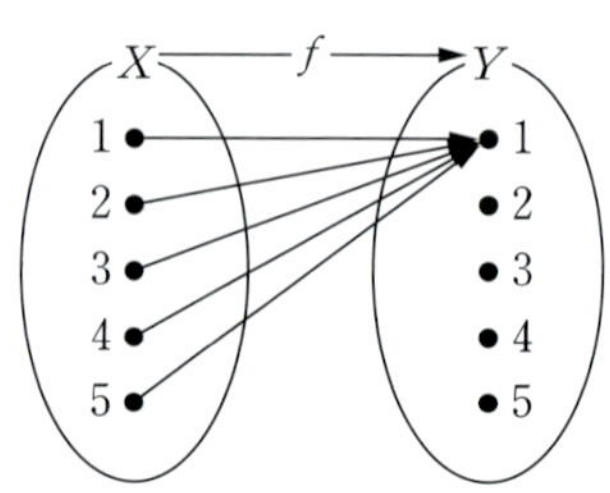

(d)

2. 다음 대응관계가 함수인지 조사하고, 함수이면 치역을 구하라.

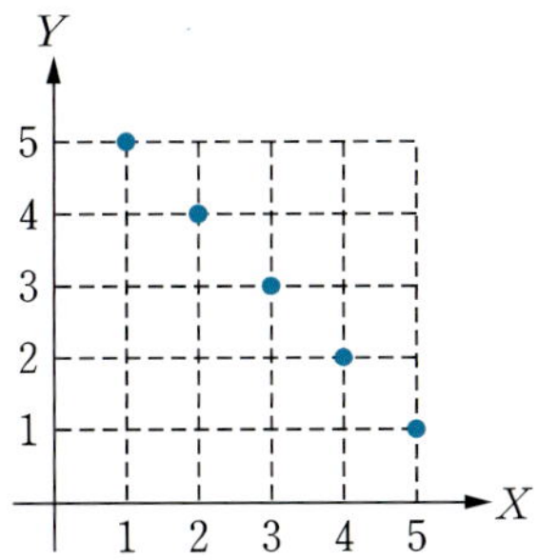

(a)

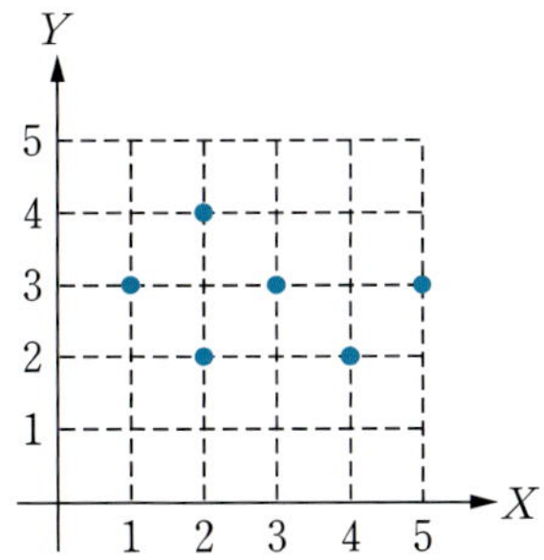

(b)

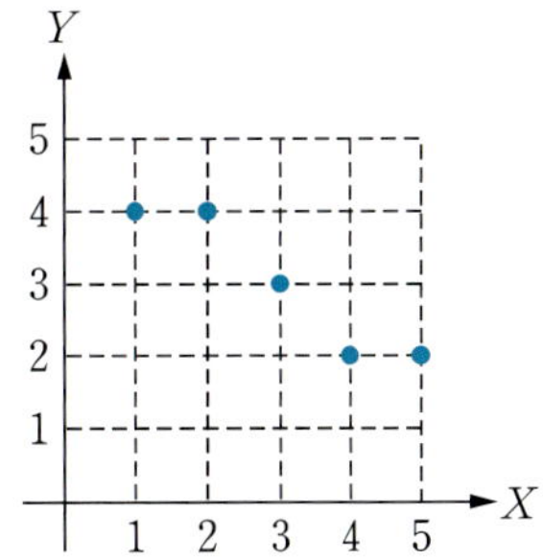

(c)

3. 두 집합 $X=\{x|-1 \leq x \leq 2\}$ 와 $Y=\{y|0 \leq x \leq 8\}$에 대하여 X에서 Y로의 함수가 $f(x)=2x+k$라 할 때, 상수 k의 범위를 구하라.

Hint $f(-1), f(2) \in Y$이다.

4. 함수 $y=f(x)=\sqrt{\dfrac{1}{x}-x}$ 의 정의역을 구하라.

Hint $\sqrt{x}$ 의 정의역은 $x \geq 0$이다.

2.3 함수의 연산

이 절에서는 함수의 상등과 함수의 사칙연산을 정의하고, 이 함수들의 정의역에 대하여 살펴본다. 또한 합성함수를 정의하고, 이 함수의 정의역과 성질에 대하여 살펴본다.

함수의 상등

이제 특별한 언급이 없는 한, 실수 전체의 집합 $\mathbb{R}$ 에서 $\mathbb{R}$ 로의 함수 $f: \mathbb{R} \to \mathbb{R}$ 에 대하여 생각한다. 이때 함수 $f: \mathbb{R} \to \mathbb{R}$, $y=f(x)$의 정의역과 치역은 각각 $\mathrm{dom}(f)$, $\mathrm{ran}(f)$로 나타낸다.

서로 다른 두 함수 f와 g를 살펴보자. 이때, 두 함수의 정의역이 같고, 정의역 안의 모든 x에 대해 함숫값이 같다면 두 함수 f와 g는 **상등**equal이라 하고 $f=g$로 나타낸다. 즉, 다음 두 조건을 만족하는 두 함수 f와 g는 서로 같다.

❶ 두 함수 f와 g의 정의역이 같다.

❷ 정의역 안의 모든 x에 대하여 $f(x)=g(x)$다.

그리고 두 함수 f와 g가 상등이 아니면, f와 g는 서로 같지 않다고 하고 $f \neq g$로 나타낸다.

예제 2-5

다음 함수가 $\mathbb{R}$에서 $\mathbb{R}$로 정의된다고 하자. 각 함수의 정의역을 구하라. 또한 (a)~(d) 중 서로 상등인 함수를 찾아라.

(a) $f(x)=x$

(b) $g(x)=\sqrt{x^2}$

(c) $h(x)=(\sqrt{x})^2$

(d) $k(x)=\sqrt[3]{x^3}$

풀이

(a) 임의의 실수 x에 대하여 $f(x)=x$도 역시 실수이므로 $\mathrm{dom}(f)=\{x \mid x\in\mathbb{R}\}=\mathbb{R}$이다.

(b) 임의의 실수 x에 대하여 $x^2\geq 0$이고 음이 아닌 모든 실수에 대하여 제곱근의 값이 존재하므로 $\mathrm{dom}(g)=\{x \mid x\in\mathbb{R}\}=\mathbb{R}$이다.

(c) $x\geq 0$인 실수에 한하여 $\sqrt{x}$가 실수로 정의되므로 $\mathrm{dom}(h)=\{x \mid x\geq 0\}$이다.

(d) 임의의 실수 x에 대하여 세제곱근은 항상 실수이므로 $k(x)=\sqrt[3]{x^3}=x$이고 따라서 $\mathrm{dom}(k)=\{x \mid x\in\mathbb{R}\}=\mathbb{R}$이다.

그러므로 네 함수의 정의역은 다음과 같다.

$$\mathrm{dom}(f)=\mathrm{dom}(g)=\mathrm{dom}(k)=(-\infty,\ \infty)$$
$$\mathrm{dom}(h)=\{x \mid x\geq 0\}=[0,\ \infty)$$

이때 $g(x)$와 $k(x)$는 서로 같지 않지만 $f(x)$와 $k(x)$는 동일하다.

$$g(x)=\sqrt{x^2}=|x|=\begin{cases}-x, & x<0\\ x, & x\geq 0\end{cases}$$
$$k(x)=\sqrt[3]{x^3}=x$$
$$f(x)=x$$

따라서 정의역과 함숫값이 같은 두 함수 f와 k가 서로 상등이다.

함수의 사칙연산

이제 두 함수 f와 g에 대해 사칙연산을 해보자. 이때 함수 f와 g의 두 정의역의 공통부분에서만 함숫값 $f(x)$와 $g(x)$가 동시에 존재하는 것을 유의한다. 두 함수의 사칙연산에 의해 생성된 새로운 함수와 그들의 정의역은 [표 2-1]과 같이 정의한다. 함수는 덧셈과 곱셈에 관하여 교환법칙과 결합법칙 그리고 분배법칙이 성립한다.

[표 2-1] 함수의 사칙연산과 정의역

함수의 사칙연산	정의역
$(f+g)(x)=f(x)+g(x)$	$\mathrm{dom}(f+g)=\mathrm{dom}(f)\cap\mathrm{dom}(g)$
$(f-g)(x)=f(x)-g(x)$	$\mathrm{dom}(f-g)=\mathrm{dom}(f)\cap\mathrm{dom}(g)$
$(f\cdot g)(x)=f(x)\cdot g(x)$	$\mathrm{dom}(f\cdot g)=\mathrm{dom}(f)\cap\mathrm{dom}(g)$
$\left(\dfrac{f}{g}\right)(x)=\dfrac{f(x)}{g(x)}$ (단, $g(x)\neq 0$)	$\mathrm{dom}(\dfrac{f}{g})=\mathrm{dom}(f)\cap\mathrm{dom}(g)-\{x\mid g(x)=0\}$
$(kf)(x)=kf(x)$	$\mathrm{dom}(kf)=\mathrm{dom}(f)$

예제 2-6

두 함수 $f(x)=x$, $g(x)=\sqrt{x-1}$ 에 대하여, $(f+g)(x)$, $(f-g)(x)$, $(f\cdot g)(x)$, $\left(\dfrac{f}{g}\right)(x)$를 구하라. 또한 각각의 정의역을 찾아라.

풀이

두 함수 $f(x)=x$, $g(x)=\sqrt{x-1}$ 의 사칙연산을 구하면 다음과 같다.

$$(f+g)(x)=x+\sqrt{x-1}$$

$$(f-g)(x)=x-\sqrt{x-1}$$

$$(f\cdot g)(x)=x\sqrt{x-1}$$

$$\left(\frac{f}{g}\right)(x)=\frac{x}{\sqrt{x-1}}$$

$\mathrm{dom}(f)=\mathbb{R}$, $\mathrm{dom}(g)=[1,\infty)$이므로 각 함수의 정의역은 다음과 같다.

$$\mathrm{dom}(f+g)=\mathrm{dom}(f-g)=\mathrm{dom}(f\cdot g)=\mathrm{dom}(f)\cap\mathrm{dom}(g)=[1,\infty)$$

$$\mathrm{dom}(\frac{g}{f})=\mathrm{dom}(f)\cap\mathrm{dom}(g)-\{x\mid g(x)=0\}=(1,\infty)$$

합성함수

두 함수 $f : X \to Y$와 $g : Y \to Z$에 대하여, $x \in X$가 함수 f에 의해 $y \in Y$로 대응하고, 이 원소 $y \in Y$가 함수 g에 의해 $z \in Z$로 대응한다고 하자. 그러면 [그림 2-6]과 같이 $x \in X$는 두 함수 f와 g에 의해 $z \in Z$로 대응한다.

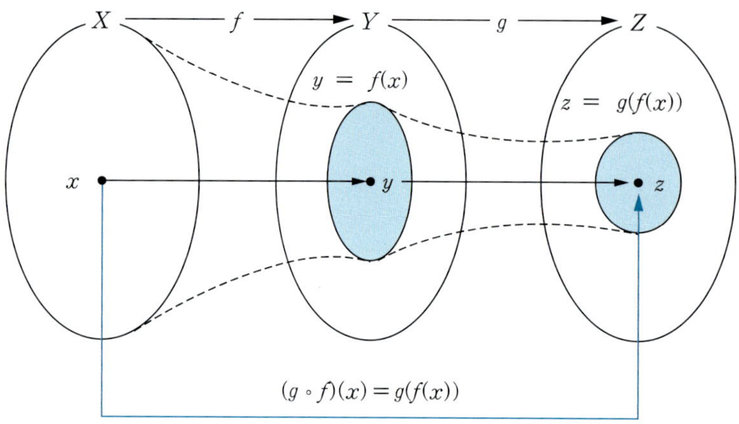

[그림 2-6] **합성함수** $g \circ f$

이와 같은 방법으로 $x \in X$가 $z \in Z$로 대응하는 새로운 함수를 f와 g의 **합성함수**composite function라 하고, 다음과 같이 나타낸다.

$$g \circ f : X \to Z\,,\ z = (g \circ f)(x) = g(f(x))$$

이때 합성함수 $g \circ f : X \to Z$의 정의역은 함숫값 z가 존재하는 모든 x들의 집합이다. 치역은 합성함수 $z = g(f(x))$들의 집합이다.

$$\mathrm{dom}(g \circ f) = \{x \in X \mid \exists\, z = g(f(x)) \in Z\}$$
$$\mathrm{ran}(g \circ f) = \{z \in Z \mid z = g(f(x)),\ \forall\, x \in \mathrm{dom}(g \circ f)\}$$

두 함수를 합성할 때, 결합법칙은 성립하지만 교환법칙은 성립하지 않는다. 즉 $(g \circ f) \circ h = g \circ (f \circ h)$이지만, 일반적으로 $g(f(x)) \neq f(g(x))$이므로 $g \circ f \neq f \circ g$이다.

예제 2-7

세 함수 $f(x)=x^2-1$, $g(x)=x+2$, $h(x)=\dfrac{1}{x-1}$ 에 대하여 다음 합성함수와 정의역을 구하라.

(a) $(f\circ g)(x)$　　(b) $(g\circ f)(x)$　　(c) $((g\circ f)\circ h)(x)$　　(d) $(g\circ(f\circ h))(x)$

풀이

(a) $(f\circ g)(x)=f(g(x))=[g(x)]^2-1=(x+2)^2-1=x^2+4x+3$
정의역은 $\mathrm{dom}(f\circ g)=\mathbb{R}$ 이다.

(b) $(g\circ f)(x)=g(f(x))=f(x)+2=(x^2-1)+2=x^2+1$
정의역은 $\mathrm{dom}(g\circ f)=\mathbb{R}$ 이다.

(c) $(g\circ f)(x)=x^2+1$이므로 합성함수는 다음과 같다.

$$((g\circ f)\circ h)(x)=(g\circ f)(h(x))=[h(x)]^2+1=\left(\frac{1}{x-1}\right)^2+1=\frac{x^2-2x+2}{(x-1)^2}$$

정의역은 $\mathrm{dom}[(g\circ f)\circ h]=\mathbb{R}-\{1\}$이다.

(d) $(f\circ h)(x)=f(h(x))=[h(x)]^2-1=\dfrac{1}{(x-1)^2}-1=\dfrac{-x^2+2x}{(x-1)^2}$ 이므로 합성함수는 다음과 같다.

$$(g\circ(f\circ h))(x)=g((f\circ h)(x))=\frac{-x^2+2x}{(x-1)^2}+2=\frac{x^2-2x+2}{(x-1)^2}$$

정의역은 $\mathrm{dom}[g\circ(f\circ h)]=\mathbb{R}-\{1\}$이다.

Section 2.3 확인문제

1. 함수 $f(x)=\sqrt{x+1}$, $g(x)=\sqrt{1-x}$ 의 정의역을 구하라.

2. 다음 함수의 정의역과 치역을 구하라.

(a) $f(x)=\dfrac{1}{\sqrt{(x-2)^2}}$

(b) $f(x)=x^2-3x+2$

3. 모든 실수 x에 대해 두 함수 $f(x)=2x^2+ax+1$과 $g(x)=bx^2-3x+c$가 같기 위한 a, b, c를 구하라.

Hint 동류항의 계수를 비교한다.

4. 집합 $\{-1, 0, a\}$에서 정의되는 $f(x)=|x|$, $g(x)=x^2$에 대하여 $f=g$일 때, 양수 a를 구하라.

5. 두 함수 $f(x)=x+1$, $g(x)=x^2-1$에 대하여 다음 함수와 각각의 정의역을 구하라.

(a) $f+g$

(b) $f-g$

(c) $f\cdot g$

(d) $\dfrac{f}{g}$

6. 두 함수 $f(x)=\sqrt{x-1}$, $g(x)=x^2-2$에 대하여 다음 함수와 정의역을 구하라.

(a) $2f(x)+g(x)$

(b) $f(2x)-g(x)$

(c) $\dfrac{f(x)-2g(x)}{f(x)g(x)}$

7. 세 함수 $f(x)=x+1$, $g(x)=x^2$, $h(x)=\dfrac{1}{x}$에 대하여 다음 합성함수와 정의역을 구하라.

(a) $(f\circ g)(x)$

(b) $(g\circ f)(x)$

(c) $((g\circ f)\circ h)(x)$

(d) $(g\circ(f\circ h))(x)$

8. $f(x)=ax-1$, $g(x)=1-bx$에 대하여 $f\circ f=g$를 만족하는 상수 a와 b를 구하라.

Hint 동류항의 계수를 비교한다.

9. $f(x)=-x$, $g(x)=2x+1$에 대하여 $(h\circ g\circ f)(x)=f(x)$를 만족하는 일차함수 $h(x)$를 구하라.

Hint $h(x)=ax+b$라 한다.

2.4 여러 가지 함수

두 변수 x, y가 정비례 관계인 경우에는 두 변수를 일차함수로 표현할 수 있다. 그리고 발사대에서 발사한 로켓이 이루는 포물선은 이차함수로 설명된다. 이 절에서는 일차함수와 이차함수를 비롯한 여러 가지 함수의 성질을 살펴볼 것이다.

일차함수

함수 $y = f(x)$에서 다음과 같이 변수 y가 x에 관한 일차식으로 표현되는 함수를 **일차함수**linear function 라 한다.

$$y = ax + b \text{ (단, } a \neq 0,\ a,\ b\text{는 상수)}$$

일차함수의 정의역과 치역은 모든 실수들의 집합 $\mathbb{R}$ 이고 그래프는 직선으로 나타난다. 이때 일차항의 계수 a를 **기울기**slope라 한다. 기울기는 x의 증가량에 대한 y의 증가량의 비율을 나타낸다. $a > 0$이면 x가 증가할 때 y도 증가하고([그림 2-7(a)]), $a < 0$이면 x가 증가할 때 y는 감소한다([그림 2-7(b)]).

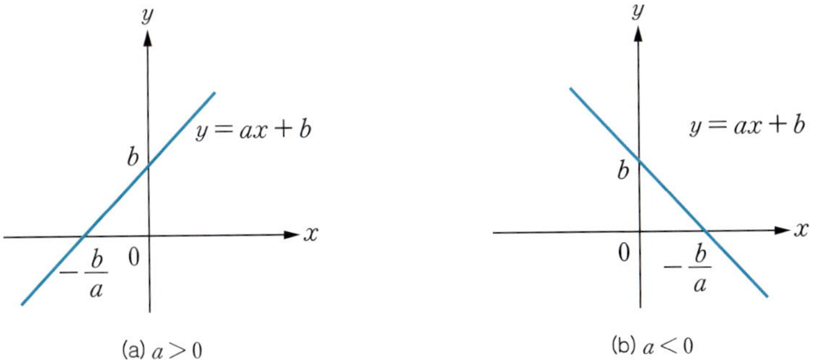

[그림 2-7] 일차함수의 절편

[그림 2-7]을 보면 직선은 x축과 y축의 한 점을 지난다. 이와 같이 직선이 x축과 만나는 점의 x좌표를 **x절편**, y축과 만나는 점의 y좌표를 **y절편**이라고 한다. 일차함수 $y = ax + b$에서 $x = 0$이면 $y = b$이므로 y절편은 b이고, $y = 0$이면 $x = -\dfrac{b}{a}$ 이므로 x절편은 $-\dfrac{b}{a}$ 이다.

예제 2-8

다음 일차함수에 대한 기울기, x 절편, y 절편을 구하라.

(a) $y=2x-1$ (b) $y=-3x+2$

풀이

(a) $y=2x-1$의 기울기는 2이다.

$y=0$이면 $2x-1=0$이므로 x 절편은 $\frac{1}{2}$이고 y 절편은 -1이다.

(b) $y=-3x+2$의 기울기는 -3이다.

$y=0$이면 $-3x+2=0$이므로 x 절편은 $\frac{2}{3}$이고 y 절편은 2이다.

일차함수의 그래프를 나타내는 직선의 방정식은 세 가지 유형이 있다.

❶ 기울기가 a이고 한 점 (x_1, y_1)을 지나는 직선의 방정식

기울기가 a인 일차함수를 $y=ax+b$라 하면, 이 함수의 그래프가 점 (x_1, y_1)을 지나므로 $y_1=ax_1+b$를 만족한다. 따라서 $b=y_1-ax_1$이고 직선의 방정식은 $\boldsymbol{y=a(x-x_1)+y_1}$이다.

❷ 두 점 (x_1, y_1), (x_2, y_2)를 지나는 직선의 방정식

기울기 a는 x의 증가량에 대한 y의 증가량의 비율이므로 $a=\dfrac{y_2-y_1}{x_2-x_1}$이다. 따라서 ❶에 의해 직선의 방정식은 $\boldsymbol{y=\dfrac{y_2-y_1}{x_2-x_1}(x-x_1)+y_1}$이다.

❸ x 절편 a와 y 절편 b를 지나는 직선의 방정식

x 절편과 y 절편의 좌표는 각각 $(a, 0)$과 $(0, b)$이므로 ❷에 의해 직선의 방정식은 $\boldsymbol{y=-\dfrac{b}{a}(x-a)}$ 또는 $\boldsymbol{\dfrac{x}{a}+\dfrac{y}{b}=1}$이다.

예제 2-9

다음 조건을 만족하는 일차함수를 구하라.

(a) 기울기가 -3이고 한 점 $(1,\ 1)$을 지나는 직선

(b) 두 점 $(1,\ -1)$, $(2,\ 1)$을 지나는 직선

(c) x 절편 2와 y 절편 -1을 지나는 직선

풀이

(a) 기울기가 $a=-3$이고 지나는 점이 $(1,\ 1)$이므로 구하고자 하는 일차함수는 다음과 같다.

$$y=-3(x-1)+1=-3x+4$$

(b) 직선이 두 점 $(1,\ -1)$, $(2,\ 1)$을 지나므로 구하고자 하는 일차함수는 다음과 같다.

$$y=\frac{1-(-1)}{2-1}(x-1)-1=2x-3$$

(c) x 절편 2와 y 절편 -1을 지나는 직선의 방정식은 $\dfrac{x}{2}+\dfrac{y}{-1}=1$, 즉 구하고자 하는 일차함수는 $y=\dfrac{x}{2}-1$이다.

이차함수

함수 $y=f(x)$에서 다음과 같이 y가 x에 관한 이차식으로 나타나는 함수를 **이차함수**quadratic function라 한다.

$$y=ax^2+bx+c\ (\text{단, } a\neq 0,\quad a,\ b,\ c\text{는 상수})$$

이차함수는 모든 실수들의 집합 $\mathbb{R}$ 에서 정의되며, 상수항 c는 y 절편을 나타낸다. 이때 $a>0$이면 아래로 볼록하고([그림 2-8(a)]), $a<0$이면 위로 볼록한 포물선([그림 2-8(b)])이 된다.

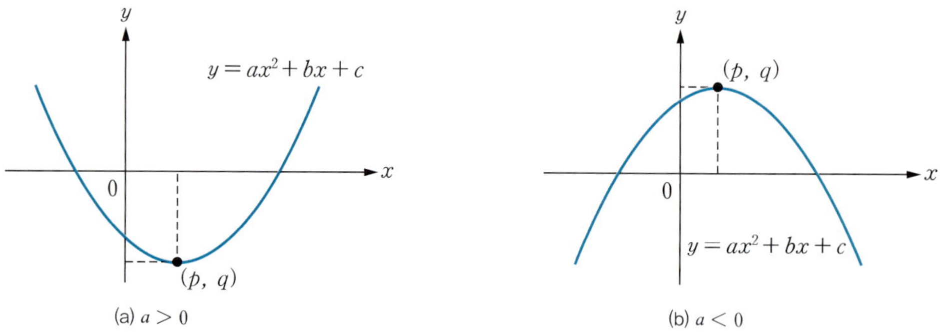

[그림 2-8] 이차함수의 그래프 개형과 꼭짓점

함수 $f(x)=ax^2+bx+c$에서 꼭짓점의 좌표를 구하기 위해 다음과 같이 완전제곱식으로 변형한다.

$$f(x)=ax^2+bx+c=a\left(x+\frac{b}{2a}\right)^2-\frac{b^2-4ac}{4a}=a(x-p)^2+q$$

$f(x)=a(x-p)^2+q$ 형태로 변형된 이차함수에서, 점 (p, q)는 [그림 2-8]과 같이 포물선의 꼭짓점을 나타낸다. $p=-\dfrac{b}{2a}$, $q=-\dfrac{b^2-4ac}{4a}$ 이다. 그러므로 이차함수는 $a>0$일 때 꼭짓점에서 최솟값 $f(p)=q$를 가지며, $a<0$일 때 꼭짓점에서 최댓값 $f(p)=q$를 갖는다. 이때 $f(p)$는 다음과 같다.

$$f(p)=q=-\frac{b^2-4ac}{4a}$$

예제 2-10

다음 이차함수의 꼭짓점의 좌표를 찾고, 최댓값 또는 최솟값을 구하라.

(a) $y=x^2-2x-2$

(b) $y=-x^2+3x+3$

풀이

(a) $y=x^2-2x-2=(x-1)^2-3$이므로 꼭짓점의 좌표는 $(1, -3)$ 이고, 최솟값은 $f(1)=-3$ 이다.

(b) $y=-x^2+3x+3=-\left(x-\dfrac{3}{2}\right)^2+\dfrac{21}{4}$ 이므로 꼭짓점의 좌표는 $\left(\dfrac{3}{2}, \dfrac{21}{4}\right)$이고, 최댓값은 $f\left(\dfrac{3}{2}\right)=\dfrac{21}{4}$ 이다.

이차함수의 그래프를 나타내는 포물선의 방정식은 세 가지 유형이 있다.

❶ 꼭짓점이 (p, q)인 포물선의 방정식

$$y = a(x-p)^2 + q$$

❷ x 절편이 $x = x_1$, $x = x_2$인 포물선의 방정식 ($x_1 = x_2$인 경우도 포함)

$$y = a(x-x_1)(x-x_2)$$

❸ 세 점 (x_1, y_1), (x_2, y_2), (x_3, y_3)을 지나는 포물선의 방정식

다소 복잡하지만 $ax_1^2 + bx_1 + c = y_1$, $ax_2^2 + bx_2 + c = y_2$, $ax_3^2 + bx_3 + c = y_3$을 연립하여 상수 a, b, c를 구한다.

예제 2-11

다음 조건을 만족하는 이차함수를 구하라.

(a) 이차항의 계수가 2이고 꼭짓점의 좌표가 $(1, -1)$ 인 포물선

(b) 이차항의 계수가 -2이고 x 절편이 각각 $x = -1$, $x = 3$인 포물선

(c) 세 점 $(-1, 4)$, $(0, -3)$, $(1, 0)$을 지나는 포물선

풀이

(a) $y = 2(x-1)^2 + (-1) = 2x^2 - 4x + 1$

(b) $y = -2\{x-(-1)\}(x-3) = -2(x+1)(x-3) = -2x^2 + 4x + 6$

(c) 구하고자 하는 이차함수를 $y = ax^2 + bx + c$라 하면, 이 함수가 세 점 $(-1, 4)$, $(0, -3)$, $(1, 0)$을 지나므로 다음을 만족한다.

$$\begin{aligned} 4 &= a(-1)^2 + b(-1) + c \\ -3 &= a \cdot 0^2 + b \cdot 0 + c \\ 0 &= a \cdot 1^2 + b \cdot 1 + c \end{aligned}$$

연립방정식 $a-b+c=4$, $c=-3$, $a+b+c=0$을 풀면, $a=5$, $b=-2$, $c=-3$이다. 따라서 구하고자 하는 이차함수는 $y = 5x^2 - 2x - 3$이다.

예제 2-12

다음 이차함수에 대한 x 절편, y 절편을 구하라.

(a) $y=-x^2+x+2$

(b) $y=x^2+2x+1$

풀이

(a) $y=0$이면 $-x^2+x+2=-(x-2)(x+1)=0$이므로 x 절편은 -1, 2이고 y 절편은 2이다.

(b) $y=0$이면 $x^2+2x+1=(x+1)^2=0$이므로 x 절편은 -1이고 y 절편은 1이다.

대수적 함수

다음과 같이 함수 $y=f(x)$에서 y가 x에 관한 n차 다항식일 때, 이 함수를 n차 **다항함수**polynomial function라 한다.

$$y=a_0x^n+a_1x^{n-1}+\cdots+a_{n-1}x+a_n \text{ (단, } a_0\neq 0,\ a_0,\ a_1,\ \cdots,\ a_n \text{은 상수)}$$

그리고 두 다항함수 $p(x)$, $q(x)$에 대해 $y=f(x)=\dfrac{p(x)}{q(x)}$를 **유리함수**rational function라 한다. 이때 다항함수는 모든 실수에서 정의되므로 유리함수의 정의역은 분모가 0이 아닌 모든 실수의 집합, 즉 $\mathrm{dom}(f)=\{x\,|\,q(x)\neq 0\}$이다. 다음 두 함수를 살펴보자.

$$f(x)=\frac{x^2+5x+2}{x},\quad g(x)=\frac{x^2-2x+1}{x^2-3x-4}$$

두 함수는 유리함수이며, 이때 유리함수 $f(x)$와 $g(x)$의 그래프는 각각 [그림 2-9(a)], [그림 2-9(b)]와 같다. 그래프에서 함수 $f(x)$는 $x=0$에서의 함숫값 $f(0)$이 존재하지 않으며, 함수 $g(x)$는 함숫값 $g(-1)$과 $g(4)$가 존재하지 않는다. 따라서 두 함수의 정의역은 각각 다음과 같다.

$$\mathrm{dom}(f)=\mathbb{R}-\{0\},\quad \mathrm{dom}(g)=\mathbb{R}-\{-1,\ 4\}$$

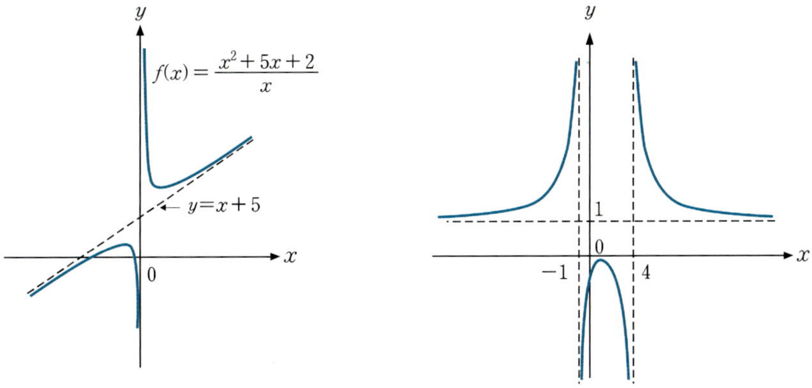

(a) $f(x)=\dfrac{x^2+5x+2}{x}$ 의 그래프　　(b) $g(x)=\dfrac{x^2-2x+1}{x^2-3x-4}$ 의 그래프

[그림 2-9] **유리함수의 그래프**

또한 함수 $y=f(x)$ 에서 $f(x)$가 무리식인 함수, 즉 다음과 같이 변수 x에 대한 무리식으로 나타낸 함수를 **무리함수**irrational function라 한다.

$$f(x)=\sqrt[4]{x+2}\ ,\ g(x)=\frac{x+\sqrt{2x-x^2}}{\sqrt{x-1}}$$

무리함수의 정의역은 다음 두 조건을 만족하는 x 들의 집합이다.

❶ 근호의 값이 실수이어야 한다.

❷ 분모가 0이 아니다.

예를 들어, $f(x)=\sqrt[4]{x+2}$ 의 정의역은 다음과 같이 나타낸다.

$$\mathrm{dom}(f)=\{x\in\mathbb{R}\,|\,x+2\geq 0\}=\{x\in\mathbb{R}\,|\,x\geq -2\}$$

한편 $y=g(x)$와 같이 두 개 이상의 근호가 나눗셈으로 주어지는 경우의 정의역은 모든 근호가 공통적으로 정의되는 x의 범위 중에서 분모가 0인 경우를 제외한다. 따라서 $y=g(x)$의 정의역은 두 근호 $\sqrt{2x-x^2}$ 과 $\sqrt{x-1}$ 이 모두 존재하고 분모가 0이 아닌 x의 범위이어야 한다. $2x-x^2\geq 0$을 만족하는 x의 범위 $\{x|0\leq x\leq 2\}$와 $x-1>0$을 만족하는 x의 범위 $\{x|x>1\}$의 공통부분인 $1<x\leq 2$다. 그러므로 $y=g(x)$의 정의역은 다음과 같이 나타낸다.

$$\mathrm{dom}(g)=\{x\,|\,1<x\leq 2\}$$

이때 두 함수의 그래프는 [그림 2-10]과 같다.

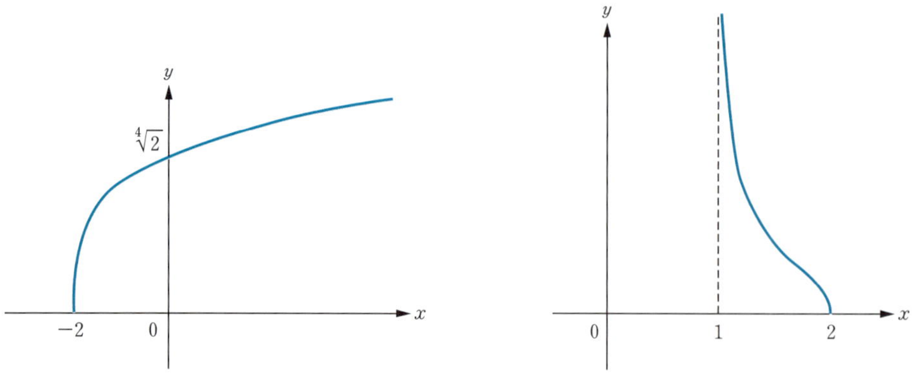

(a) $f(x)=\sqrt[4]{x+2}$ 의 그래프

(b) $g(x)=\dfrac{x+\sqrt{2x-x^2}}{\sqrt{x-1}}$ 의 그래프

[그림 2-10] 무리함수의 그래프

이와 같이 다항함수에 사칙연산과 거듭제곱근을 유한 번 사용하여 얻는 함수를 **대수적 함수**algebraic function라 하고, 대수적 함수가 아닌 함수를 **초월함수**transcendental function라 한다. 초월함수에는 지수함수, 로그함수, 삼각함수와 역삼각함수 그리고 지수함수로부터 유도되는 쌍곡선함수와 그의 역함수인 역쌍곡선함수 등이 있다. 초월함수에 대한 내용은 3장과 4장에서 다룰 것이다.

그 외의 여러 가지 함수

이 절에서는 함수의 극한과 연속성에서 많이 응용되는 최대정수함수와 주기함수와 단조함수를 다룬다. 또한 대응 관계를 특징짓는 우함수와 기함수 그리고 단사, 전사, 전단사함수와 역함수 그리고 음함수에 대하여 살펴본다.

■ 최대정수함수

이제 x를 넘지 않는 가장 큰 정수를 $[x]$로 표현한다. 예를 들어 $[-1.4]$는 -1.4를 넘지 않는 가장 큰 정수가 -2이므로 $[-1.4]=-2$이고, $[1.9999]=1$이다. x의 범위에 따라 $[x]$의 값을 구하면 [표 2-2]와 같고, 이와 같은 함수 $f(x)=[x]$를 **최대정수함수**greatest integer function라 한다.

[표 2-2] 최대정수함수의 값

x 범위	$\cdots$	$-2 \le x < -1$	$-1 \le x < 0$	$0 \le x < 1$	$1 \le x < 2$	$\cdots$
$[x]$ 값	$\cdots$	-2	-1	0	1	$\cdots$

이때 최대정수함수의 그래프는 [그림 2-11]과 같다.

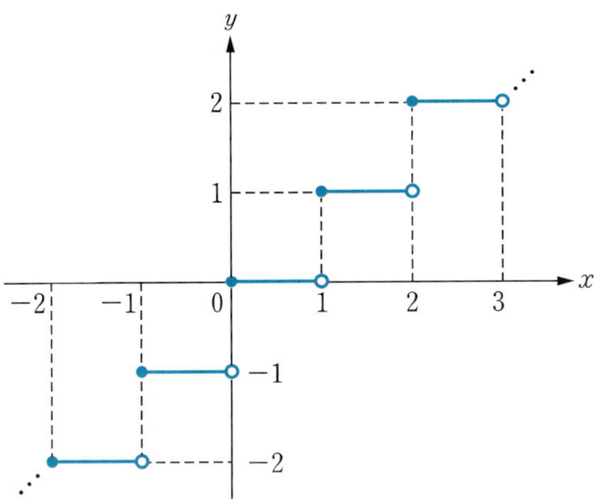

[그림 2-11] 최대정수함수의 그래프

■ 주기함수

모든 실수 x 에 대하여 다음과 같이 정의되는 함수를 생각해보자.

$$f(x) = x - [x]$$

이 함수 $f(x)$의 그래프는 [그림 2-12]와 같으며, 모든 정수 k에 대하여 범위 $k \le x < k+1$에서 함수의 그래프 모양이 반복적으로 나타난다. 이와 같이 모든 실수에서 정의되는 함수 $f(x)$에 대하여 다음을 만족하는 상수 p가 존재할 때, $f(x)$를 **주기함수**periodic function라 한다.

$$f(x) = f(x+p)$$

그리고 가장 작은 양의 상수 p를 $f(x)$의 **주기**period라고 한다. 따라서 함수 $f(x) = x - [x]$는 $f(x) = f(x+1)$을 만족하므로 주기가 1인 주기함수다.

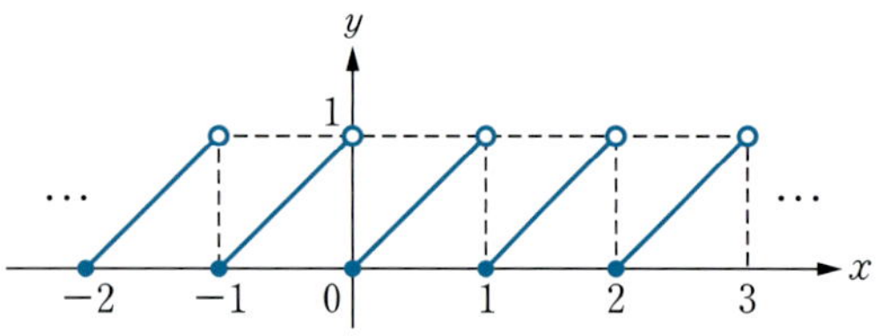

[그림 2-12] **주기함수 $f(x)=x-[x]$의 그래프**

예제 2-13

함수 $f(x)$의 그래프가 다음과 같을 때, 함수 $f(x)$와 주기 그리고 $f(7.5)$를 구하라.

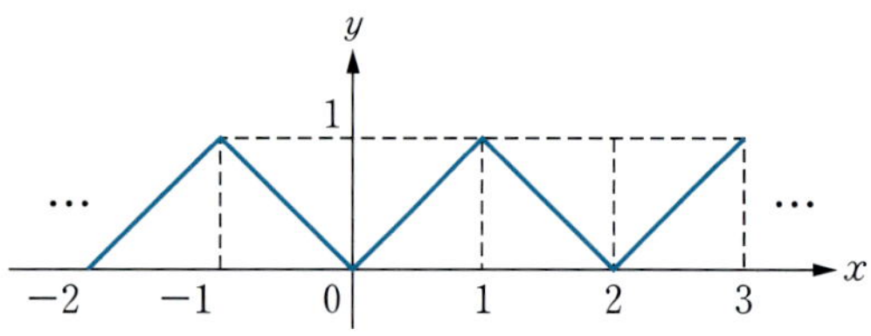

풀이

함수 $f(x)$의 그래프는 $-1 \le x < 1$의 모양이 반복되므로 이 함수의 주기는 2다. 또한 $-1 \le x < 1$에서 $f(x)=|x|$이고, 다른 곳에서는 $f(x)=f(x+2)$로 정의되므로 구하고자 하는 함수는 다음과 같다.

$$f(x)=\begin{cases} |x| & , -1 \le x < 1 \\ f(x+2), & \text{다른 곳에서} \end{cases}$$

또한 $f(7.5)=f(-0.5+2\cdot 4)=f(-0.5)=|-0.5|=0.5$다.

■ 우함수와 기함수

다음과 같이 각 항이 짝수 차수인 함수 $f(x)$와 각 항이 홀수 차수인 함수 $g(x)$를 생각해보자.

$$f(x)=x^4-2x^2+1, \quad g(x)=x^5+x^3-x$$

짝수 n에 대해 $(-x)^n=x^n$이고 홀수 n에 대해 $(-x)^n=-x^n$이므로 $f(-x)=f(x)$, $g(-x)=-g(x)$가 성립한다. 이와 같이 정의역 안의 모든 x에 대하여 $f(-x)=f(x)$를 만족하는 함수를 **우함수**even function라 하고, $f(-x)=-f(x)$를 만족하는 함수를 **기함수**odd function라 한다. 이때 우함수는 [그림 2-13(a)]와 같이 y축에 대하여 대칭이고, 기함수는 [그림 2-13(b)]와 같이 원점에 대하여 대칭이다.

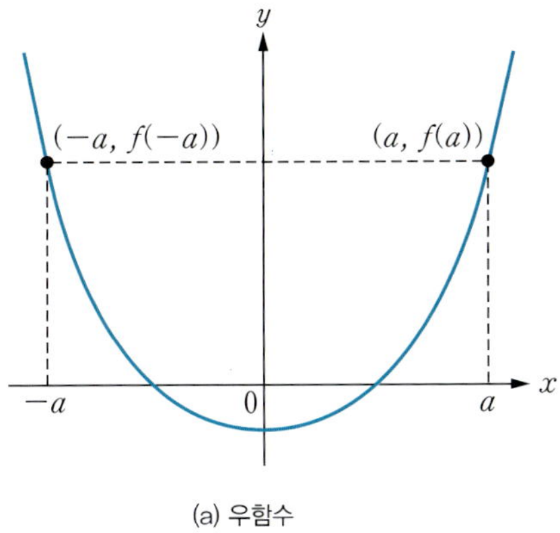

[그림 2-13] 우함수와 기함수

■ 단사함수, 전사함수, 전단사함수

독립변수 x와 종속변수 y의 관계로부터 함수의 특성이 결정되는 경우가 있다. [그림 2-14(a)]와 같이 함수 $f: X \rightarrow Y$에서 정의역 X의 임의의 두 원소 x_1, x_2에 대하여 다음이 성립한다고 하자.

$$x_1 \neq x_2 \ \Rightarrow \ f(x_1) \neq f(x_2)$$

그러면 대우 명제도 성립할 것이다.

$$f(x_1) = f(x_2) \ \Rightarrow \ x_1 = x_2$$

이러한 함수를 X에서 Y로의 **단사함수**injective function 또는 **일대일 함수**one-to-one function라 한다. 일반적으로 공역과 치역 사이에 $f(X) \subseteq Y$가 성립하지만, [그림 2-14(b)]와 같이 공역과 치역이 일치하는 함수 $f: X \rightarrow Y$를 생각할 수 있다. 이와 같이 $Y = f(X)$인 함수를 X에서 Y로의 **전사함수**surjective function 또는 **위로의 함수**onto function라 한다. 따라서 임의의 $y \in Y$에 대하여 $y = f(x)$를 만족하는 $x \in X$가 존재할 때, 함수 f는 전사함수다.

한편 함수 $f: X \rightarrow Y$가 단사함수이면서 동시에 전사함수인 경우, 즉 [그림 2-14(c)]와 같이 정의역의 서로 다른 원소가 공역의 서로 다른 원소와 대응을 이루면서 동시에 공역에 대응을 받지 못하는 원소가 존재하지 않는 함수 $f: X \rightarrow Y$를 **전단사함수**bijective function 또는 **일대일 대응**one-to-one correspondence이라 한다. 따라서 함수 $f: X \rightarrow Y$가 전단사함수이고 정의역 X와 공역 Y가 유한집합이면 두 집합 X, Y는 원소의 개수가 동일하다.

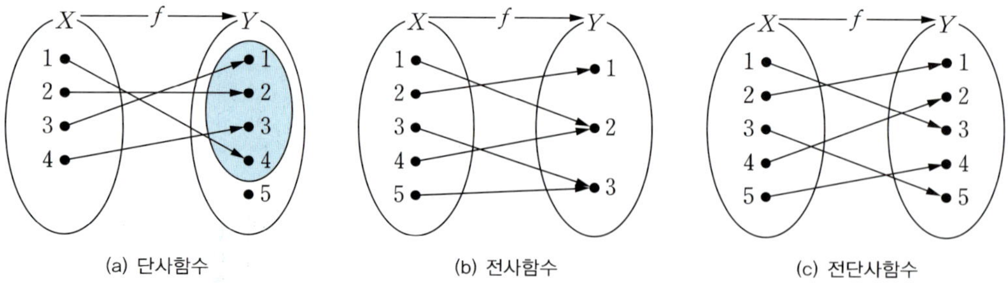

[그림 2-14] **단사함수, 전사함수, 전단사함수**

예제 2-14

다음과 같이 정의되는 함수가 단사함수, 전사함수, 전단사함수 중 무엇인지 살펴보아라. (단, 집합 $\mathbb{R}$과 $\mathbb{R}^+$는 각각 실수 전체의 집합과 음이 아닌 실수 전체의 집합이다.)

(a) $f: \mathbb{R} \to \mathbb{R}^+,\ y = f(x) = x^2$

(b) $f: \mathbb{R}^+ \to \mathbb{R},\ y = f(x) = x^2$

(c) $f: \mathbb{R}^+ \to \mathbb{R}^+,\ y = f(x) = x^2$

풀이

(a) 임의의 실수 x에 대해 $(-x)^2 = x^2$이므로 f는 단사함수가 아니다. 그러나 [그림 (a)]와 같이 임의의 양수 y에 대하여 $y = x^2$을 만족하는 x는 항상 $-\sqrt{y}$와 $\sqrt{y}$가 존재한다. 따라서 주어진 정의역과 공역에 대하여 전사함수다.

(b) [그림 2-15(b)]와 같이 임의의 양수 y에 대하여 $y = x^2$을 만족하는 양수 x는 $\sqrt{y}$이지만, 음수 y에 대하여 $y = x^2$을 만족하는 실수는 존재하지 않는다. 따라서 주어진 함수는 전사함수가 아니다. 그러나 서로 다른 양의 실수 $x_1 \neq x_2$에 대하여 $x_1^2 \neq x_2^2$이므로 주어진 함수는 단사함수다.

(c) [그림 2-15(c)]와 같이 임의의 양수 y에 대하여 $y = x^2$을 만족하는 양수 x는 $\sqrt{y}$이고, 서로 다른 양수 $x_1 \neq x_2$에 대하여 $x_1^2 \neq x_2^2$이다. 따라서 주어진 함수는 전단사함수다.

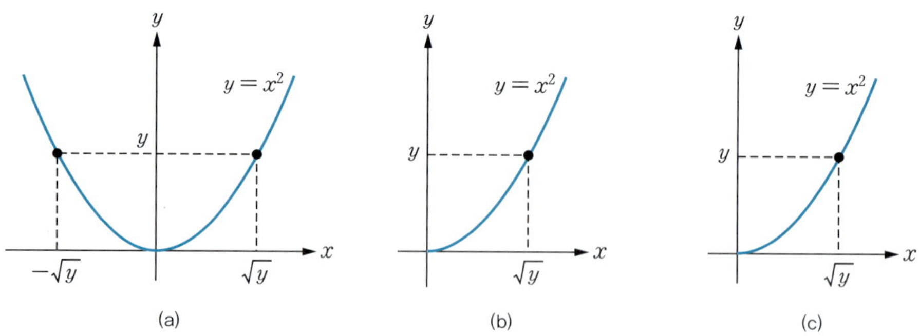

[그림 2-15] **함수 $f(x) = x^2$의 그래프**

■ 역함수

정의역이 X이고 치역이 Y인 전단사함수 $f: X \to Y$, $y=f(x)$를 생각하자. 그러면 [그림 2-16]과 같이 정의역이 Y, 치역이 X인 함수 $g: Y \to X$, $x=g(y)$를 얻는다. 이때 이 함수 g를 f의 **역함수** inverse function라 하고, $g=f^{-1}$로 나타낸다. 즉 전단사함수 $f: X \to Y$에 대해 다음이 성립한다.

$$y=f(x) \quad \Leftrightarrow \quad x=g(y)=f^{-1}(y)$$

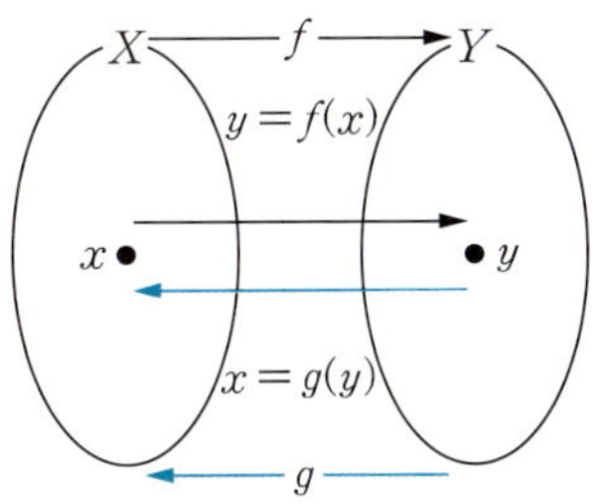

[그림 2-16] 역함수

그래프를 이용하여 함수 $y=f(x)$와 역함수 $x=f^{-1}(y)$의 대응관계를 살펴보면 [그림 2-17]과 같다. 함수 $y=f(x)$는 [그림 2-17(a)]와 같이 f의 정의역 안의 x에서 출발하여 치역 안의 y로 대응을 이룬다. 그 반면에 역함수 $x=f^{-1}(y)$는 [그림 2-17(b)]와 같이 f^{-1}의 정의역(f의 치역) 안의 y에서 출발하여 치역(f의 정의역) 안의 x로 대응을 이룬다.

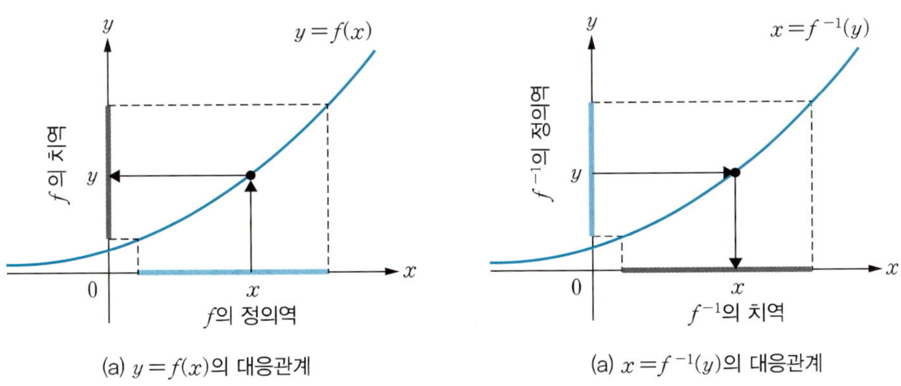

[그림 2-17] 함수 $y=f(x)$와 역함수 $x=f^{-1}(y)$의 대응관계

위에서 살펴본 내용을 바탕으로 하여 역함수에 대해 다음 두 가지 대응 관계를 알 수 있다.

❶ X 안의 임의의 x에 대해, $x \to y \to x$인 대응 관계

이 대응 관계는 함수 f의 정의역 X 안의 원소 x를 f에 의해 Y 안의 원소 y로 대응하고, 이 원소 y가 함수 f^{-1}에 의해 최초의 원소 x로 대응한다. 즉 다음 합성함수를 얻는다.

$$(f^{-1} \circ f)(x) = f^{-1}(f(x)) = x$$

❷ Y 안의 임의의 y에 대해, $y \to x \to y$인 대응 관계

이 대응 관계는 함수 f^{-1}의 정의역 Y 안의 원소 y를 f^{-1}에 의해 X 안의 원소 x로 대응하고, 이 원소 x가 함수 f에 의해 최초의 원소 y로 대응한다. 즉 다음 합성함수를 얻는다.

$$(f \circ f^{-1})(y) = f(f^{-1}(y)) = y$$

관습적으로 독립변수는 x, 종속변수는 y로 나타낸다. 따라서 $y = f(x)$의 역함수 $x = f^{-1}(y)$를 $y = f^{-1}(x)$로 나타낸다. 그러면 $y = f(x)$의 역함수는 다음과 같이 두 단계로 구한다.

❶ 함수 $y = f(x)$에서 두 변수 x와 y를 교환하여 $x = f(y)$로 나타낸다.

❷ 방정식 $x = f(y)$를 변수 y에 관하여 풀면 역함수 $y = f^{-1}(x)$를 얻는다.

예제 2-15

함수 $f: X \to \mathbb{R}$에 대해 $X = [1, \infty)$이고, $y = f(x) = (x-1)^2$으로 정의된다. 이 함수에 대해 다음을 구하라.

(a) $Y = \mathrm{ran}(f)$

(b) 역함수 $f^{-1}: Y \to X$

(c) $f^{-1}(4)$

(d) $(f \circ f^{-1})(4)$

풀이

(a) $Y = \mathrm{ran}(f) = [0, \infty)$

(b) $y = (x-1)^2$에서 x와 y를 교환한다. y에 관한 이차방정식 $x = (y-1)^2$을 풀면 $y = 1 \pm \sqrt{x}$이고, y는 역함수의 치역 안에 있어야 하므로 $y \geq 1$이다. 따라서 $y = f(x)$의 역함수는 $y = f^{-1}(x) = 1 + \sqrt{x}$이다.

(c) $f^{-1}(4) = 1 + \sqrt{4} = 3$

(d) $(f \circ f^{-1})(4) = f(3) = (3-1)^2 = 4$

■ 증가함수와 감소함수

함수의 그래프 모양에 따라 함수의 특성을 결정할 수 있다. 함수 $f: \mathbb{R} \rightarrow \mathbb{R}$ 에 대하여 다음과 같이 정의한다.

❶ $x_1 < x_2$일 때, $f(x_1) < f(x_2)$이면, $f(x)$를 **증가함수**increasing function

❷ $x_1 < x_2$일 때, $f(x_1) \leq f(x_2)$이면, $f(x)$를 **단조증가함수**monotone increasing function

❸ $x_1 < x_2$일 때, $f(x_1) > f(x_2)$이면, $f(x)$를 **감소함수**decreasing function

❹ $x_1 < x_2$일 때, $f(x_1) \geq f(x_2)$이면, $f(x)$를 **단조감소함수**monotone decreasing function

특히 단조증가함수는 함숫값이 크거나 같은 경우는 있어도 작아지는 경우는 없으므로 **비감소함수**non-decreasing function라 하고, 단조감소함수는 **비증가함수**non-increasing function라고도 한다. 그리고 단조증가함수와 단조감소함수를 통칭하여 단조함수라고 한다. 예를 들어, 임의의 실수 $x_1 < x_2$에 대하여 $x_1^3 < x_2^3$이므로 $f(x) = x^3$은 증가함수, $-x_1^3 > -x_2^3$이므로 $f(x) = -x^3$은 감소함수다. [그림 2-18]은 증가함수와 감소함수의 그래프를 보여준다.

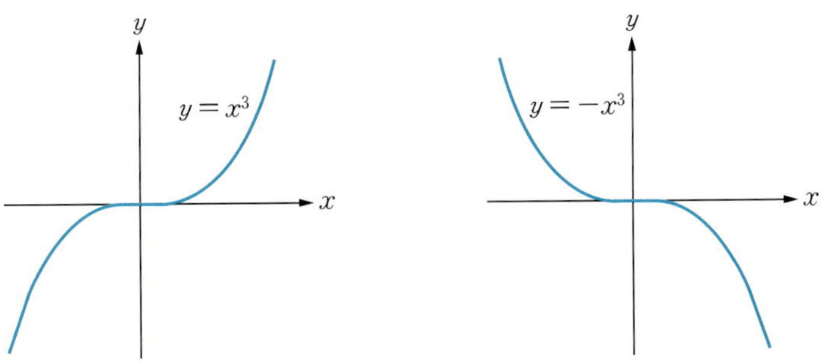

[그림 2-18] **증가함수와 감소함수**

그리고 [그림 2-19]와 같이 최대정수함수 $f(x) = [x]$는 단조증가함수, $f(x) = -[x]$는 단조감소함수다. 한편 $y = f(x)$가 정의역 안의 모든 x에 대하여 증가(또는 감소)하는 함수이면, $y = f(x)$는 반드시 역함수 $y = f^{-1}(x)$를 가지며 역함수도 역시 증가(또는 감소)한다.

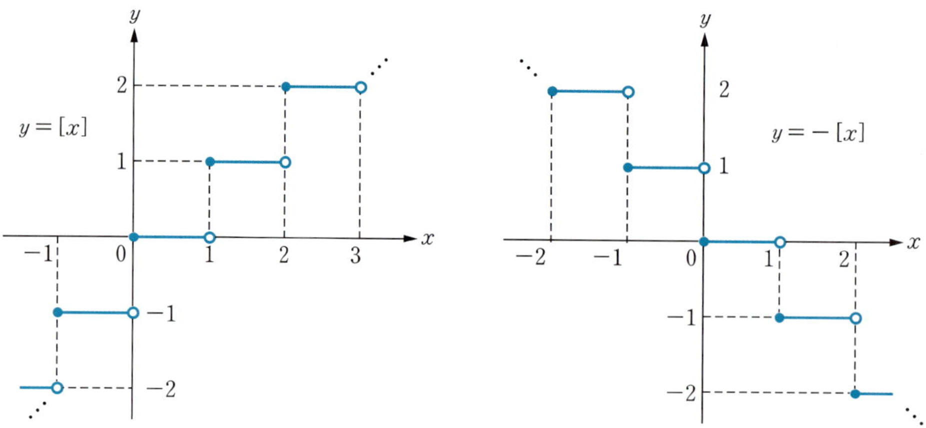

[그림 2-19] **단조증가함수와 단조감소함수**

예제 2-16

무리함수 $y = \sqrt{x-1}+1$이 증가함수임을 보이고, 역함수를 구하여 그래프를 그려라.

풀이

$y = \sqrt{x-1}+1$의 정의역은 $\{x \mid x \geq 1\}$이고, 치역은 $\{y \mid y \geq 1\}$이다. $1 < x_1 < x_2$이면 $0 < x_1 - 1 < x_2 - 1$이므로 다음이 성립한다.

$$\sqrt{x_1-1} < \sqrt{x_2-1} \Rightarrow \sqrt{x_1-1}+1 < \sqrt{x_2-1}+1$$

따라서 $f(x_1) < f(x_2)$ 이므로 $y = f(x)$는 증가함수다. 한편 $y = f(x)$의 역함수를 구하기 위해 다음과 같이 변수 x와 y를 교환하고 y에 관하여 푼다.

$$\begin{aligned} x &= \sqrt{y-1}+1 \\ \sqrt{y-1} &= x-1 \\ y-1 &= (x-1)^2 \\ y &= (x-1)^2+1 \end{aligned}$$

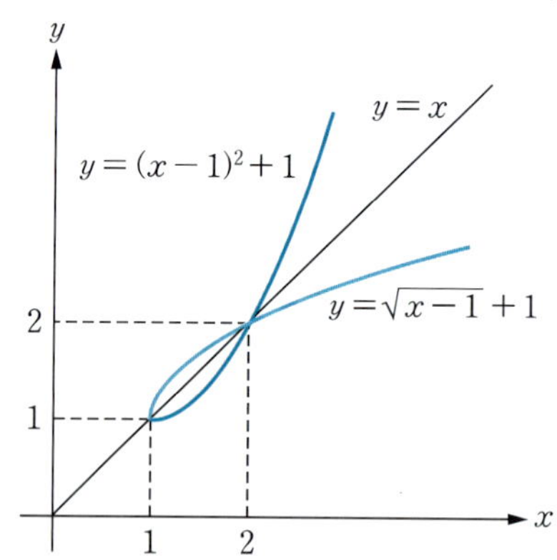

$y = f(x)$의 역함수는 $y = f^{-1}(x) = (x-1)^2+1$이고, 정의역은 $\{x \mid x \geq 1\}$이다. $y = \sqrt{x-1}+1$와 $y = (x-1)^2+1$의 그래프는 오른쪽 그림과 같다.

■ 음함수

지금까지는 함수를 독립변수와 종속변수가 구분된 함수 형태 $y=f(x)$로 살펴보았다. 그러나 많은 경우에 독립변수와 종속변수가 구분되지 않는 형태로 표현되며, 이런 경우에는 함수보다는 방정식이라고 한다. 예를 들어, 직선의 방정식 $ax+by+c=0$에서 반드시 x가 독립변수이고 y가 종속변수라고 말할 수 없다. 이때 y를 x의 함수로 생각한다면 직선의 방정식은 일차함수로 표현할 수 있다.

$$y=-\frac{a}{b}x-\frac{c}{b}$$

이와 같이 독립변수와 종속변수가 구분되지 않는 방정식으로부터 y를 x의 함수로 생각했을 때 y를 x의 **음함수**implicit function라고 한다.

예제 2-17

원의 방정식 $x^2+y^2=1$에 대하여 $y\geq 0$일 때, y를 x의 함수로 생각하고 $y=f(x)$와 정의역을 구하라.

풀이

$x^2+y^2=1$에서 x의 범위는 $-1\leq x\leq 1$이고, 이 원의 방정식을 y에 관하여 풀면 $y=\pm\sqrt{1-x^2}$ 이다. 조건 $y\geq 0$을 만족하는 y를 구하면, $y=\sqrt{1-x^2}$이고 정의역은 $\{x\mid -1\leq x\leq 1\}$이다.

Section 2.4 확인문제

1. 다음 일차함수의 그래프에서 기울기, x 절편, y 절편을 구하라.

(a) $y=-2x+2$　　(b) $y=-\frac{1}{2}x+2$

2. 다음 조건을 만족하는 일차함수를 구하라.

(a) 기울기가 -1이고 점 $(2,\ 3)$을 지나는 직선
(b) x 절편 -1과 y 절편 -2를 지나는 직선
(c) 두 점 $(1,\ 2)$와 $(2,\ -1)$을 지나는 직선

3. 다음 이차함수의 그래프에서 기울기, x 절편, y 절편을 구하라.

(a) $y=x^2-3x+2$　　(b) $y=-4x^2+4x+2$

4. 다음 조건을 만족하는 이차함수를 구하라.

(a) 기울기가 -1이고 꼭짓점의 좌표가 $(1,\ 3)$인 포물선
(b) 기울기가 2이고 두 점 $(-1,\ 4)$, $(1,\ 2)$를 지나는 포물선
(c) 세 점 $(-1,\ 6)$, $(0,\ -2)$, $(1,\ 0)$을 지나는 포물선

5. $y=x^2-kx+4$가 x축에 접하기 위한 상수 k를 구하라.

Hint 꼭짓점이 x축 위에 있다.

6. $-1 \le x \le 2$에서 주어진 이차함수의 최댓값과 최솟값을 구하라.

(a) $y=x^2-2x$　　(b) $y=-x^2-4x+5$

7. 다음 함수의 정의역과 치역을 구하라.

(a) $y=2-\frac{1}{x}$　　(b) $y=\frac{x^2-1}{x^2-3x+2}$

(c) $y=1+\sqrt{9-2x^2}$　　(d) $y=1-\sqrt{2x^2+x-1}$

8. 함수 $y=1-\sqrt{x-2}$에 대해 다음을 구하라.

(a) 역함수 $y=f^{-1}(x)$　　(b) 역함수의 정의역
(c) 역함수의 치역

Hint x와 y를 교환하고 y를 구한다.

Chapter 02 연습문제

2.1 다음 함수의 정의역을 구하라.

(a) $f(x)=\sqrt{x}+\sqrt{2-x}$

(b) $f(x)=\sqrt{-x^2-2x+8}$

2.2 다음 함수들 중에서 서로 상등인 함수를 고르라.

$f(x)=\dfrac{\sqrt{x^2}}{x} \quad g(x)=\dfrac{\sqrt[3]{x^3}}{x} \quad h(x)=\dfrac{|x|}{x}$

2.3 어떤 집합 X를 정의역으로 가지는 두 함수 $f(x)=-x-1$과 $g(x)=x-2$가 같은 함수라 할 때 집합 X를 구하라.

2.4 $f\left(\dfrac{x+1}{x-1}\right)=x^2-x+1$ 일 때, $f(2)$를 구하라.

Hint $\dfrac{x+1}{x-1}=2$를 만족하는 x를 먼저 구한다.

2.5 $f(x)=x^2$, $g(x)=x+1$, $h(x)=2x-1$에 대하여 다음을 구하라.

(a) $(f\circ g)(1)$

(b) $((f\circ g)\circ h)(2)$

2.6 함수 $f(x)=\sqrt{x-1}$, $g(x)=\dfrac{1}{x^2}-1$에 대해 다음을 구하라.

(a) $(f+f)(x)$

(b) $(f-g)(x)$

(c) $(f\cdot g)(x)$

(d) $\left(\dfrac{f}{g}\right)(x)$

2.7 함수 f는 우함수이고 함수 g는 기함수이다. 다음 함수는 우함수 또는 기함수 중 무엇인가?

(a) $f\cdot g$

(b) $\dfrac{f}{g}$

(c) $f\circ g$

(d) $f\circ f$

2.8 다음 표를 완성하라.

$g(x)$	$f(x)$	$(f \circ g)(x)$
x^2-1	$\sqrt{x}$	(a)
(b)	$\sqrt{x-1}$	$\sqrt{x^2-2}$
(c)	$\dfrac{x+1}{x}$	$\dfrac{x}{x-1}$

2.9 함수 $f(x)=x-4$, $g(x)=2-3x$에 대해 다음을 구하라.

(a) $f^{-1}(3)$

(b) $(f^{-1})^{-1}(3)$

(c) $(f^{-1} \circ g^{-1})(3)$

(d) $(g \circ f)^{-1}(3)$

2.10 함수 $f(x)=\begin{cases} -\sqrt{-x}\,, & x \le 0 \\ \sqrt{x} \,, & x > 0 \end{cases}$의 역함수 $f^{-1}(x)$가 존재할 때, $f^{-1}(2)+f^{-1}(-1)$을 구하라.

Hint x의 범위에 따른 역함수를 각각 구한다.

2.11 일차함수 $y=ax-1$의 그래프가 두 점 $(1, 1)$, $(b, -2)$를 지날 때, 실수 a, b를 구하라.

2.12 두 점 $(2, 1)$, $(1, -1)$을 지나는 직선을 y축 방향으로 1만큼 평행이동한 직선의 방정식이 $ax+by+c=0$일 때, a, b, c를 구하라.

2.13 직선 $x+2y+3=0$의 그래프와 평행한 직선이 점 $(1, 1)$을 지난다.

(a) 이 직선의 x절편과 y절편을 구하라.

(b) 이 직선과 x축, y축으로 둘러싸인 삼각형의 넓이를 구하라.

Hint 평행한 두 직선은 기울기가 같다.

2.14 이차함수 $y=a(x-p)^2+q$의 꼭짓점이 $(1, 2)$이고 그래프가 점 $(2, 3)$을 지날 때, a를 구하라.

2.15 이차함수 $y=f(x)$의 그래프는 꼭짓점이 x축 위에 있고 y절편이 2이다. 그래프의 대칭축이 $x=-1$일 때, 이 이차함수를 구하라.

2.16 이차함수 $y=x^2-3x+3$의 그래프가 두 점 $(a,\ 1)$, $(2a,\ b)$를 지날 때, a와 b를 구하라.

2.17 어떤 두 수의 합이 14일 때, 곱이 최대인 두 수와 곱의 최댓값을 구하라.

Hint 두 수는 x, $14-x$이다.

2.18 이차항의 계수가 -1인 이차함수 $y=f(x)$의 그래프가 직선 $y=g(x)$와 만나는 점의 x좌표가 -1과 2이다. 함수 $h(x)=f(x)-g(x)$는 $x=a$에서 최댓값 b를 가질 때, a와 b를 구하라.

Hint $f(x)-g(x)=-(x+1)(x-2)$

2.19 이차함수 $f(x)=2x^2+px+q$가 $x=2$에 대해 대칭일 때, 함숫값 $f(-1)$, $f(0)$, $f(1)$, $f(2)$의 크기를 비교하라.

Hint $f(x)=2(x-2)^2+r$ 형태이다.

2.20 다음 함수를 전사함수, 단사함수, 전단사함수로 구분하라.

(a) $f\colon [-1,\ 2] \to [0,\ 3]$, $\quad f(x)=|1-x^2|$

(b) $f\colon [1,\ \infty) \to [0,\ \infty)$, $\quad f(x)=\sqrt{x-1}$

(c) $f\colon [-1,\ 2] \to [-1,\ 6]$, $\quad f(x)=2x+1$

Chapter

03

지수함수와 로그함수

Exponential Function and Logarithmic Function

학습목표

- 지수와 로그의 의미를 이해하고 지수와 로그의 여러 가지 성질을 응용할 수 있다.
- 지수함수의 의미를 이해하고 자연지수함수를 활용할 수 있다.
- 로그함수의 의미를 이해하고 자연로그함수를 활용할 수 있다.

어떤 수를 반복하여 곱하는 것을 간단히 표현하기 위하여 지수를 사용한다. 또한 대단히 큰 수를 간편하게 표현하기 위한 도구로 로그를 사용한다. 예를 들어, 화학에서 액체의 산성이나 알칼리성의 정도를 나타내는 단위인 pH, 물리학에서 소리의 크기를 측정하는 단위인 데시벨(dB), 방사능 물질의 반감기 계산 등에 로그의 개념을 사용하고 있다. 이 장에서는 지수와 로그의 개념을 정의하고, 지수함수와 로그함수의 여러 가지 성질을 살펴본다. 그리고 이순신대교와 같이 두 기둥 사이를 적당히 늘어진 케이블로 지지하는 현수교의 케이블을 나타내는 함수인 쌍곡선함수를 정의한다.

3.1 지수와 로그

이 절에서는 무리수를 지수로 갖는 실수를 정의함으로써 1.1절에서 살펴본 거듭제곱을 실수인 지수로 확장하여, 실수인 지수에 대한 지수법칙을 살펴본다. 또한 지수의 역연산인 로그를 정의하고, 여러 가지 로그법칙을 활용해보자.

지수

1.1절에서 거듭제곱과 거듭제곱근에 대하여 살펴보았다. 0이 아닌 임의의 실수 a에 대하여 a를 n번 거듭하여 곱한 수를 a의 n **거듭제곱**power이라 하고, a^n으로 나타낸다. 그리고 $a^n = b$를 만족하는 실수 a를 b의 n **제곱근**root이라 하고, $\sqrt[n]{b}$로 나타낸다. 이때 1.1절에서 언급한 바와 같이 지수가 0, 음수, 분수인 경우는 다음과 같이 약속한다.

$$a^0 = 1,\ a^{-n} = \frac{1}{a^n}\ (n > 0),\ a^{\frac{1}{n}} = \sqrt[n]{a}\ (n \in \mathbb{N},\ n \ge 2)$$

여기에 지수법칙을 적용하면 모든 유리수 r에 대하여 a^r을 정의할 수 있다.

대표적인 무리수 $\sqrt{2}$는 소수로 나타내면 $\sqrt{2} = 1.414213562373\cdots$이다. 이 수는 다음과 같이 유리수인 유한소수들의 극한으로 생각할 수 있다.

1, 1.4, 1.41, 1.414, 1.4142, 1.41421, 1.414213, 1.4142135, 1.41421356, 1.414213562, ⋯

유리수인 경우에 지수법칙이 성립한다는 사실을 앞에서 살펴보았다. 이를 응용하여 $2^{\sqrt{2}}$의 근삿값들을 다음과 같이 생각할 수 있다.

$$2^1,\ 2^{1.4},\ 2^{1.41},\ 2^{1.414},\ 2^{1.4142},\ 2^{1.41421},\ 2^{1.414213},\ 2^{1.4142135},\ 2^{1.41421356},\ 2^{1.414213562},\ \cdots$$

이 수들을 소수점 아래 여덟째 자리까지 구하면 다음과 같다.

2, 2.63901582, 2.65737163, 2.66474965, 2.66511909, 2.66513756,
2.66514310, 2.66514403, 2.66514414, 2.66514414, ⋯

이 수들은 소수점 아래 여섯째 자리까지 동일한 수 2.665144가 반복되는 것을 확인할 수 있다. 따라서

$2^{\sqrt{2}}$의 근삿값은 2.665144이다. 사실, $2^{\sqrt{2}}$은 다음과 같이 순환하지 않는 무한소수이다.

$$2^{\sqrt{2}} = 2.66514414269022518865\cdots$$

이와 같은 방법으로 양수 $a(a \neq 1)$에 대하여 무리수 r을 지수로 갖는 a^r을 정의하면 지수법칙이 성립한다. 따라서 유리수와 무리수 모두 지수법칙이 성립하므로, 지수가 실수인 경우에 [정리 3-1]과 같이 지수법칙이 성립한다.

정리 3-1 실수 지수의 지수법칙

임의의 양의 실수 a, b와 실수 p, q에 대하여 다음이 성립한다.

(1) $a^p a^q = a^{p+q}$

(2) $(a^p)^q = a^{pq}$

(3) $(ab)^p = a^p b^p$

(4) $\left(\dfrac{a}{b}\right)^p = a^p \cdot b^{-p}$

(5) $a^p \div a^q = a^{p-q}$

예제 3-1

다음을 간단히 하여라.

(a) $2^{\sqrt{2}} \cdot 2^{3\sqrt{2}}$ (b) $\left(2^{\sqrt{3}}\right)^{\sqrt{3}}$ (c) $2^{\sqrt{3}} \cdot 3^{\sqrt{3}}$ (d) $2^{\sqrt{3}} \div 3^{\sqrt{3}}$

풀이

(a) $2^{\sqrt{2}} \cdot 2^{3\sqrt{2}} = 2^{\sqrt{2}+3\sqrt{2}} = 2^{4\sqrt{2}}$

(b) $\left(2^{\sqrt{3}}\right)^{\sqrt{3}} = 2^{\sqrt{3}\cdot\sqrt{3}} = 2^3 = 8$

(c) $2^{\sqrt{3}} \cdot 3^{\sqrt{3}} = (2 \cdot 3)^{\sqrt{3}} = 6^{\sqrt{3}}$

(d) $2^{\sqrt{3}} \div 3^{\sqrt{3}} = \dfrac{2^{\sqrt{3}}}{3^{\sqrt{3}}} = \left(\dfrac{2}{3}\right)^{\sqrt{3}}$

예제 3-2

$x=2^{\frac{1}{3}}-2^{-\frac{1}{3}}$일 때, $2x^3+6x$를 구하라.

풀이

$x=2^{\frac{1}{3}}-2^{-\frac{1}{3}}$의 양변을 세제곱하고 우변을 전개하면 다음과 같다.

$$\begin{aligned} x^3 &= \left(2^{\frac{1}{3}}-2^{-\frac{1}{3}}\right)^3 = \left(2^{\frac{1}{3}}\right)^3 - 3\cdot 2^{\frac{1}{3}}\cdot 2^{-\frac{1}{3}}\cdot\left(2^{\frac{1}{3}}-2^{-\frac{1}{3}}\right) - \left(2^{-\frac{1}{3}}\right)^3 \\ &= 2-3\cdot\left(2^{\frac{1}{3}}-2^{-\frac{1}{3}}\right)-2^{-1} \\ &= 2-\frac{1}{2}-3x=\frac{3-6x}{2} \end{aligned}$$

따라서 $2x^3=3-6x$ 즉, $2x^3+6x=3$이다.

로그

실수 $a>0$ $(a\neq 1)$와 임의의 양수 b에 대하여, $b=a^x$을 만족하는 x를 **밑이 a인 b의 로그**logarithm라 한다. 이는 $x=\log_a b$로 나타낸다. 이때 실수 b를 **진수**anti-logarithm라 하고 $b>0$ 이어야 한다. 예를 들어, $3^2=9$이므로 $\log_3 9=2$이고, $3^{-2}=\frac{1}{9}$이므로 $\log_3\left(\frac{1}{9}\right)=-2$다.

밑이 $a=10$인 로그는 **상용로그**common logarithm라 하며, 밑 10을 생략하여 $\log b$로 나타낸다. 또한 밑이 무리수 e인 로그를 **자연로그**natural logarithm라 하며, $x=\log_e b=\ln b$로 나타낸다. 따라서 $a>0$ $(a\neq 1)$, $b>0$에 대하여 지수와 로그 사이에는 다음 관계가 성립한다.

$$b=a^x \iff x=\log_a b, \qquad b=e^x \iff x=\ln b$$

따라서 로그가 지수의 역연산임을 알 수 있으며, 특히 $a>0$ $(a\neq 1)$에 대하여 $a^0=1$, $a^1=a$이므로 다음이 성립한다.

$$\log_a 1=0\ ,\ \log_a a=1$$

예제 3-3

다음 등식을 $x=\log_a b$ 의 형태로 나타내라.

(a) $10^2=100$　(b) $4^{-2}=\dfrac{1}{16}$　(c) $e^{2.5}=a$　(d) $e^{-5}=a$

풀이

(a) $2=\log_{10}100=\log 100$

(b) $-2=\log_4\dfrac{1}{16}$

(c) $2.5=\ln a$

(d) $-5=\ln a$

예제 3-4

다음 로그식의 진수를 지수 형태로 나타내라.

(a) $\log_2 4=2$

(b) $\log_{10}\left(\dfrac{1}{1000}\right)=-3$

(c) $\ln 1=0$

(d) $\ln\dfrac{1}{e^4}=-4$

풀이

(a) $4=2^2$　(b) $\dfrac{1}{1000}=10^{-3}$　(c) $1=e^0$　(d) $\dfrac{1}{e^4}=e^{-4}$

그리고 지수법칙과 로그의 정의에서 다음과 같은 로그법칙을 얻을 수 있다.

정리 3-2 로그법칙

임의의 양수 $a(a\neq 1)$와 양수 x, y에 대하여 다음이 성립한다.

(1) $\log_a xy=\log_a x+\log_a y$　　$\ln xy=\ln x+\ln y$

(2) $\log_a\dfrac{y}{x}=\log_a y-\log_a x$　　$\ln\dfrac{y}{x}=\ln y-\ln x$

(3) $\log_a x^m=m\log_a x$　　$\ln x^m=m\ln x$

(4) $\log_a a^m=m$　　$\ln e^m=m$

(5) $\log_a x=\dfrac{\log_c x}{\log_c a}$ (단, $c\neq 1$ 인 양수)　　$\log_a x=\dfrac{\ln x}{\ln a}$

(6) $a^{\log_a x} = x^{\log_a a} = x$ $\qquad$ $e^{\ln x} = x$

(7) $a^{\log_c x} = x^{\log_c a}$ (단, $c \neq 1$ 인 양수) $\qquad$ $a^{\ln x} = x^{\ln a}$

(8) $\log_a b = \dfrac{1}{\log_b a}$ (단, $b \neq 1$ 인 양수)

(9) $\log_{a^m} x^n = \dfrac{n}{m} \log_a x$

예제 3-5

다음 식의 값을 구하라.

(a) $\log_4 24 - \log_2 \dfrac{1}{4} - \log_2 16$ $\qquad$ (b) $2^{\log_2 4 + \log_4 2 - \log_2 8}$

풀이

(a) $\log_4 24 - \log_2 \dfrac{1}{4} - \log_2 16$을 $\log_4 24$와 $-\left(\log_2 \dfrac{1}{4} + \log_2 16\right)$으로 분리해보자.

$$\begin{aligned}\log_4 24 &= \frac{1}{2}\log_2 24 = \log_2 24^{1/2} = \log_2 \sqrt{24} = \log_2 2\sqrt{6} \\ &= \log_2 2 + \log_2 \sqrt{6} = 1 + \log_2 \sqrt{6}\end{aligned}$$

$$\log_2 \frac{1}{4} + \log_2 16 = \log_2 2^{-2} + \log_2 2^4 = \log_2 \left(2^{-2} \cdot 2^4\right) = \log_2 2^2 = 2$$

따라서 주어진 식의 값은 다음과 같다.

$$\log_4 24 - \log_2 \frac{1}{4} - \log_2 16 = 1 + \log_2 \sqrt{6} - 2 = -1 + \log_2 \sqrt{6}$$

(b) 먼저, 지수를 살펴보자.

$$\begin{aligned}\log_2 4 + \log_4 2 - \log_2 8 &= 2\log_2 2 + \frac{1}{2}\log_2 2 - 3\log_2 2 \\ &= 2 + \frac{1}{2} - 3 = -\frac{1}{2}\end{aligned}$$

따라서 주어진 식의 값은 다음과 같다.

$$2^{\log_2 4 + \log_4 2 - \log_2 8} = 2^{-\frac{1}{2}} = \frac{1}{\sqrt{2}} = \frac{\sqrt{2}}{2}$$

Section 3.1 확인문제

1. 다음 식의 값을 구하라.

(a) $\left(\dfrac{2}{3}\right)^3$

(b) $2^{1/5}\cdot 4^{-1/5}\cdot 8^{3/5}$

(c) $\sqrt[5]{4^3}\ \sqrt[5]{8^3}$

(d) $\left(3^{1/\sqrt{5}}\cdot 2^{\sqrt{5}}\right)^{\sqrt{5}}$

2. 다음 식의 값을 구하라.

(a) $\log_4 2^2$

(b) $\log_2 4\sqrt{2}$

(c) $\log_4 36+\log_4 \dfrac{16}{9}$

(d) $\log_3 \sqrt{5}-\log_{\frac{1}{9}} 125$

3. 다음을 만족하는 x를 구하라.

(a) $\sqrt[5]{2^2}=\sqrt{16^x}$

(b) $\log_x 81=-\dfrac{4}{3}$

4. 다음 주어진 식의 값을 구하라.

(a) $a^{\frac{1}{2}}+a^{-\frac{1}{2}}=2$일 때, $a^2+\dfrac{1}{a^2}$

(b) $10^a=30^b=3$일 때, $\dfrac{1}{a}-\dfrac{1}{b}$

Hint (a) 좌변을 제곱하여 $a+\dfrac{1}{a}$을 먼저 구한다. (b) 밑이 10인 상용로그를 이용한다.

5. 다음 지수방정식을 풀어라.

(a) $\dfrac{64^x}{4}=4^{x+3}$

(b) $e^{x-3}=4$

(c) $\left(\dfrac{1}{\sqrt[4]{3}}\right)^{3x}=9^{2-x}$

(d) $5^{2x}=2^{4-2x}$

6. 다음 로그방정식을 풀어라.

(a) $\log_4 x=\dfrac{1}{2}$

(b) $\log_3(3-4x)=-2$

(c) $\ln(3-4x)=-2$

(d) $\ln(\ln x)=1$

7. 이차방정식 $x^2-4x-2=0$의 두 근이 $\log_2 a$, $\log_2 b$ 일 때, $\log_a b+\log_b a$ 을 구하라.

Hint 밑이 2인 로그를 취하여 통분한다.

8. 방정식 $3\cdot 2^{x+1}=4^x+8$의 두 근을 구하라.

3.2 지수함수

함수 $f(x)=a^x$ 은 임의의 실수 $a>0$ $(a\neq 1)$에 대하여 정의역이 실수 전체의 집합이고, 치역이 양의 실수 전체의 집합인 함수이다.

이는 a를 밑으로 하는 **지수함수**exponential function라고 한다. 특히 밑이 e인 지수함수 $f(x)=e^x$ 을 **자연 지수함수**natural exponential function라 한다. 이제 지수함수 $y=a^x$ 의 그래프 형태를 알아보기 위하여 다음 [예제 3-6]을 살펴보자.

예제 3-6

함수 $y=2^x$에 대하여 다음을 구하라.

(a) 다음에 주어진 점 x에서의 함숫값을 구하라.

x	-3	-2.5	-2	-1.5	-1	-0.5	0	0.5	1	1.5	2	2.5	3
$f(x)$													

(b) 순서쌍 $(x,\ y)$를 좌표평면 위에 표시하고, 각 점을 이어라.

(c) $x<-3$과 $x>3$에서 그래프의 모양을 유추하라.

풀이

(a) $f(x)=2^x$ 이라 하면 주어진 점에서의 함숫값은 각각 다음과 같다.

x	-3	-2.5	-2	-1.5	-1	-0.5	0	0.5	1	1.5	2	2.5	3
$f(x)$	$\frac{1}{8}$	$\frac{1}{4\sqrt{2}}$	$\frac{1}{4}$	$\frac{1}{2\sqrt{2}}$	$\frac{1}{2}$	$\frac{1}{\sqrt{2}}$	1	$\sqrt{2}$	2	$2\sqrt{2}$	4	$4\sqrt{2}$	8

(b) 순서쌍 $(x,\ y)$를 좌표평면 위에 표시하고, 각 점을 이으면 오른쪽 그림과 같다.

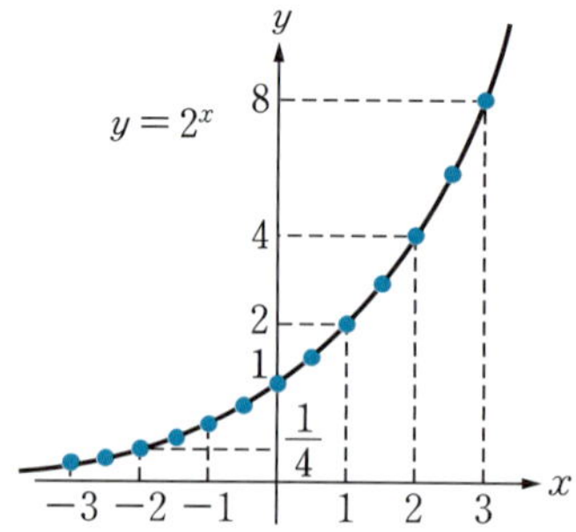

(c) $x<-3$에서 x가 작아질수록 함숫값은 $\frac{1}{2^4},\ \frac{1}{2^5},\ \frac{1}{2^6},\ \cdots$로 0에 가까워지며 감소하지만, 모든 함숫값은 0보다 크다. 또한 $x>3$에서 x가 커질수록 함숫값은 $2^4,\ 2^5,\ 2^6,\ \cdots$로 끝없이 증가한다.

예제 3-7

함수 $y=\left(\frac{1}{2}\right)^x$에 대하여 다음을 구하라.

(a) 다음에 주어진 점 x에서의 함숫값을 구하라.

x	-3	-2.5	-2	-1.5	-1	-0.5	0	0.5	1	1.5	2	2.5	3
$f(x)$													

(b) 순서쌍 $(x,\ y)$를 좌표평면 위에 표시하고, 각 점을 선분으로 이어라.

(c) $x<-3$과 $x>3$에서 그래프의 모양을 유추하라.

풀이

(a) $f(x)=\left(\frac{1}{2}\right)^x=2^{-x}$이라 하면 주어진 점에서의 함숫값은 각각 다음과 같다.

x	-3	-2.5	-2	-1.5	-1	-0.5	0	0.5	1	1.5	2	2.5	3
$f(x)$	8	$4\sqrt{2}$	4	$2\sqrt{2}$	2	$\sqrt{2}$	1	$\frac{1}{\sqrt{2}}$	$\frac{1}{2}$	$\frac{1}{2\sqrt{2}}$	$\frac{1}{4}$	$\frac{1}{4\sqrt{2}}$	$\frac{1}{8}$

(b) 순서쌍 $(x,\ y)$를 좌표평면 위에 표시하고, 각 점을 선분으로 이으면 오른쪽 그림과 같다.

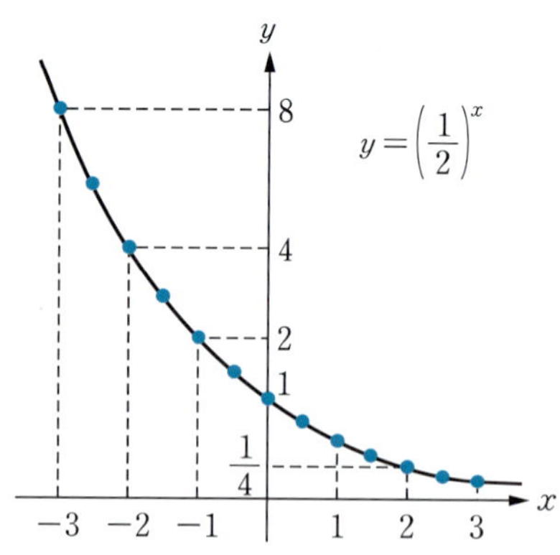

(c) $x<-3$에서 x가 작아질수록 함숫값은 $2^4,\ 2^5,\ 2^6,\ \cdots$로 끝없이 증가한다. 그리고 $x>3$에서 x가 커질수록 함숫값은 $\frac{1}{2^4},\ \frac{1}{2^5},\ \frac{1}{2^6},\ \cdots$로 0에 가까워지며 감소하지만 모든 함숫값은 0보다 크다.

위의 [예제 3-6]과 [예제 3-7]로부터 지수함수 $y = a^x$의 그래프를 살펴보면 밑 a의 조건에 따라 그래프의 형태가 다른 것을 알 수 있다. 일반적으로 $a > 1$이면 지수함수 $y = a^x$의 그래프는 [그림 3-1(a)]와 같고, $0 < a < 1$이면 지수함수의 그래프는 [그림 3-1(b)]와 같다.

[표 3-1] **지수함수 $y = a^x$의 특성**

	$a>1$인 경우	$0<a<1$인 경우
정의역	실수 전체의 집합	실수 전체의 집합
치역	$\{y \mid y>0\}$	$\{y \mid y>0\}$
y 절편	1	1
증가/감소함수	증가함수	감소함수
x가 커질 때	한없이 커진다.	a^x은 0으로 근접한다.
x가 작아질 때	a^x은 0으로 근접한다.	한없이 커진다.

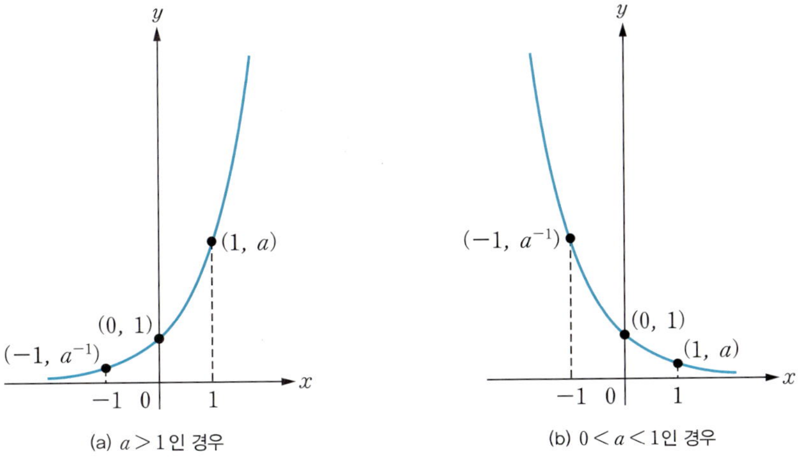

[그림 3-1] **$y = a^x$의 그래프**

상수 $e \fallingdotseq 2.7$이므로 자연지수함수 $y = e^x$과 $y = \left(\frac{1}{e}\right)^x = e^{-x}$의 그래프는 각각 [그림 3-1(a)]와 [그림 3-1(b)]와 같다. 여기서 정의역은 실수 전체의 집합 $\mathbb{R}$이고 치역은 $(0,\ \infty)$이다.

예제 3-8

다음 함수의 그래프를 그려라.

(a) $f(x)=e^{|x|}$ (b) $f(x)=\dfrac{e^x+e^{-x}}{2}$ (c) $f(x)=\dfrac{e^x-e^{-x}}{2}$

풀이

(a) 함수의 지수를 살펴보면, 모든 실수 x에 대하여 $|-x|=|x|$이므로 $f(-x)=f(x)$이다. 그러므로 $f(x)$는 우함수로, y축에 대하여 대칭이다. 따라서 $x>0$에서 $y=e^x$의 그래프를 그린 다음, y축에 대하여 대칭이동한 그래프를 그린다.

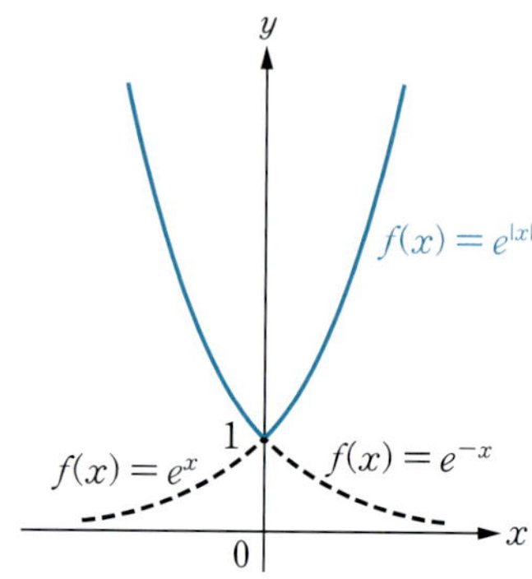

(b) 모든 실수 x에 대하여

$f(-x)=\dfrac{e^{-x}+e^{-(-x)}}{2}=\dfrac{e^x+e^{-x}}{2}=f(x)$이다. 그러므로 $f(x)$는 우함수로, y축에 대하여 대칭이다. 그러므로 $x>0$에서 $f(x)$의 그래프를 그린 다음, y축에 대하여 대칭이동한 그래프를 그린다.

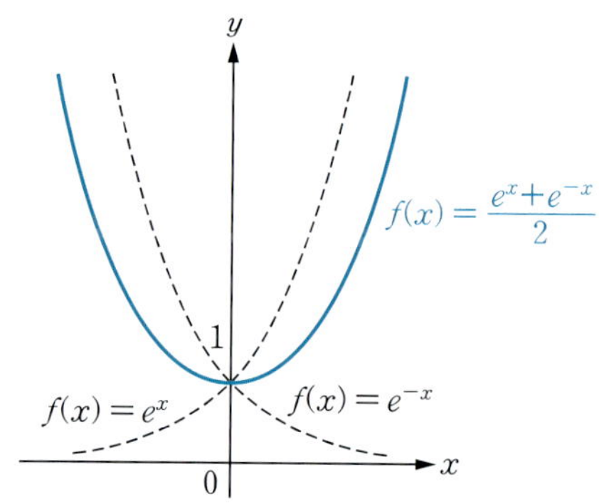

(c) 모든 실수 x에 대하여

$f(-x)=\dfrac{e^{-x}-e^{-(-x)}}{2}=-\dfrac{e^x-e^{-x}}{2}=-f(x)$이다.

$f(x)$는 기함수로, 원점에 대하여 대칭이다. 그러므로 $x>0$에서 $f(x)$의 그래프를 그린 다음, 원점에 대하여 대칭이동한 그래프를 그린다.

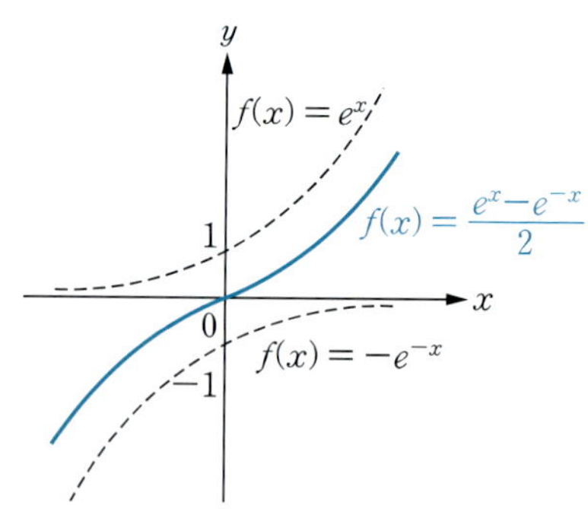

[예제 3-8(b)]의 함수는 이순신대교와 같은 현수선을 나타낸다. 이 함수를 **쌍곡선코사인함수** hyperbolic cosine function라 하고 다음과 같이 나타낸다.

$$\cosh x=\frac{e^x+e^{-x}}{2}$$

그리고 [예제 3-8(c)]의 함수를 **쌍곡선사인함수**hyperbolic sine function라 하고 다음과 같이 표현한다.

$$\sinh x = \frac{e^{x} - e^{-x}}{2}$$

또한 위의 두 함수로부터 얻은 다음 함수를 각각 순서대로 **쌍곡선탄젠트함수**hyperbolic tangent function, **쌍곡선코탄젠트함수**hyperbolic cotangent function, **쌍곡선시컨트함수**hyperbolic secant function, **쌍곡선코시컨트함수**hyperbolic cosecant function라 한다.

$$\tanh x = \frac{\sinh x}{\cosh x} = \frac{e^{x} - e^{-x}}{e^{x} + e^{-x}}, \quad \coth x = \frac{\cosh x}{\sinh x} = \frac{e^{x} + e^{-x}}{e^{x} - e^{-x}} \quad (x \neq 0)$$

$$\operatorname{sech} x = \frac{1}{\cosh x} = \frac{2}{e^{x} + e^{-x}}, \quad \operatorname{csch} x = \frac{1}{\sinh x} = \frac{2}{e^{x} - e^{-x}} \quad (x \neq 0)$$

쌍곡선사인함수와 쌍곡선코사인함수 사이에 다음 항등식이 성립한다.

$$\cosh^2 x - \sinh^2 x = 1$$

예제 3-9

$\sinh x = \dfrac{2}{3}$일 때, 나머지 쌍곡선함수의 함숫값을 구하라.

풀이

$\cosh^2 x = 1 + \sinh^2 x = 1 + \left(\dfrac{2}{3}\right)^2 = \dfrac{13}{9}$이고 $\cosh x \geq 1$이므로 $\cosh x = \dfrac{\sqrt{13}}{3}$이다.

따라서 나머지 쌍곡선함수의 함숫값은 다음과 같다.

$$\tanh x = \frac{\sinh x}{\cosh x} = \frac{2/3}{\sqrt{13}/3} = \frac{2}{\sqrt{13}}$$

$$\coth x = \frac{1}{\tanh x} = \frac{\sqrt{13}}{2}$$

$$\operatorname{sech} x = \frac{1}{\cosh x} = \frac{3}{\sqrt{13}}$$

$$\operatorname{csch} x = \frac{1}{\sinh x} = \frac{3}{2}$$

Section 3.2 확인문제

1. 다음 함수의 정의역을 구하라.

(a) $y=\dfrac{1}{1+5^x}$

(b) $y=\sqrt{1+2^{-x}}$

(c) $y=\dfrac{1}{2+e^x}$

(d) $y=\dfrac{1}{1-e^{2x}}$

2. $y=5^{-x}$의 그래프를 x축 방향으로 1만큼, y축 방향으로 2만큼 평행이동한 함수를 구하라.

3. $y=f(x)=2^x$을 x축 방향으로 a만큼 평행이동시키면 함수 $y=\sqrt{5}f(x)$라 할 때, a를 구하라.

4. 실수 $a>1$에 대하여 $f(x)=a^x$이 $f(1)+f(-1)=4$를 만족할 때, $f(2)+f(-2)$를 구하라.

5. 양의 실수 a $(a\neq 1)$에 대하여 함수 $y=a^{x-2}+2$가 a 값에 관계없이 어떤 점 (α, β)를 지난다고 할 때 α와 β를 구하라.

Hint $x=\alpha$, $y=\beta$를 함수에 대입하여 항등식을 이용한다.

6. $x>0$에서 $\cosh x=\dfrac{3}{2}$일 때, 나머지 쌍곡선함숫값을 구하라.

3.3 로그함수

지수함수 $y = a^x$ $(a > 0,\ a \neq 1)$은 a값에 따라 증가 또는 감소하므로, 어느 경우이든 역함수를 가진다. 또한 지수와 로그에 대하여 다음 관계가 성립한다.

$$y = a^x \iff x = \log_a y$$

두 변수 x와 y를 교환하면, 양의 실수 $a(a \neq 1)$에 대하여 $y = f(x) = a^x$의 역함수를 다음과 같이 정의할 수 있다. 이 함수를 **밑이 a인 로그함수**logarithmic function라 한다.

$$y = f^{-1}(x) = \log_a x$$

특히 밑이 e인 로그함수 $y = \log_e x$를 **자연로그함수**natural logarithmic function라 하고 다음과 같이 나타낸다.

$$f(x) = \ln x$$

지수함수 $y = a^x\ (y = e^x)$과 로그함수 $y = \log_a x\ (y = \ln x)$는 [그림 3-2]와 같이 역함수 관계이므로 직선 $y = x$에 대하여 대칭이다.

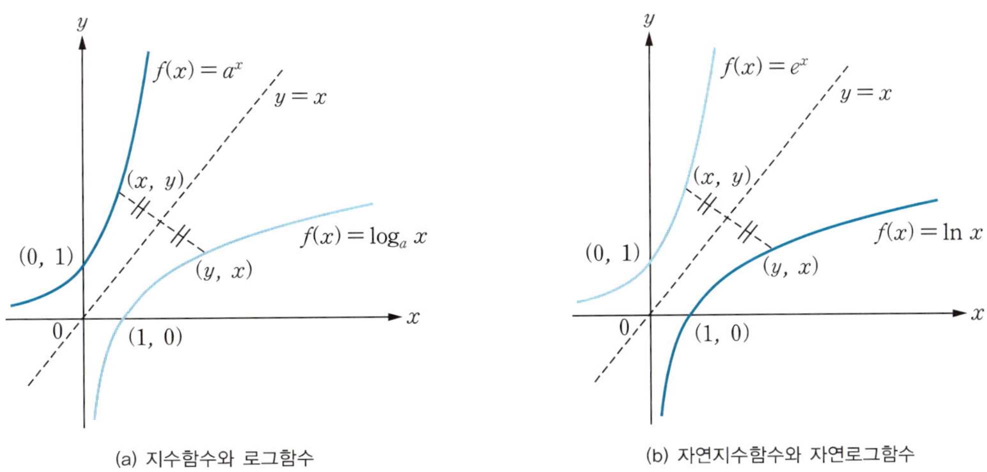

[그림 3-2] 지수함수와 로그함수의 관계

밑 a 값에 따라 지수함수의 성질이 달라지듯이 [표 3-2]와 같이 로그함수의 성질을 알 수 있다.

[표 3-2] **로그함수 $y=\log_a x$의 특성**

	$a>1$인 경우	$0<a<1$인 경우
정의역	$\{x \mid x>0\}$	$\{x \mid x>0\}$
치역	실수 전체의 집합	실수 전체의 집합
x 절편	1	1
증가/감소함수	증가함수	감소함수
$x>1$인 경우 x가 커질 때	양수이고 한없이 커진다.	음수이고 한없이 작아진다.
$0<x<1$인 경우 x가 0에 가까울 때	음수이고 한없이 작아진다.	양수이고 한없이 커진다.

이와 같은 특성에 따라 로그함수의 그래프를 그리면 [그림 3-3]과 같다.

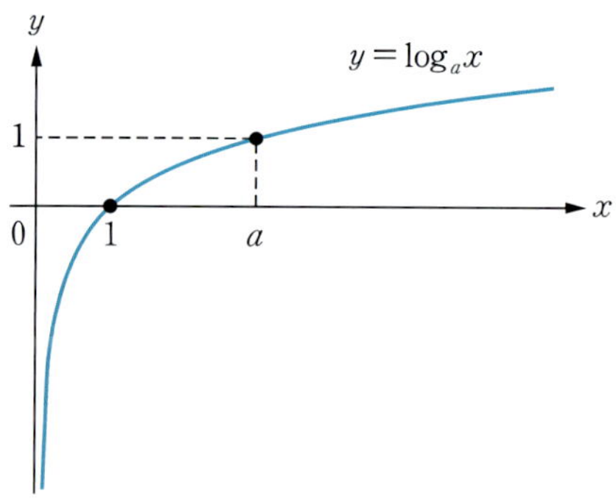

(a) $a>1$

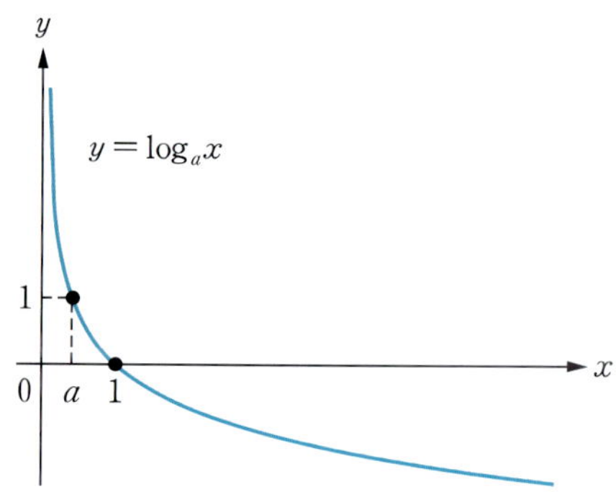

(b) $0<a<1$

[그림 3-3] **로그함수의 그래프**

예제 3-10

실수 $a>0(a\neq 1)$에 대하여 다음 로그함수의 정의역을 구하라.

(a) $y=\log_a 2x$　　　　(b) $y=\ln(-x^2+2x+3)$

풀이

(a) $2x>0$이므로 정의역은 $\{x \mid x>0\}$이다.

(b) $-x^2+2x+3=-(x-3)(x+1)>0$ 이므로 $(x-3)(x+1)<0$이고, 따라서 정의역은 $\{x \mid -1<x<3\}$이다.

Section 3.3 확인문제

1. 실수 $a>0$ $(a \neq 1)$에 대해 다음 로그함수의 정의역을 구하라.

(a) $y=\ln x^2$ (b) $y=\log_a(x^2-2x-3)$

2. 함수 $y=2+\log_2 x$ 의 그래프를 y축 방향으로 1만큼 평행이동하면 $y=\log_2 ax$ 라 할 때, 상수 a를 구하라.

3. 두 함수 $f(x)=\left(\frac{1}{4}\right)^x$, $g(x)=\log_2 x$에 대하여 $(g \circ f)(-3)$, $(f \circ g)(4)$를 구하라.

4. 다음 함수의 역함수를 구하라.

(a) $y=2^{1-2x}$ (b) $y=2+\log_3(2x-1)$

5. 함수 $f(x)=\log_2(x^3+1)$의 역함수를 $f^{-1}(x)$라 할 때, $(f^{-1} \circ f^{-1} \circ f^{-1})(1)$을 구하라.

6. 다음 함수 $f(x)$의 역함수를 $f^{-1}(x)$라 할 때, 주어진 a에 대하여 $f^{-1}(a)$를 구하라.

(a) $f(x)=\dfrac{3^x-1}{3^x+1}$, $a=\dfrac{1}{2}$ (b) $f(x)=2^{x-1}+2$, $a=3$

7. $f(x)=\log_2\dfrac{x+1}{x}$ 일 때, $f(1)+f(2)+f(3)+\cdots+f(1023)$을 구하라.

8. 양수 x, y에 대하여 $2x+y=5x-4y$일 때, $\log_2(x+y)-\log_2(x-y)$를 구하라.

9. 두 함수 $f(x)$, $g(x)$가 $x>0$에 대해 $f(x)=3^{x+1}$, $(f \circ g)(x)=x^3$이 성립할 때 $g(3)$을 구하라.

Chapter 03 연습문제

※ 다음 식의 값을 구하라.

3.1 $\left(\frac{2^3}{4^2}\right)^{-2}$

3.2 $(9^2)(6^{-3})$

3.3 $\log_3 81$

3.4 $\log_2 \sqrt{512}$

3.5 $\sinh 1$

3.6 $\cosh(\ln 2e)$

※ 다음 식의 값을 구하라.

3.7 $\frac{1}{\log_{21} 9} + \log_3 \frac{81}{49}$

3.8 $\log_2(2-\sqrt{2}) + \log_2(2+\sqrt{2})$

3.9 $\log_3 6 + \log_3 2 - \log_3 4$

3.10 $\log_2 3 - \log_2 \frac{9}{2} + \log_2 12$

3.11 $a = \log_5(\log_6 \sqrt{216})$일 때, $5^a + \frac{1}{5^a}$을 구하라.

3.12 $27^a = 81$, $9^b = 729$일 때, $\frac{2}{a} - \frac{3}{b}$을 구하라.

Hint 양변에 밑이 3인 로그를 취한다.

3.13 자연수 n에 대하여 $a_n = \log_{10}\left(1 - \frac{1}{n+1}\right)$이라 한다. $a_1 + a_2 + \cdots + a_{999}$를 구하라.

3.14 $\sinh(x+y) + \sinh(x-y)$을 쌍곡선사인함수와 쌍곡선코사인함수의 곱으로 표현하라.

※ 다음 방정식을 풀어라.

3.15 $3^x + 3^{1-x} = 4$

3.16 $(\log_3 9x)^2 - 4\log_3(9x^2) = 0$

3.17 $y = 3^x$을 x축 음의 방향으로 1만큼 평행이동시키면 함수 $f(x) = 9g(x)$라 할 때, $g(x)$를 구하라.

3.18 1이 아닌 양수 a에 대하여, 함수 $f(x)=a^x$가 $2f(x)=f(x+1)-8f(x-1)$ 을 만족할 때, $\log_2\{f(2)\cdot f(3)\}$을 구하라.

3.19 $f(2^x)=2x+1$일 때, $f(x)$와 $f(\sqrt{2})$를 구하라.

Hint $t=2^x$으로 놓고 $f(2^x)$을 $f(t)$로 바꾼다.

Chapter

04

삼각함수

Trigonometric Function

학습목표

- 호도법을 이용하여 각을 나타낼 수 있으며, 삼각비의 의미를 이해할 수 있다.
- 삼각비의 여러 가지 성질을 이해하고 응용할 수 있다.
- 삼각함수의 여러 가지 특성을 이해하고 실제 문제에 적용할 수 있다.
- 역삼각함수와 삼각함수 사이의 관계를 이해하고 문제를 해결할 수 있다.

삼각형의 6가지 요소인 세 변과 세 각 사이의 관계를 규명하는 것을 삼각법이라 하며, 호도법으로 표현된 각을 삼각비로 대응시키는 함수를 삼각함수라고 한다. 이러한 삼각함수는 기하학적인 측면과 해석학적인 측면으로 생각할 수 있다. 기하학적인 측면에서는 건축이나 토목 등의 측량을 비롯하여 천문학에서 없어서는 안 되는 필수 도구로 사용된다. 또한 해석학적인 측면에서는 주기적으로 일어나는 물리현상인 스프링의 진동, 전압의 파장을 비롯하여 바이오리듬, 심전도에도 응용될 뿐만 아니라 전파나 음파에도 응용되고 있다. 특히 복소함수와 푸리에 해석에 응용되어 수많은 공학적인 문제를 해결하는 데 매우 유용하게 사용된다. 따라서 공학도에게는 떼려야 뗄 수 없는 중요한 함수이다. 이 장에서는 삼각함수의 정의를 비롯하여 여러 가지 특성을 살펴본다.

4.1 삼각비

각을 표현하는 전통적인 방법으로 60분법이 있다. 우리가 10진법의 수를 2진법의 수로 변경할 수 있듯이, 이 절에서는 60분법에 의한 측정 단위를 실수인 호도법으로 표현하는 방법을 살펴본다. 또한 삼각형의 6가지 요소인 세 변과 세 각 사이의 관계를 규명하는 삼각비의 의미를 살펴본다.

60분법과 호도법

[그림 4-1]과 같이 평면 위의 두 반직선 OX와 OP에 의하여 결정되는 도형을 **각**angle이라 하고, $\angle XOP$로 나타낸다. 이때 고정된 반직선 OX를 기준으로 반직선 OP가 θ만큼 회전한다고 하자. 그러면 반직선 OP가 회전한 크기 θ를 $\angle XOP = \theta$로 나타낸다. 그리고 수평으로 고정된 반직선 OX를 **시초선**initial ray 또는 **기선**polar axis이라 하고, 회전하는 반직선 OP를 $\angle XOP$에 대한 **동경**radius vector이라 한다.

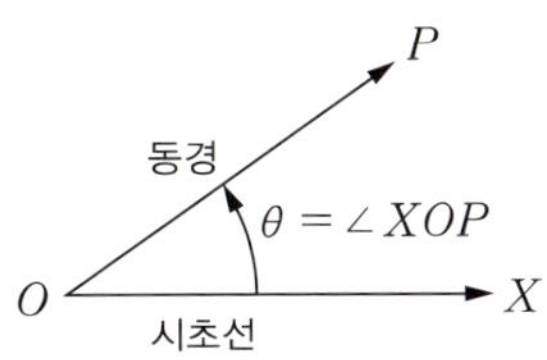

[그림 4-1] 각 표시

특히 [그림 4-2]와 같이 동경 OP의 회전 방향이 시계 반대 방향이면 **양의 방향**, 시계 방향이면 **음의 방향**이라 한다. 즉, 동경 OP가 시계 반대 방향으로 회전하여 생긴 각은 **양의 각**이라 하고, + 부호로 나타낸다. 또한 시계 방향으로 회전하여 생긴 각은 **음의 각**이라 하고, − 부호로 나타낸다.

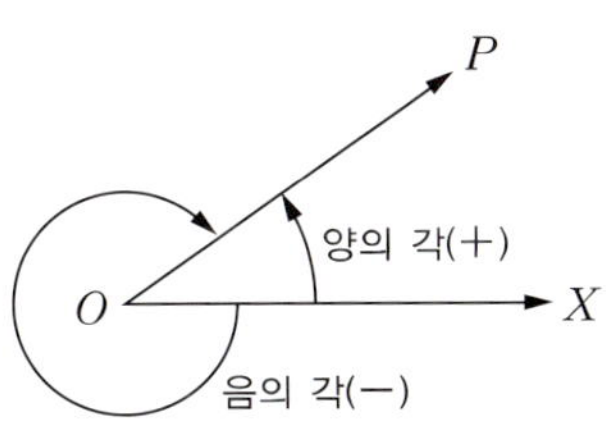

[그림 4-2] 동경 OP의 회전 방향

이때 정점 O를 **극**pole, 시초선 OX와 동경 OP가 이루는 사잇각 $\angle XOP$를 **편각**argument이라 한다.

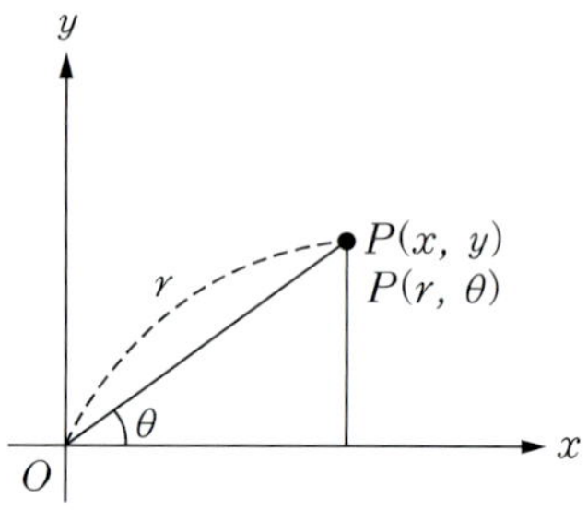

[그림 4-3] 극좌표계($P(r,\theta)$)와 직교좌표계

[그림 4-3]과 같이 극 O를 직교좌표계의 원점 O와, 시초선 OX를 x축의 양의 방향과 일치시키면 좌표평면 위의 점 $P(x, y)$를 동경 OP의 크기 $r=|OP|$와 편각 $\theta = \angle XOP$를 이용하여 나타낼 수 있다. 이때 점 P에 대한 표현 방법은 매우 다양하다.

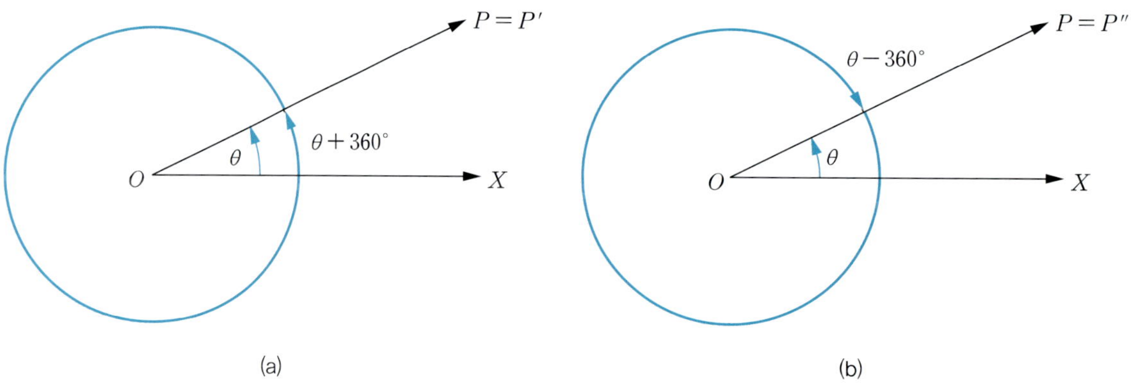

[그림 4-4] 일반각의 다양한 표현 방법

예를 들어, [그림 4-4(a)]와 같이 동경 OP를 시계 반대 방향으로 1회전한 동경을 OP'이라 하자. 동경 OP'은 OP와 일치하지만, 동경 OP'의 편각은 $\theta+360°$이다. 그리고 동경 OP'을 시계 반대 방향으로 다시 1회전시키면 동경 OP'의 편각은 $\theta+720°$가 된다. 따라서 동경 OP의 편각은 다음과 같이 표현할 수 있다.

$$\theta + n\times 360°,\ n\text{은 자연수}$$

동일한 방법으로 [그림 4-4(b)]와 같이 동경 OP를 음의 각인 시계 방향으로 1회전시킨 동경을 OP''이라 하자. OP''의 편각은 $\theta-360°$이고 다시 한 번 시계 방향으로 1회전시킨 동경의 편각은 $\theta-720°$이다. 그러므로 동경 OP의 편각은 다음과 같이 표현할 수 있다.

$$\theta - n\times 360°,\ n\text{은 자연수}$$

이를 바탕으로 편각 $\angle XOP$를 일반화하면 다음과 같이 나타낼 수 있다.

$$\angle XOP = \theta + n \times 360°,\ n\text{은 정수}$$

이 각을 편각 θ에 대한 **일반각**general angle이라 한다.

각을 표현하는 방법에는 60분법과 호도법이 있는데, 지금까지 살펴본 방법이 **60분법**sexadecimal method이다. 이 방법은 원의 중심각을 360 등분하여 각을 나타내는 방법이다. 반면에 호의 길이를 이용하여 각을 표현하는 방법을 **호도법**circular measure이라고 한다.

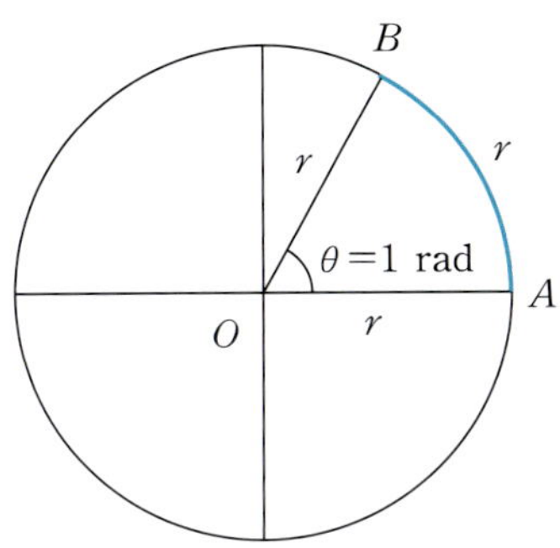

[그림 4-5] 1라디안의 정의

호도법은 반지름의 길이가 r 인 원에 대해 호의 길이가 r 인 부채꼴의 중심각의 크기를 기본 단위로 한다. [그림 4-5]와 같이 반지름의 길이와 부채꼴의 호의 길이가 같은, 즉 $\overset{\frown}{AB} = r$인 중심각 $\angle AOB = \theta$의 크기를 **1라디안**radian이라 한다. 그러면 호의 길이는 중심각에 비례하므로 다음 비례식을 얻을 수 있다.

$$\theta : 360° = r : 2\pi r$$

라디안과 60분법 사이에 다음이 성립한다.

$$1(\text{rad}) = \frac{180°}{\pi} \approx 57.2958°,\quad 180° = \pi\,\text{rad}$$

호도법으로 표현된 $\angle AOB = \theta$의 크기는 반지름의 길이에 무관하게 일정하다는 것을 알 수 있다. 따라서 편각 θ에 대한 일반각 α를 호도법을 이용하여 표현하면 다음과 같다.

$$\alpha = \theta + 360° \times n = \theta + 2n\pi,\ n\text{은 정수}$$

60분법으로 표현된 특수각을 호도법인 라디안 단위로 표현하면 [표 4-1]과 같다.

[표 4-1] 특수각의 60분법과 호도법

60분법	$0°$	$30°$	$45°$	$60°$	$90°$	$120°$	$135°$	$150°$	$180°$
호도법	0	$\frac{\pi}{6}$	$\frac{\pi}{4}$	$\frac{\pi}{3}$	$\frac{\pi}{2}$	$\frac{2\pi}{3}$	$\frac{3\pi}{4}$	$\frac{5\pi}{6}$	π
60분법		$210°$	$225°$	$240°$	$270°$	$300°$	$315°$	$330°$	$360°$
호도법		$\frac{7\pi}{6}$	$\frac{5\pi}{4}$	$\frac{4\pi}{3}$	$\frac{3\pi}{2}$	$\frac{5\pi}{3}$	$\frac{7\pi}{4}$	$\frac{11\pi}{6}$	2π

호도법을 이용하면 부채꼴의 호의 길이와 넓이를 쉽게 구할 수 있다. [그림 4-6]과 같이 반지름의 길이가 r인 원에서 중심각이 θ인 부채꼴 AOB의 호의 길이를 l, 부채꼴의 넓이를 S라 하자. 그러면 중심각과 호의 길이, 중심각과 넓이 사이에 다음 비례식이 성립한다.

$$l : 2\pi r = \theta : 2\pi$$
$$S : \pi r^2 = \theta : 2\pi$$

따라서 비례식을 정리하면 호의 길이는 $l = r\theta$, 부채꼴의 넓이는 $S = \frac{1}{2}r^2\theta = \frac{1}{2}rl$이다.

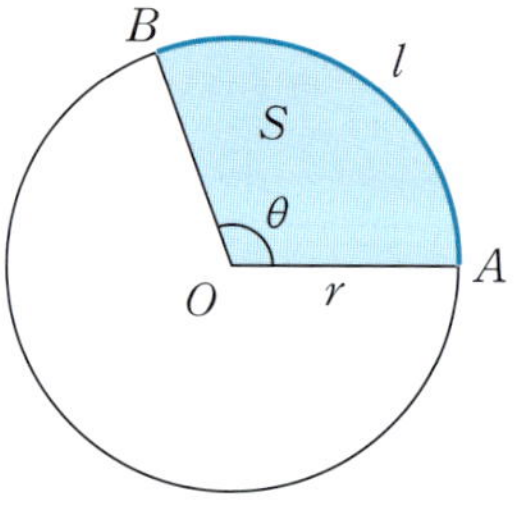

[그림 4-6] 반지름이 r, 중심각이 θ인 부채꼴 AOB

예제 4-1

길이가 24 cm 인 노끈으로 넓이가 최대인 부채꼴을 만들 때, 부채꼴의 넓이와 반지름의 길이, 중심각을 구하라.

풀이

반지름의 길이를 r, 호의 길이를 l이라 하면 $2r + l = 24$이므로 $l = 24 - 2r$이다. 그러므로 넓이 S를 구하면 다음과 같다.

$$S = \frac{1}{2}rl = \frac{1}{2}r(24-2r) = -r^2 + 12r = -(r-6)^2 + 36$$

따라서 부채꼴의 최대 넓이는 36cm^2이고, 이때 반지름의 길이는 6cm이다. 호의 길이가 $l=12$이므로 중심각을 θ라 할 때 $l=r\theta$에 대입하여 정리하면 $\theta=\dfrac{l}{r}=\dfrac{12}{6}=2(\text{rad})$이다.

삼각비

[그림 4-7]과 같이 반지름의 길이가 r인 원 위에 있는 임의의 점 $P(x,\ y)$에서 x축에 내려 그은 수선의 발을 A, $\theta=\angle AOP$라 하자. 그러면 [표 4-2]와 같이 직각삼각형 AOP의 세 변에 대한 6가지 비례식을 생각할 수 있다. 이를 각 θ에 대한 **삼각비**trigonometric ratio라고 한다.

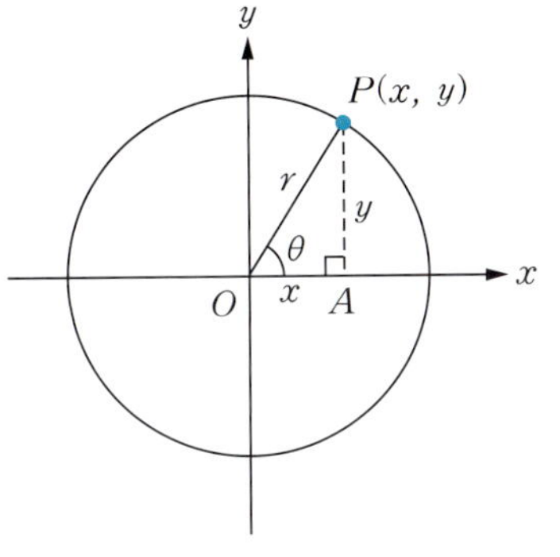

[그림 4-7] 원과 직각삼각형

직각삼각형 AOP에서 빗변에 대한 높이의 비율을 **사인**sine, 빗변에 대한 밑변의 비율을 **코사인**cosine 그리고 밑변에 대한 높이의 비율을 **탄젠트**tangent라 한다. 사인과 코사인 그리고 탄젠트의 역수를 각각 **코시컨트**cosecant, **시컨트**secant 그리고 **코탄젠트**cotangent라 한다.

[표 4-2] 삼각비의 정의

삼각비	정의	삼각비	정의
사인	$\sin\theta=\dfrac{y}{r},\ r=\sqrt{x^2+y^2}$	코시컨트	$\operatorname{cosec}\theta=\dfrac{r}{y}=\dfrac{1}{\sin\theta}\quad(y\neq 0)$
코사인	$\cos\theta=\dfrac{x}{r}$	시컨트	$\sec\theta=\dfrac{r}{x}=\dfrac{1}{\cos\theta}\quad(x\neq 0)$
탄젠트	$\tan\theta=\dfrac{y}{x}=\dfrac{\sin\theta}{\cos\theta}\quad(x\neq 0)$	코탄젠트	$\cot\theta=\dfrac{x}{y}=\dfrac{1}{\tan\theta}\quad(y\neq 0)$

삼각비는 4개의 사분면에서 주어진 편각 θ에 대하여 각각 [그림 4-8]을 통해 유추할 수 있다. 양수 x, y에 대하여, 편각 θ가 제2사분면 $\left(\frac{\pi}{2} < \theta < \pi\right)$에 있다면 삼각비는 다음과 같다.

$$\sin\theta = \frac{y}{r} > 0, \quad \cos\theta = \frac{-x}{r} < 0, \quad \tan\theta = \frac{y}{-x} < 0$$

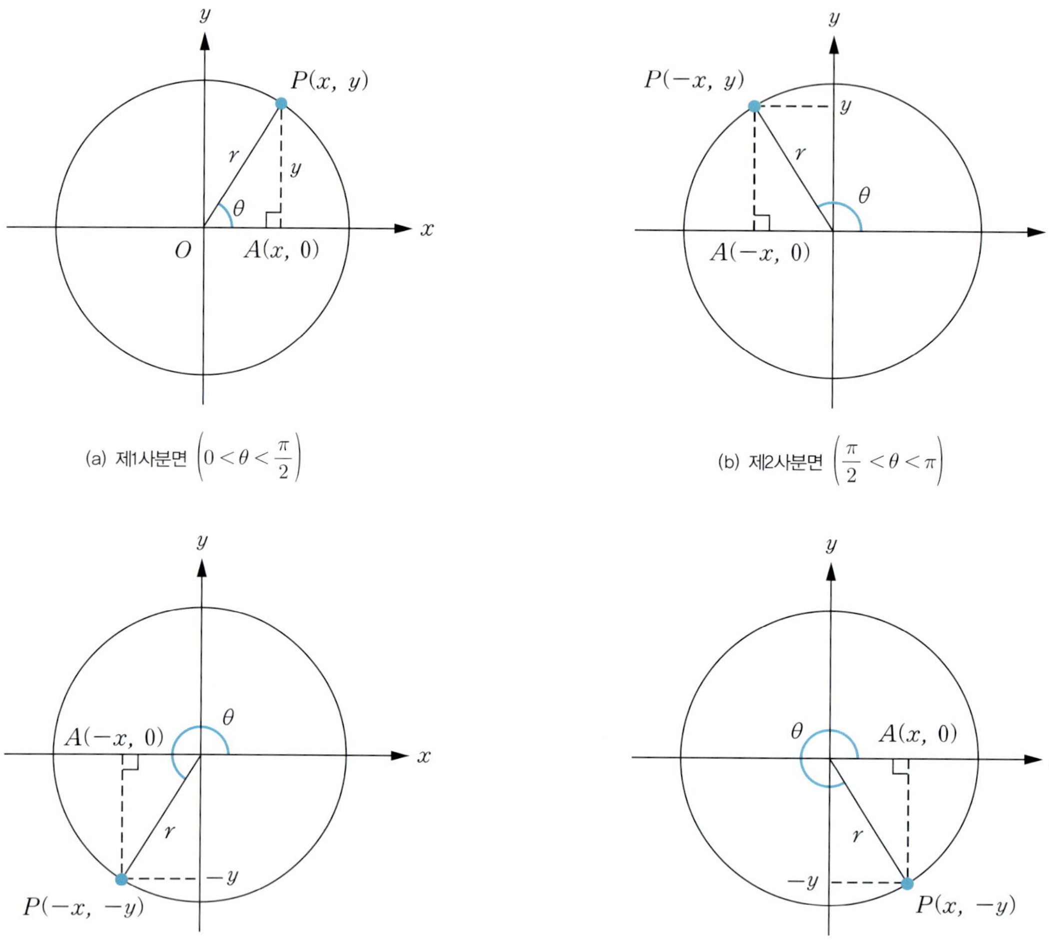

(a) 제1사분면 $\left(0 < \theta < \frac{\pi}{2}\right)$

(b) 제2사분면 $\left(\frac{\pi}{2} < \theta < \pi\right)$

(c) 제3사분면 $\left(\pi < \theta < \frac{3\pi}{2}\right)$

(d) 제4사분면 $\left(\frac{3\pi}{2} < \theta < 2\pi\right)$

[그림 4-8] **각 사분면에서 삼각비**

각 사분면에서 점과 길이로 삼각비의 부호를 구해보면, [표 4-3]과 같다. 특히 각 사분면에서 $\sin\theta$와 $\operatorname{cosec}\theta$의 부호, $\cos\theta$와 $\sec\theta$의 부호 그리고 $\tan\theta$와 $\cot\theta$의 부호는 동일하다.

[표 4-3] 각 사분면에서 삼각비의 부호

사분면 / 삼각비	제1사분면 $\left(0<\theta<\frac{\pi}{2}\right)$	제2사분면 $\left(\frac{\pi}{2}<\theta<\pi\right)$	제3사분면 $\left(\pi<\theta<\frac{3\pi}{2}\right)$	제4사분면 $\left(\frac{3\pi}{2}<\theta<2\pi\right)$
$\sin\theta$	+	+	−	−
$\cos\theta$	+	−	−	+
$\tan\theta$	+	−	+	−

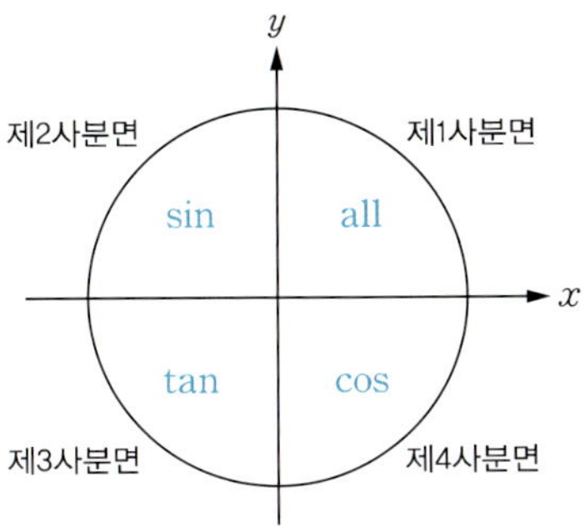

[그림 4-9] 각 사분면에서 부호가 양수인 삼각비

각 사분면에서 부호가 양수인 삼각비만을 살펴보자. 제1사분면에서는 모든 삼각비가, 제2사분면에서는 사인 값이, 제3사분면에서는 탄젠트 값이, 제4사분면에서는 코사인 값이 양수이다. [그림 4-9]와 같이 나타낼 수 있으며, '얼싸안코'로 기억하면 좋다.

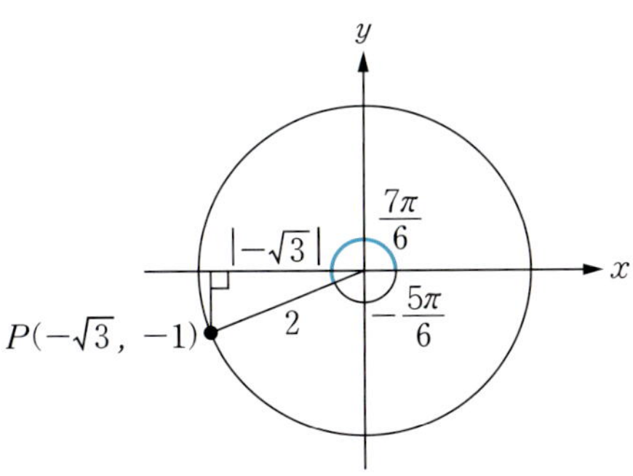

[그림 4-10] 음의 각에 대한 코사인

[그림 4-10]을 보면, 양의 각 $\frac{7\pi}{6}$일 때 동경과 음의 각 $-\frac{5\pi}{6}$일 때 동경은 서로 일치한다. 따라서 $\cos\left(\frac{7\pi}{6}\right)=\cos\left(-\frac{5\pi}{6}\right)=-\frac{\sqrt{3}}{2}$이다. 이를 포함하여 사분면에서 일부 특수각은 삼각비 값을 알아두는 것이 좋다. 예를 들어, $\sin\frac{5\pi}{6}=\frac{1}{2}$, $\cos\frac{7\pi}{6}=-\frac{\sqrt{3}}{2}$, $\tan\frac{7\pi}{4}=-1$이다. $\theta=\frac{\pi}{2}$와 $\theta=\frac{3\pi}{2}$일 때, $\cos\theta=0$이므로, 탄젠트 값은 존재하지 않는다. 자세한 내용은 [표 4-4]를 참고하자.

[표 4-4] 특수각에 대한 삼각비

60분법	호도법	$\sin\theta$	$\cos\theta$	$\tan\theta$
$0°$	0	0	1	0
$30°$	$\frac{\pi}{6}$	$\frac{1}{2}$	$\frac{\sqrt{3}}{2}$	$\frac{\sqrt{3}}{3}$
$45°$	$\frac{\pi}{4}$	$\frac{\sqrt{2}}{2}$	$\frac{\sqrt{2}}{2}$	1
$60°$	$\frac{\pi}{3}$	$\frac{\sqrt{3}}{2}$	$\frac{1}{2}$	$\sqrt{3}$
$90°$	$\frac{\pi}{2}$	1	0	
$120°$	$\frac{2\pi}{3}$	$\frac{\sqrt{3}}{2}$	$-\frac{1}{2}$	$-\sqrt{3}$
$135°$	$\frac{3\pi}{4}$	$\frac{\sqrt{2}}{2}$	$-\frac{\sqrt{2}}{2}$	-1
$150°$	$\frac{5\pi}{6}$	$\frac{1}{2}$	$-\frac{\sqrt{3}}{2}$	$-\frac{\sqrt{3}}{3}$
$180°(-180°)$	$\pi\ (-\pi)$	0	-1	0
$210°(-150°)$	$\frac{7\pi}{6}\ \left(-\frac{5\pi}{6}\right)$	$-\frac{1}{2}$	$-\frac{\sqrt{3}}{2}$	$\frac{\sqrt{3}}{3}$
$225°(-135°)$	$\frac{5\pi}{4}\ \left(-\frac{3\pi}{4}\right)$	$-\frac{\sqrt{2}}{2}$	$-\frac{\sqrt{2}}{2}$	1
$240°(-120°)$	$\frac{4\pi}{3}\ \left(-\frac{2\pi}{3}\right)$	$-\frac{\sqrt{3}}{2}$	$-\frac{1}{2}$	$\sqrt{3}$
$270°(-90°)$	$\frac{3\pi}{2}\ \left(-\frac{\pi}{2}\right)$	-1	0	
$300°(-60°)$	$\frac{5\pi}{3}\ \left(-\frac{\pi}{3}\right)$	$-\frac{\sqrt{3}}{2}$	$\frac{1}{2}$	$-\sqrt{3}$
$315°(-45°)$	$\frac{7\pi}{4}\ \left(-\frac{\pi}{4}\right)$	$-\frac{\sqrt{2}}{2}$	$\frac{\sqrt{2}}{2}$	-1
$330°(-30°)$	$\frac{11\pi}{6}\ \left(-\frac{\pi}{6}\right)$	$-\frac{1}{2}$	$\frac{\sqrt{3}}{2}$	$-\frac{\sqrt{3}}{3}$
$360°$	2π	0	1	0

예제 4-2

θ가 제3사분면의 각이고 $\tan\theta = \dfrac{3}{5}$일 때, 나머지 삼각비 값을 구하라.

풀이

주어진 조건을 만족하는 점을 P라 하면, θ가 제3사분면의 각이므로 $\tan\theta = \dfrac{-3}{-5} = \dfrac{3}{5}$이다.

$\overline{OP} = \sqrt{(-5)^2 + (-3)^2} = \sqrt{34}$이므로 이를 나타내면 다음 그림과 같다.

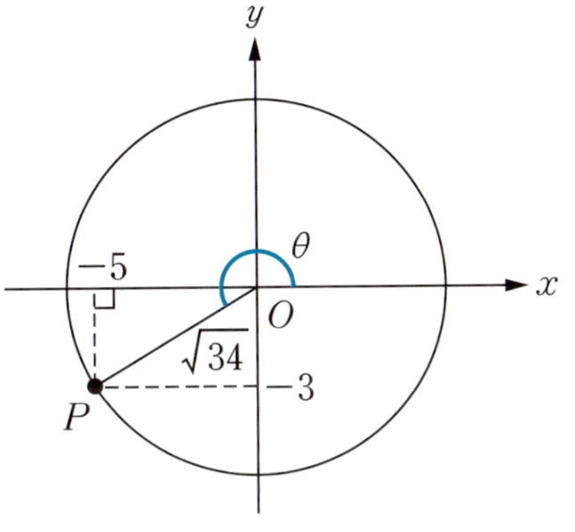

따라서 나머지 삼각비는 다음과 같다.

$$\sin\theta = -\frac{3}{\sqrt{34}},\ \cos\theta = -\frac{5}{\sqrt{34}},\ \sec\theta = -\frac{\sqrt{34}}{5},\ \operatorname{cosec}\theta = -\frac{\sqrt{34}}{3},\ \cot\theta = \frac{5}{3}$$

예제 4-3

θ가 제2사분면의 각일 때, 다음 식을 간단히 하라.

(a) $\sqrt{\sin^2\theta} - \sqrt{\cos^2\theta}$

(b) $\sqrt{(\sin\theta - \cos\theta)^2} + \sqrt[3]{(\cos\theta - \sin\theta)^3}$

풀이

(a) 제2사분면의 각 θ에 대하여 $\sin\theta > 0$, $\cos\theta < 0$이므로 구하는 식은 다음과 같다.

$$\sqrt{\sin^2\theta} - \sqrt{\cos^2\theta} = \sin\theta - (-\cos\theta) = \sin\theta + \cos\theta$$

(b) $\sin\theta - \cos\theta > 0$이므로 구하는 식은 다음과 같다.

$$\sqrt{(\sin\theta - \cos\theta)^2} + \sqrt[3]{(\cos\theta - \sin\theta)^3} = (\sin\theta - \cos\theta) + (\cos\theta - \sin\theta) = 0$$

Section 4.1 확인문제

1. 다음 60분법으로 나타낸 중심각을 호도법으로 나타내라.

(a) $10°$　　(b) $110°$　　(c) $250°$　　(d) $320°$

2. 빗변과 밑변의 사잇각이 A이고 $\angle C=\frac{\pi}{2}$인 직각삼각형에서 $\tan A=\frac{12}{5}$일 때, $\sin A$와 $\cos A$를 구하라.

3. 빗변의 길이가 8이고 빗변과 밑변의 사잇각이 $45°$인 직각삼각형의 밑변과 높이의 길이를 구하라.

4. 중심각이 $30°$이고 반지름의 길이가 4인 부채꼴의 호의 길이와 넓이를 구하라.

5. 호의 길이가 2π이고 넓이가 3π인 부채꼴의 중심각을 구하라.

6. $\sin\theta\cos\theta<0$, $\cos\theta\tan\theta>0$을 동시에 만족하는 θ가 몇 사분면의 각인지 구하라.

7. θ가 제4사분면의 각이고 $\cos\theta=\frac{4}{5}$일 때, 나머지 삼각비의 값을 구하라.

8. 다음 삼각비를 구하라.

(a) $\sin\frac{25\pi}{6}$　　(b) $\cos 630°$　　(c) $\cot\left(-\frac{27\pi}{4}\right)$　　(d) $\sec 1140°$

9. θ가 제2사분면의 각일 때, 다음 식을 간단히 하라.

(a) $\sqrt{(\cos\theta-\sin\theta)^2}$　　(b) $\sqrt{(\sin\theta-\cos\theta)^2}+\sqrt[5]{(\cos\theta-\sin\theta)^5}$

10. 오른쪽 그림과 같이 원룸에서 100m 떨어진 위치에 빌딩이 서있다. 원룸 옥상에서 빌딩을 올려다 본 각의 크기는 $60°$, 내려다 본 각은 $30°$였다. 이 빌딩의 높이를 구하라.

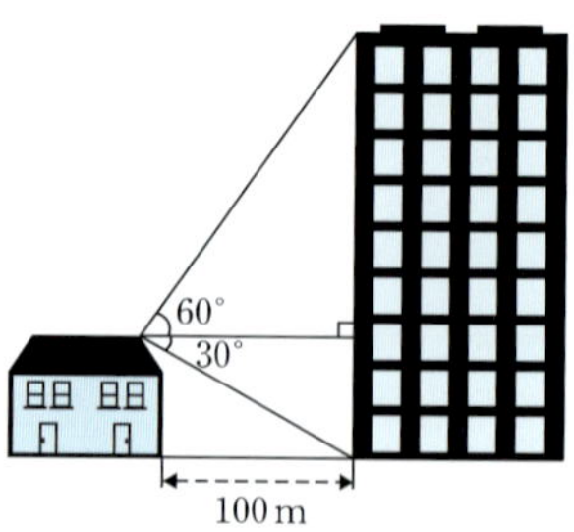

4.2 삼각비의 성질

이 절에서는 삼각비에 대한 항등식을 비롯하여 편각과 삼각비와의 관계에 관한 기본 성질을 살펴본다. 또한 삼각비의 덧셈정리를 비롯한 공학에서 자주 사용되는 여러 가지 공식을 살펴보고, 특수각이 아닌 편각에 대한 삼각비도 구해본다.

삼각비의 기본 성질

이제 삼각비의 기본 성질들을 살펴보기 위하여 [그림 4-11]과 같이 반지름 1인 단위원 위에 있는 점 $P(x,\ y)$를 생각해보자. 그러면 점 P에 대한 편각 θ의 사인과 코사인은 다음과 같다.

$$\sin\theta = \frac{y}{1} = y\ ,\ \cos\theta = \frac{x}{1} = x$$

피타고라스 정리에 의하면 $x^2 + y^2 = 1$ 이므로 $\cos^2\theta + \sin^2\theta = 1$이 성립한다.

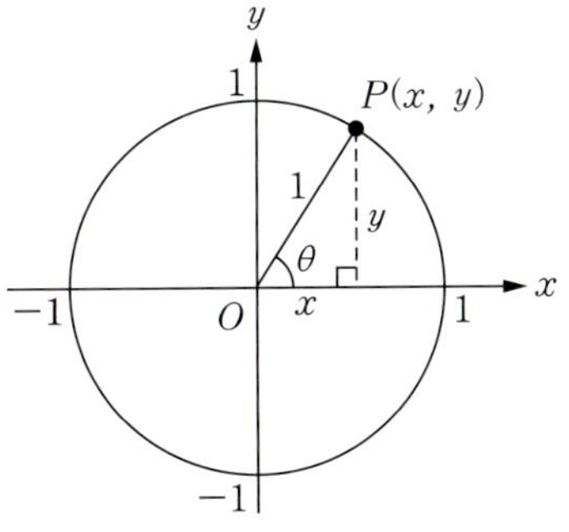

[그림 4-11] **단위원과 삼각비**

$\cos^2\theta + \sin^2\theta = 1$ 을 이용하면 다음과 같은 삼각비에 대한 항등식을 얻을 수 있다.

정리 4-1 삼각비에 대한 항등식

(1) $\cos^2\theta + \sin^2\theta = 1$

(2) $1 + \tan^2\theta = \sec^2\theta$

(3) $1 + \cot^2\theta = \mathrm{cosec}^2\theta$

예제 4-4

θ가 제2사분면의 각이고 $\sin\theta = \frac{2}{3}$일 때, $\cos\theta$를 구하라.

풀이

주어진 사인 값을 $\cos^2\theta + \sin^2\theta = 1$에 대입해보자.

$$\cos^2\theta = 1 - \sin^2\theta = 1 - \left(\frac{2}{3}\right)^2 = \frac{5}{9}$$

$$\cos\theta = \pm\frac{\sqrt{5}}{3}$$

제2사분면에서 $\cos\theta < 0$이므로 $\cos\theta = -\frac{\sqrt{5}}{3}$다.

한편 4.1절에서 살펴본 바와 같이 각 θ에 대한 일반각은 $\alpha = \theta + 2n\pi$(n은 정수)로 나타낼 수 있다. 그러면 [정리 4-2]도 성립한다.

정리 4-2 일반각에 대한 삼각비

(1) $\sin(\theta + 2n\pi) = \sin\theta$

(2) $\cos(\theta + 2n\pi) = \cos\theta$

(3) $\tan(\theta + 2n\pi) = \tan\theta$

예제 4-5

다음 삼각비의 값을 구하라.

(a) $\sin 1110°$ (b) $\cos\frac{25}{3}\pi$ (c) $\tan 1485°$

풀이

(a) $\sin 1110° = \sin(30° + 3\cdot 360°) = \sin 30° = \frac{1}{2}$

(b) $\cos\frac{25}{3}\pi = \cos\left(8\pi + \frac{1}{3}\pi\right) = \cos\left(4\cdot 2\pi + \frac{1}{3}\pi\right) = \cos\frac{\pi}{3} = \frac{1}{2}$

(c) $\tan 1485° = \tan(45° + 4\cdot 360°) = \tan 45° = 1$

[그림 4-12]와 같이 단위원에서 점 $P(x, y)$를 x축에 대하여 대칭이동하면 점 $P'(x, -y)$이다. 이때 동경 OP'과 x축이 이루는 편각은 $-\theta$이다. 편각 $-\theta$에 대한 삼각비는 다음과 같다.

$$\cos(-\theta) = \frac{x}{1} = x = \cos\theta$$

$$\sin(-\theta) = \frac{-y}{1} = -y = -\sin\theta$$

$$\tan(-\theta) = \frac{-y}{x} = -\frac{y}{x} = -\tan\theta$$

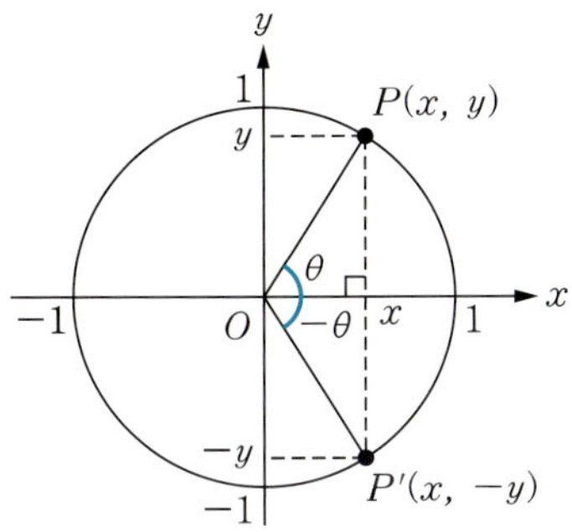

[그림 4-12] $-\theta$의 삼각비

따라서 $\theta > 0$일 때 편각 $-\theta$에 대한 삼각비는 다음과 같다.

정리 4-3 음의 각에 대한 삼각비

(1) $\sin(-\theta) = -\sin\theta$

(2) $\cos(-\theta) = \cos\theta$

(3) $\tan(-\theta) = -\tan\theta$

예제 4-6

다음 삼각비의 값을 구하라.

(a) $\cos\left(-\frac{17\pi}{4}\right)$ (b) $\sin(-765°)$ (c) $\tan\left(-\frac{7\pi}{3}\right)$

풀이

(a) $\cos\left(-\frac{17\pi}{4}\right) = \cos\left(-\frac{\pi}{4} - 4\pi\right) = \cos\left(-\frac{\pi}{4}\right) = \cos\frac{\pi}{4} = \frac{\sqrt{2}}{2}$

(b) $\sin(-765°) = \sin(-45° - 2\cdot 360°) = \sin(-45°) = -\sin 45° = -\frac{\sqrt{2}}{2}$

(c) $\tan\left(-\frac{7\pi}{3}\right) = \tan\left(-2\pi - \frac{\pi}{3}\right) = \tan\left(-\frac{\pi}{3}\right) = -\tan\frac{\pi}{3} = -\sqrt{3}$

[그림 4-13]과 같이 예각 θ에 대한 동경 OP를 시계 반대 방향으로 π만큼 회전시킨 점을 P'이라 하자. 그러면 P'은 점 P를 원점에 대하여 대칭이동한 점이므로 점 P'의 좌표는 $(-x, -y)$다. 따라서 $\pi+\theta$에 대한 삼각비는 다음과 같다.

$$\cos(\pi+\theta)=\frac{-x}{1}=-x=-\cos\theta$$

$$\sin(\pi+\theta)=\frac{-y}{1}=-y=-\sin\theta$$

$$\tan(\pi+\theta)=\frac{-y}{-x}=\frac{y}{x}=\tan\theta$$

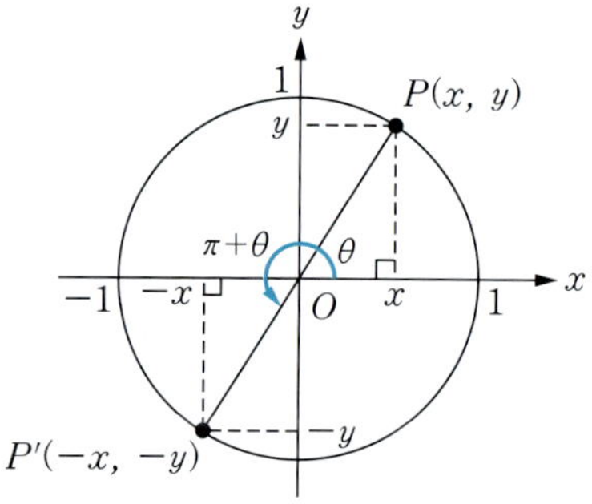

[그림 4-13] $\pi+\theta$의 삼각비

[그림 4-13]을 참고하여 $\pi-\theta$에 대한 경우도 직접 해보자. 이를 정리하면, 편각 $\pi+\theta$, $\pi-\theta$에 대한 삼각비는 다음과 같다.

정리 4-4 $\pi\pm\theta$에 대한 삼각비

(1) $\sin(\pi+\theta)=-\sin\theta$

(2) $\sin(\pi-\theta)=\sin\theta$

(3) $\cos(\pi+\theta)=-\cos\theta$

(4) $\cos(\pi-\theta)=-\cos\theta$

(5) $\tan(\pi+\theta)=\tan\theta$

(6) $\tan(\pi-\theta)=-\tan\theta$

예제 4-7

다음 삼각비의 값을 구하라.

(a) $\cos 210°$ (b) $\sin\dfrac{10\pi}{3}$ (c) $\tan\dfrac{19\pi}{6}$

풀이

(a) $\cos 210° = \cos(180° + 30°) = -\cos 30° = -\dfrac{\sqrt{3}}{2}$

(b) $\sin\dfrac{10\pi}{3} = \sin\left(2\pi + \pi + \dfrac{\pi}{3}\right) = \sin\left(\pi + \dfrac{\pi}{3}\right) = -\sin\dfrac{\pi}{3} = -\dfrac{\sqrt{3}}{2}$

(c) $\tan\dfrac{19\pi}{6} = \tan\left(2\pi + \pi + \dfrac{\pi}{6}\right) = \tan\left(\pi + \dfrac{\pi}{6}\right) = \tan\dfrac{\pi}{6} = \dfrac{1}{\sqrt{3}}$

끝으로 [그림 4-14]와 같이 동경 OP를 시계 반대 방향으로 $\dfrac{\pi}{2}$만큼 회전시킨 점을 P'이라 하면 점 P'의 좌표는 $(-y,\ x)$다. 따라서 $\dfrac{\pi}{2}+\theta$에 대한 삼각비는 다음과 같다.

$$\sin\left(\frac{\pi}{2}+\theta\right) = \frac{x}{1} = x = \cos\theta$$

$$\cos\left(\frac{\pi}{2}+\theta\right) = \frac{-y}{1} = -y = -\sin\theta$$

$$\tan\left(\frac{\pi}{2}+\theta\right) = \frac{x}{-y} = -\frac{x}{y} = -\cot\theta$$

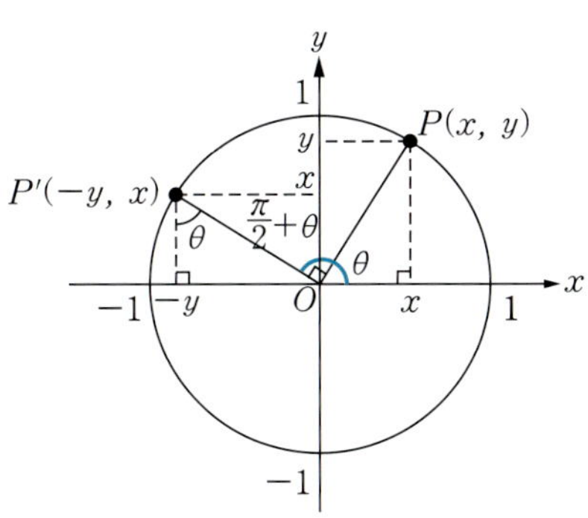

[그림 4-14] $\dfrac{\pi}{2}+\theta$ 의 삼각비

[그림 4-14]를 참고하여 $\frac{\pi}{2}-\theta$에 대한 경우도 직접 해보자. 이를 정리하면, 편각 $\frac{\pi}{2}+\theta$, $\frac{\pi}{2}-\theta$에 대한 삼각비는 다음과 같다.

정리 4-5 $\frac{\pi}{2}\pm\theta$에 대한 삼각비

(1) $\sin\left(\frac{\pi}{2}+\theta\right)=\cos\theta$ (2) $\sin\left(\frac{\pi}{2}-\theta\right)=\cos\theta$

(3) $\cos\left(\frac{\pi}{2}+\theta\right)=-\sin\theta$ (4) $\cos\left(\frac{\pi}{2}-\theta\right)=\sin\theta$

(5) $\tan\left(\frac{\pi}{2}+\theta\right)=-\cot\theta$ (6) $\tan\left(\frac{\pi}{2}-\theta\right)=\cot\theta$

예제 4-8

다음 삼각비의 값을 구하라.

(a) $\cos\frac{11\pi}{4}$ (b) $\sin\left(-\frac{19\pi}{6}\right)$ (c) $\tan\frac{8\pi}{3}$

풀이

(a) $\cos\frac{11\pi}{4}=\cos\left(2\pi+\frac{3\pi}{4}\right)=\cos\frac{3\pi}{4}=\cos\left(\frac{\pi}{2}+\frac{\pi}{4}\right)=-\sin\frac{\pi}{4}=-\frac{1}{\sqrt{2}}$

(b) $\sin\left(-\frac{19\pi}{6}\right)=\sin\left(\frac{-24\pi+5\pi}{6}\right)=\sin\left(-4\pi+\frac{5\pi}{6}\right)$

$$=\sin\frac{5\pi}{6}=\sin\left(\frac{\pi}{2}+\frac{\pi}{3}\right)=\cos\frac{\pi}{3}=\frac{1}{2}$$

(c) $\tan\frac{8\pi}{3}=\tan\left(2\pi+\frac{2\pi}{3}\right)=\tan\frac{2\pi}{3}=\tan\left(\frac{\pi}{2}+\frac{\pi}{6}\right)$

$$=-\cot\frac{\pi}{6}=-\frac{1}{\tan\frac{\pi}{6}}=\frac{-1}{1/\sqrt{3}}=-\sqrt{3}$$

삼각비의 여러 가지 공식

이제 공학에서 자주 사용하는 삼각비의 여러 가지 공식을 살펴보자. 두 각의 합 또는 차를 삼각비로 나타낸 것을 **삼각비의 덧셈정리**addition theorem of trigonometric ratio라고 한다.

정리 4-6 삼각비의 덧셈정리

(1) $\sin(\alpha+\beta)=\sin\alpha\cos\beta+\cos\alpha\sin\beta$

(2) $\sin(\alpha-\beta)=\sin\alpha\cos\beta-\cos\alpha\sin\beta$

(3) $\cos(\alpha+\beta)=\cos\alpha\cos\beta-\sin\alpha\sin\beta$

(4) $\cos(\alpha-\beta)=\cos\alpha\cos\beta+\sin\alpha\sin\beta$

(5) $\tan(\alpha+\beta)=\dfrac{\tan\alpha+\tan\beta}{1-\tan\alpha\tan\beta}$

(6) $\tan(\alpha-\beta)=\dfrac{\tan\alpha-\tan\beta}{1+\tan\alpha\tan\beta}$

예제 4-9

다음 삼각비의 값을 구하라.

(a) $\cos 75°$ (b) $\sin 15°$

풀이

(a) $\cos 75° = \cos(45°+30°) = \cos 45°\cos 30° - \sin 45°\sin 30°$

$$= \frac{\sqrt{2}}{2}\cdot\frac{\sqrt{3}}{2}-\frac{\sqrt{2}}{2}\cdot\frac{1}{2}=\frac{\sqrt{6}-\sqrt{2}}{4}$$

(b) $\sin 15° = \sin(45°-30°) = \sin 45°\cos 30° - \cos 45°\sin 30°$

$$= \frac{\sqrt{2}}{2}\cdot\frac{\sqrt{3}}{2}-\frac{\sqrt{2}}{2}\cdot\frac{1}{2}=\frac{\sqrt{6}-\sqrt{2}}{4}$$

특히 [정리 4-6]의 식 (1), (3), (5)에서 $\alpha=\beta$라면 다음 **배각공식**formula of multiple angle을 얻는다.

정리 4-7 삼각비의 배각공식

(1) $\sin 2\alpha = 2\sin\alpha\cos\alpha$

(2) $\cos 2\alpha = \cos^2\alpha - \sin^2\alpha = 1 - 2\sin^2\alpha = 2\cos^2\alpha - 1$

(3) $\tan 2\alpha = \dfrac{2\tan\alpha}{1-\tan^2\alpha}$

예제 4-10

$\dfrac{\pi}{2} < \theta < \pi$이고 $\sin\theta = \dfrac{4}{5}$일 때, $\sin 2\theta$, $\cos 2\theta$를 구하라.

풀이

$\sin\theta = \dfrac{4}{5}$이므로 $\cos^2\theta = 1 - \sin^2\theta = 1 - \left(\dfrac{4}{5}\right)^2 = \dfrac{9}{25}$이고 θ가 제2사분면의 각이므로 $\cos\theta = -\dfrac{3}{5}$이다. 그러므로 구하고자 하는 삼각비의 값은 다음과 같다.

$$\sin 2\theta = 2\sin\theta\cos\theta = 2\cdot\frac{4}{5}\cdot\left(-\frac{3}{5}\right) = -\frac{24}{25}$$

$$\cos 2\theta = 1 - 2\sin^2\theta = 1 - 2\cdot\left(\frac{4}{5}\right)^2 = -\frac{7}{25}$$

또한 [정리 4-7]의 식 (2)를 정리하면 다음과 같은 **반각공식**formula of half angle을 얻을 수 있다.

정리 4-8 삼각비의 반각공식

(1) $\sin^2\alpha = \dfrac{1-\cos 2\alpha}{2}$

(2) $\cos^2\alpha = \dfrac{1+\cos 2\alpha}{2}$

(3) $\tan^2\alpha = \dfrac{1-\cos 2\alpha}{1+\cos 2\alpha}$

특히 [정리 4-8]의 식 (1)과 (2)는 7장에서 배울 삼각함수의 적분법에서 매우 유용하게 사용될 것이다.

예제 4-11

$\cos 22.5°$ 를 구하라.

풀이

$\alpha = 22.5°$라 하면 $2\alpha = 45°$이므로 [정리 4-8]의 식 (2)에 따라 다음을 얻는다.

$$\cos^2 22.5° = \frac{1+\cos 45°}{2} = \frac{1+\frac{\sqrt{2}}{2}}{2} = \frac{2+\sqrt{2}}{4}$$

이때 $22.5°$는 제1사분면의 각이므로 $\cos 22.5° > 0$이다. 따라서 다음과 같다.

$$\cos 22.5° = \sqrt{\frac{2+\sqrt{2}}{4}} = \frac{\sqrt{2+\sqrt{2}}}{2}$$

삼각비의 덧셈공식에서 $\sin(\alpha+\beta)$와 $\sin(\alpha-\beta)$를 더해보자.

$$\sin(\alpha+\beta)+\sin(\alpha-\beta) = 2\sin\alpha\cos\beta$$

그러면 사인과 코사인의 곱을 두 사인 값의 합으로 표현할 수 있다.

$$\sin\alpha\cos\beta = \frac{1}{2}[\sin(\alpha+\beta)+\sin(\alpha-\beta)]$$

동일한 방법으로 나머지를 해보면, 삼각비의 곱을 두 삼각비의 합으로 변형시키는 다음 공식을 얻을 수 있다.

정리 4-9 삼각비의 곱을 합 또는 차로 변형시키는 공식

(1) $\sin\alpha\cos\beta = \frac{1}{2}[\sin(\alpha+\beta)+\sin(\alpha-\beta)]$

(2) $\cos\alpha\sin\beta = \frac{1}{2}[\sin(\alpha+\beta)-\sin(\alpha-\beta)]$

(3) $\cos\alpha\cos\beta = \frac{1}{2}[\cos(\alpha+\beta)+\cos(\alpha-\beta)]$

(4) $\sin\alpha\sin\beta = -\frac{1}{2}[\cos(\alpha+\beta)-\cos(\alpha-\beta)]$

예제 4-12

다음을 두 삼각비의 합 또는 차로 표현하라.

(a) $\sin 2\theta \cos\theta$ (b) $\cos\theta \cos 5\theta$

풀이

(a) $\sin 2\theta \cos\theta = \frac{1}{2}[\sin(2\theta+\theta)+\sin(2\theta-\theta)] = \frac{1}{2}(\sin 3\theta + \sin\theta)$

(b) $\cos\theta\cos 5\theta = \frac{1}{2}[\cos(\theta+5\theta)+\cos(\theta-5\theta)]$

$= \frac{1}{2}[\cos 6\theta + \cos(-4\theta)] = \frac{1}{2}(\cos 6\theta + \cos 4\theta)$

[정리 4-9]에서 $\alpha+\beta=A$, $\alpha-\beta=B$라 하자. 그러면 α와 β는 각각 다음과 같다.

$$\alpha = \frac{A+B}{2}, \quad \beta = \frac{A-B}{2}$$

이를 각각 정리 [정리 4-9]에 대입해보자. 삼각비의 합을 삼각비의 곱으로 변형시키는 다음 공식을 얻을 수 있다.

정리 4-10 삼각비의 합 또는 차를 곱으로 변형시키는 공식

(1) $\sin A + \sin B = 2\sin\frac{A+B}{2}\cos\frac{A-B}{2}$

(2) $\sin A - \sin B = 2\cos\frac{A+B}{2}\sin\frac{A-B}{2}$

(3) $\cos A + \cos B = 2\cos\frac{A+B}{2}\cos\frac{A-B}{2}$

(4) $\cos A - \cos B = -2\sin\frac{A+B}{2}\sin\frac{A-B}{2}$

예제 4-13

다음을 곱의 형태로 표현하라.

(a) $\sin\theta+\sin 3\theta$

(b) $\cos\theta-\cos 5\theta$

풀이

(a) $\sin\theta+\sin 3\theta=2\sin\dfrac{\theta+3\theta}{2}\cos\dfrac{\theta-3\theta}{2}=2\sin 2\theta\cos(-\theta)=2\sin 2\theta\cos\theta$

(b) $\cos\theta-\cos 5\theta=-2\sin\dfrac{\theta+5\theta}{2}\sin\dfrac{\theta-5\theta}{2}=-2\sin 3\theta\sin(-2\theta)=2\sin 3\theta\sin 2\theta$

[그림 4-15]와 같이 좌표평면 위의 한 점 $P(a,\ b)$에서 x축에 수선을 내려 그어 x축과 만나는 점을 A, 그리고 $\angle AOP=\alpha$라 하자. 그러면 선분 $\overline{OP}=\sqrt{a^2+b^2}$이므로 사인으로 합성하면 다음이 성립한다. 이때 α는 $\tan\alpha=\dfrac{b}{a}$를 만족한다.

$$\begin{aligned} a\sin\theta+b\cos\theta &= \sqrt{a^2+b^2}\left(\frac{a}{\sqrt{a^2+b^2}}\sin\theta+\frac{b}{\sqrt{a^2+b^2}}\cos\theta\right) \\ &= \sqrt{a^2+b^2}\ (\cos\alpha\sin\theta+\sin\alpha\cos\theta) \\ &= \sqrt{a^2+b^2}\ \sin(\theta+\alpha) \end{aligned}$$

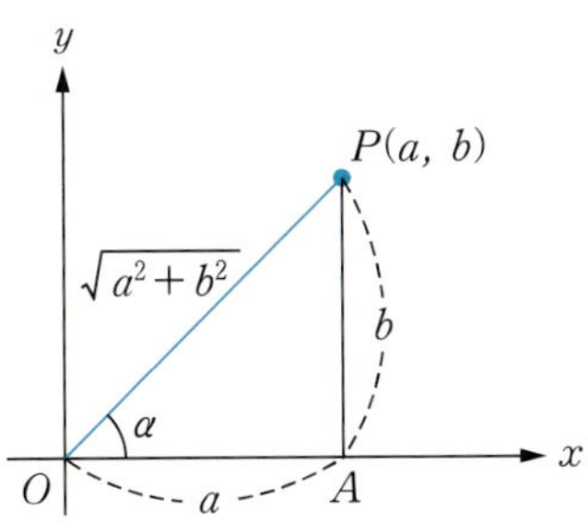

[그림 4-15] 사인과 코사인의 합성

마찬가지로 코사인으로 합성하면 다음과 같다. 이때 β는 $\tan\beta=\dfrac{a}{b}$를 만족한다.

$$a\sin\theta+b\cos\theta=\sqrt{a^2+b^2}\ \cos(\theta-\beta)$$

예제 4-14

$\sin\theta-\sqrt{3}\cos\theta$ 를 사인과 코사인으로 합성하라.

풀이

$a=1,\ b=-\sqrt{3}$ 이므로 $\tan\alpha=\dfrac{-\sqrt{3}}{1}$, $\tan\beta=\dfrac{1}{-\sqrt{3}}$ 이다. 따라서 $\alpha=-\dfrac{\pi}{3}$, $\beta=-\dfrac{\pi}{6}$ 이므로 다음을 얻는다.

$$\begin{aligned}\sin\theta-\sqrt{3}\cos\theta&=\sqrt{1^2+(\sqrt{3})^2}\sin\left(\theta-\frac{\pi}{3}\right)=2\sin\left(\theta-\frac{\pi}{3}\right)\\&=\sqrt{1^2+(\sqrt{3})^2}\cos\left(\theta+\frac{\pi}{6}\right)=2\cos\left(\theta+\frac{\pi}{6}\right)\end{aligned}$$

Section 4.2 확인문제

1. θ가 제3사분면의 각이고 $\cos\theta=-\dfrac{1}{2}$일 때, $\sin\theta$와 $\tan\theta$를 구하라.

2. θ가 제4사분면의 각이고 $\dfrac{1}{1+\sin\theta}+\dfrac{1}{1-\sin\theta}=\dfrac{9}{4}$일 때, $\tan\theta$를 구하라.

Hint 좌변을 통분한다.

3. 다음 식을 간단히 하라.

(a) $\dfrac{\cos\theta}{1-\tan\theta}+\dfrac{\sin\theta}{1-\cot\theta}$

(b) $\dfrac{\cos\theta}{1-\sin\theta}+(1-\sin\theta)\sec\theta$

4. 다음 삼각비의 값을 구하라.

(a) $\sin\dfrac{13\pi}{4}$

(b) $\cos\dfrac{10\pi}{3}$

(c) $\tan 495°$

5. 식 $\dfrac{\cos(\pi-\theta)}{-1+\sin(\pi-\theta)}-\dfrac{1-\sin\theta}{\cos(\pi+\theta)}$를 간단히 하라.

6. $0<x<\pi$에서 $\sin x=\dfrac{\sqrt{3}}{2}$의 두 근을 α, $\beta(\alpha<\beta)$라 할 때, 다음을 구하라.

(a) $\sin(2\alpha+\beta)$

(b) $\cos\left(\dfrac{\alpha+\beta}{2}-\dfrac{\pi}{3}\right)$

7. 제1사분면의 각 α와 β에 대하여 $\sin\alpha = \frac{13}{14}$, $\sin\beta = \frac{11}{14}$일 때, 다음을 구하라.

(a) $\sin(\alpha+\beta)$, $\cos(\alpha+\beta)$, $\tan(\alpha+\beta)$
(b) $\alpha+\beta$

8. 다음 삼각비의 값을 구하라.

(a) $\cos 15°$ (b) $\sin 75°$ (c) $\tan 15°$

9. 제1사분면의 각 α에 대하여 $\sin\alpha = \frac{2}{3}$일 때, $\sin 2\alpha$와 $\cos 2\alpha$를 구하라.

10. 제4사분면의 각 α에 대하여 $\sin\alpha = -\frac{1}{3}$일 때, $\sin\frac{\alpha}{2}$와 $\cos\frac{\alpha}{2}$를 구하라.

11. 다음을 두 삼각비의 합 또는 차로 표현하라.

(a) $\cos 3\theta \sin\theta$ (b) $\sin\theta \sin 4\theta$

12. 다음을 두 삼각비의 곱으로 표현하라.

(a) $\cos 5\theta - \cos 3\theta$ (b) $\sin 2\theta - \sin 4\theta$

13. $\tan\alpha = 3$일 때, $\sin 2\alpha$, $\cos 2\alpha$, $\cos\left(2\alpha - \frac{\pi}{4}\right)$를 구하라.

14. 다음 삼각함수표를 이용하여 삼각비의 값을 소수점 아래 넷째 자리에서 구하라.

θ	$\sin\theta$	$\cos\theta$	$\tan\theta$
5°	0.0872	0.9962	0.0875
10°	0.1736	0.9848	0.1763

(a) $\sin 20°$ (b) $\sin 85°$ (c) $\tan 175°$

15. 다음 식을 $r\sin(\theta+\alpha)$와 $r\cos(\theta+\beta)$의 형태로 합성하라.

(a) $\sqrt{2}\sin\theta - \sqrt{2}\cos\theta$ (b) $3\sin\theta + 4\cos\theta$

4.3 삼각함수

이제 호도법으로 주어진 각 크기 x에 $\sin x$를 비롯한 6가지 삼각비 값으로 대응시키는 함수를 생각해 보자. 호도법으로 나타낸 각 크기인 실수 x를 각각의 삼각비로 대응시킨 함수를 통칭하여 **삼각함수** trigonometric function라 하며, 다음 함수를 각각 **사인함수** sine function, **코사인함수** cosine function, **탄젠트함수** tangent function라 한다.

$$f: x \mapsto \sin x, \quad f: x \mapsto \cos x, \quad f: x \mapsto \tan x$$

물론 나머지 삼각비에 대응하는 함수도 동일한 방법으로 정의한다. 이 절에서는 삼각함수의 특성에 대하여 살펴보고자 한다.

사인함수

우선 사인함수의 그래프를 얻기 위해 [그림 4-16]과 같이 좌표평면 위에 중심이 원점인 단위원을 그리고, 점 (1, 0)에서 시작하여 각의 크기가 x 라디안인 동경 OP를 긋는다. 그러면 $\overline{OP}=1$이므로 편각 x에 대한 사인 값은 $\sin x = \frac{y}{1}$이다. 이는 점 P에서 x축에 내려 그은 수선의 길이이면서 점 P의 y좌표가 된다.

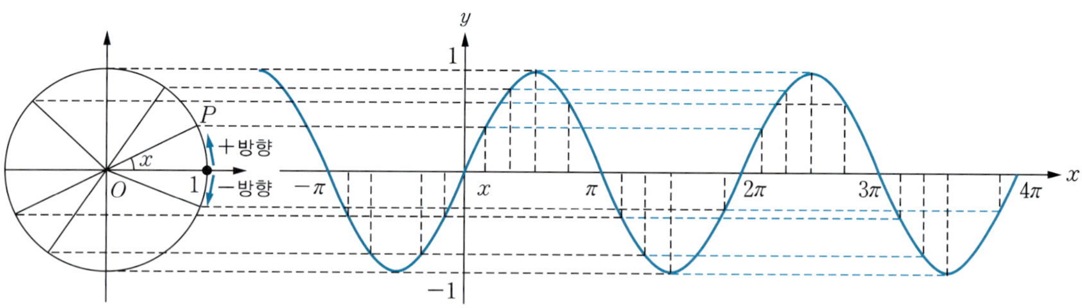

[그림 4-16] $y=\sin x$ 의 그래프

사인함수 $y = \sin x$ 는 다음 특성을 갖는다.

❶ 정의역은 모든 실수집합이다.
❷ 치역은 $\{y \mid -1 \le y \le 1\}$ 이다.
❸ 2π 주기함수이다. ([정리 4-2]에 의해)
❹ 기함수이다. ([정리 4-3]에 의해)
❺ 원점에 대해 대칭이다.

코사인함수

코사인함수의 그래프는 [그림 4-17]과 같이 중심이 원점인 단위원 위의 점 (0, 1)에서 시작하여 양의 방향으로 각의 크기가 x 라디안인 동경 OP를 긋는다. 그러면 편각 x 에 대한 코사인 값은 $\cos x = \frac{y}{1}$ 이다. 이는 점 P에서 x축에 내려 그은 수선의 길이이면서 점 P의 y좌표이다.

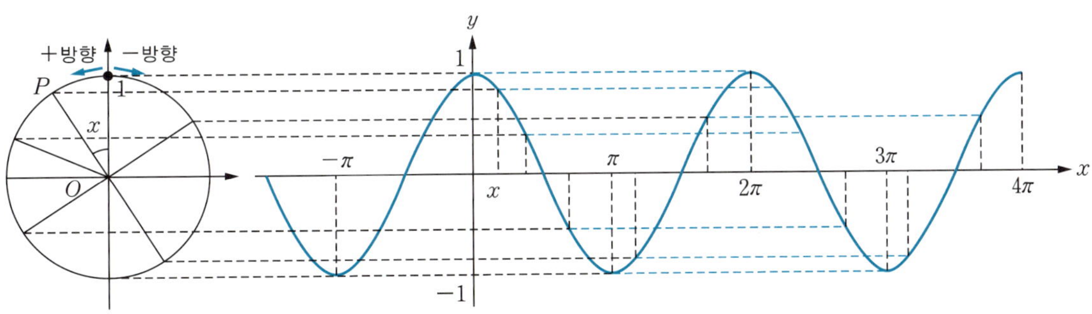

[그림 4-17] $y = \cos x$ 의 그래프

코사인함수 $y = \cos x$ 는 다음 특성을 갖는다.

❶ 정의역은 모든 실수집합이다.
❷ 치역은 $\{y \mid -1 \le y \le 1\}$ 이다.
❸ 2π 주기함수이다. ([정리 4-2]에 의해)
❹ 우함수이다. ([정리 4-3]에 의해)
❺ y축에 대해 대칭이다.

탄젠트함수

중심이 원점인 단위원 위의 점 (1, 0)에서 x축에 대한 수선을 그어 동경 OP의 연장선과 만나는 점을 T라고 하자. 편각 x에 대한 탄젠트 값은 $\tan x = \frac{y}{1}$로, T의 y좌표다. 탄젠트함수에서 주목할 내용은 $\tan x = \frac{\sin x}{\cos x}$이므로 $\cos x = 0$에서 $\tan x$는 정의되지 않는다는 것이다. 즉, 다음과 같은 x에서 $\tan x$는 정의되지 않는다.

$$x = \frac{\pi}{2} + n\pi \quad (n\text{은 정수})$$

따라서 $y = \tan x$의 정의역은 $x \neq \frac{\pi}{2} + n\pi$ (n은 정수)인 모든 실수이고, 치역은 모든 실수 전체의 집합, 즉 $-\infty < y < \infty$이다. [그림 4-18]을 살펴보자.

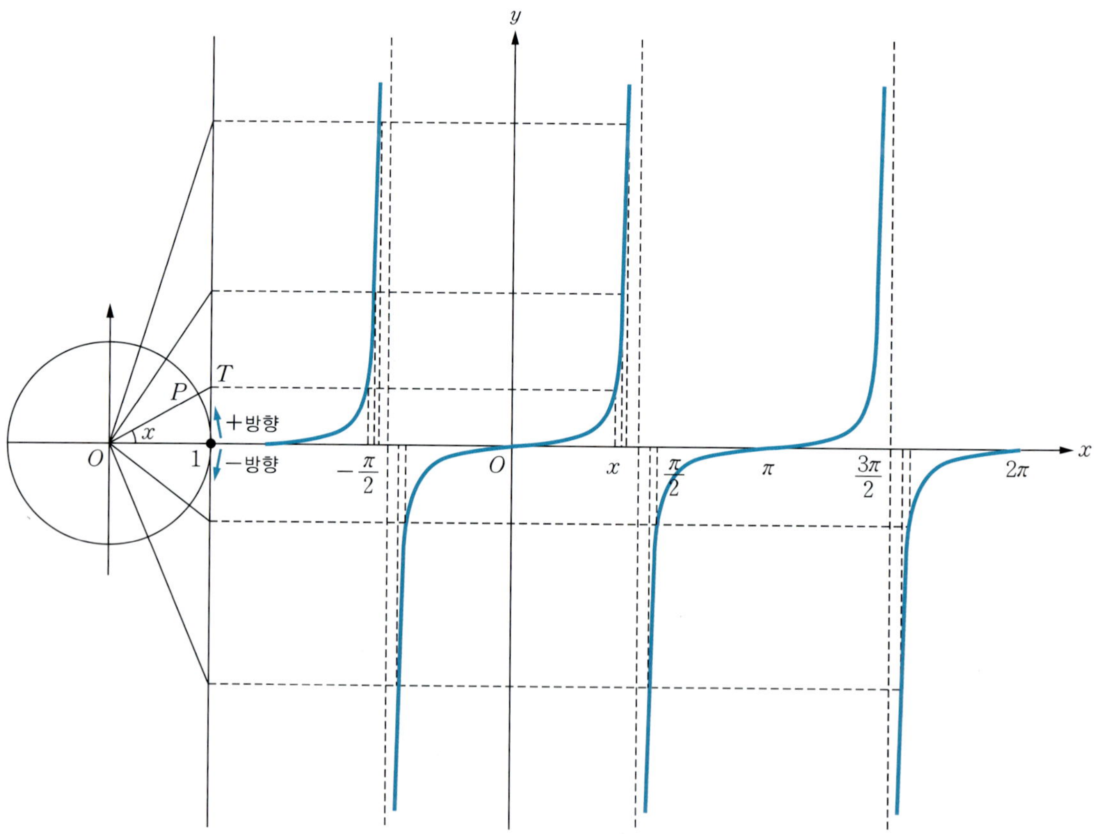

[그림 4-18] $y = \tan x$의 그래프

탄젠트함수 $y=\tan x$ 는 다음 특성을 갖는다.

❶ 정의역은 $x \neq \dfrac{\pi}{2}+n\pi$ (n은 정수)인 모든 실수집합이다.
❷ 치역은 모든 실수집합이다.
❸ π 주기함수이다. ([정리 4-4]에 의해)
❹ 기함수이다. ([정리 4-3]에 의해)
❺ 원점에 대해 대칭이다.

예제 4-15

함수 $f(x)=\sin x+\cos 2x$에 대하여, $f\left(\dfrac{\pi}{4}\right)$, $f\left(-\dfrac{\pi}{4}\right)$의 값을 구하라.

풀이

$$f\left(\frac{\pi}{4}\right)=\sin\frac{\pi}{4}+\cos\frac{2\pi}{4}=\sin\frac{\pi}{4}+\cos\frac{\pi}{2}=\frac{\sqrt{2}}{2}+0=\frac{\sqrt{2}}{2}$$

$$f\left(-\frac{\pi}{4}\right)=\sin\left(-\frac{\pi}{4}\right)+\cos\left(-\frac{\pi}{2}\right)=-\sin\frac{\pi}{4}+\cos\left(-\frac{\pi}{2}\right)=-\frac{\sqrt{2}}{2}$$

$y=\sin kx$와 $y=\cos kx$ (k는 양수)의 주기성을 살펴보자. $u=kx$라고 하면 $y=\sin u$와 $y=\cos u$는 주기가 2π인 주기함수이므로, x값의 범위는 다음과 같다.

$$0 \le u \le 2\pi$$

$$0 \le kx \le 2\pi$$

$$0 \le x \le \frac{2\pi}{k}$$

따라서 $y=\sin kx$와 $y=\cos kx$의 주기는 $p=\dfrac{2\pi}{k}$이다.

동일한 방법으로 $y=\tan kx$의 주기를 살펴보자. $u=kx$라고 하면, $y=\tan u$의 주기는 π이므로 x값의 범위는 다음과 같다.

$$0 \le u \le \pi$$

$$0 \le kx \le \pi$$

$$0 \le x \le \frac{\pi}{k}$$

따라서 $y=\tan kx$의 주기는 $p=\frac{\pi}{k}$이다.

$y=\sin(kx+b)$와 $y=\cos(kx+b)$, $y=\tan(kx+b)$는 각각 $y=\sin kx$와 $y=\cos kx$, $y=\tan kx$를 x축을 따라 $-b$만큼 평행이동한 함수다. 따라서 함수들의 주기는 $y=\sin kx$, $y=\cos kx$, $y=\tan kx$의 주기와 동일하다.

예제 4-16

$0 \le x \le 4\pi$에서 세 함수 $f(x)=\sin x$, $g(x)=\sin 2x$, $h(x)=\sin\frac{x}{2}$의 주기를 구하고 그래프를 비교하라.

풀이

$\sin x$의 주기는 2π, $\sin 2x$의 주기는 $\frac{2\pi}{2}=\pi$, $\sin\frac{x}{2}$의 주기는 $\frac{2\pi}{1/2}=4\pi$ 이므로 $0 \le x \le 4\pi$에서 $f(x)$, $g(x)$, $h(x)$는 각각 2번, 4번, 1번 나타나는 사인함수다. 따라서 세 함수의 그래프는 다음 그림과 같다.

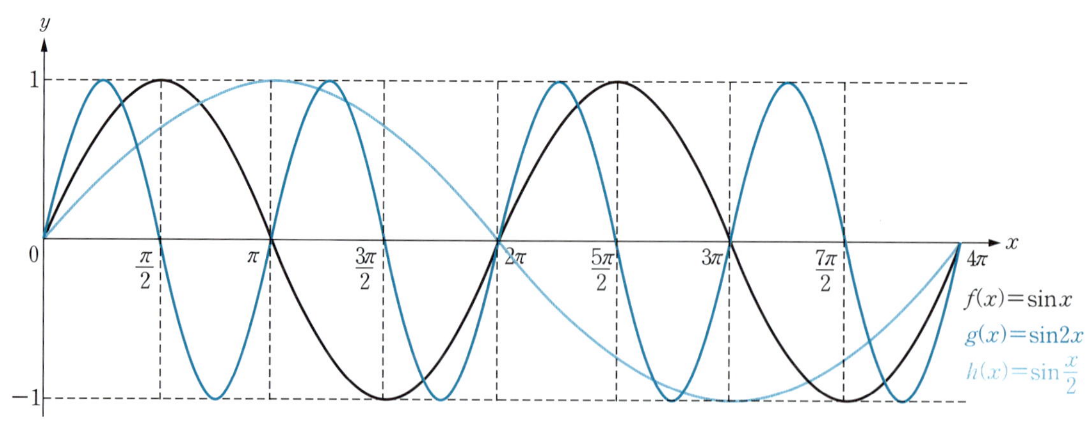

또한 [그림 4-19]에서 알 수 있듯이 양수 a 에 대하여 $y=a\sin x$는 y값이 a 배 확대되거나 축소된 함수이다. 특히 $-1 \le \sin x \le 1$이므로 $y=a\sin x$에 대해 다음이 성립한다.

$$-|a| \le a\sin x \le |a|$$

마찬가지로 $-|a| \le a\cos x \le |a|$가 성립하며, 이때 $|a|$를 $y=a\sin x$와 $y=a\cos x$ 의 **진폭**amplitude이라 한다. 다음 [그림 4-19]는 $0 \le x \le 4\pi$에서 $y=\sin x$와 $y=2\sin x$ 그리고 $y=-2\sin x$, $y=\frac{1}{2}\sin x$의 진폭을 비교한 그래프다.

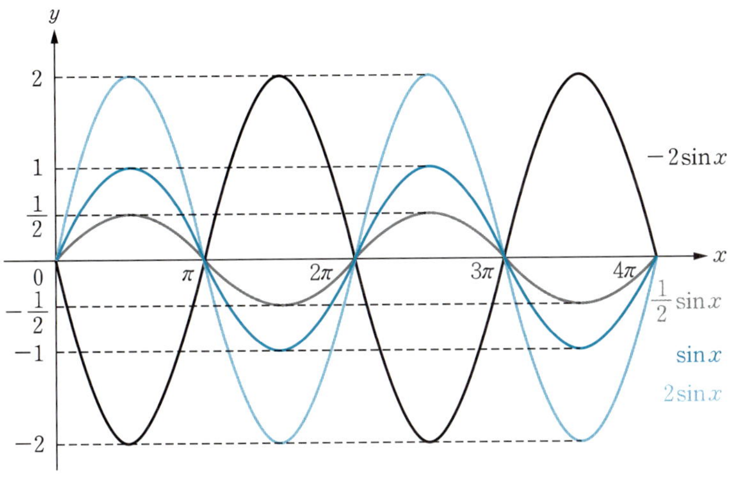

[그림 4-19] 사인함수의 진폭 비교

예제 4-17

다음 함수의 주기와 진폭을 구하고, 최댓값과 최솟값을 구하라.

(a) $y=2\sin 2x$

(b) $y=\frac{1}{2}\cos\left(\frac{x}{2}+\frac{\pi}{4}\right)$

풀이

(a) 주기는 $\frac{2\pi}{2}=\pi$, 진폭은 2, 최댓값은 2, 최솟값은 -2다.

(b) 주기는 $\frac{2\pi}{1/2}=4\pi$, 진폭은 $\frac{1}{2}$, 최댓값은 $\frac{1}{2}$, 최솟값은 $-\frac{1}{2}$이다.

코시컨트함수, 시컨트함수, 코탄젠트함수

이제 앞에서 살펴본 사인함수, 코사인함수, 탄젠트함수의 역수인 삼각함수에 대하여 살펴보자. 다음과 같이 정의되는 함수를 각각 **코시컨트함수**cosecant function, **시컨트함수**secant function, **코탄젠트함수**cotangent function라 한다.

$$f : x \mapsto \frac{1}{\sin x} = \operatorname{cosec} x, \quad f : x \mapsto \frac{1}{\cos x} = \sec x, \quad f : x \mapsto \frac{1}{\tan x} = \cot x$$

그러면 코시컨트함수는 $y = \operatorname{cosec} x = \dfrac{1}{\sin x}$ 이므로 다음 특성을 갖는다.

❶ 정의역은 $x \neq n\pi$ 인 모든 실수집합이다.
❷ 치역은 $\{y \mid y \leq -1,\ y \geq 1\}$이다.
❸ 2π 주기함수이다.
❹ 기함수이다.
❺ 원점에 대해 대칭이다.

그리고 코시컨트함수 $y = \operatorname{cosec} x$의 그래프는 [그림 4-20]과 같다.

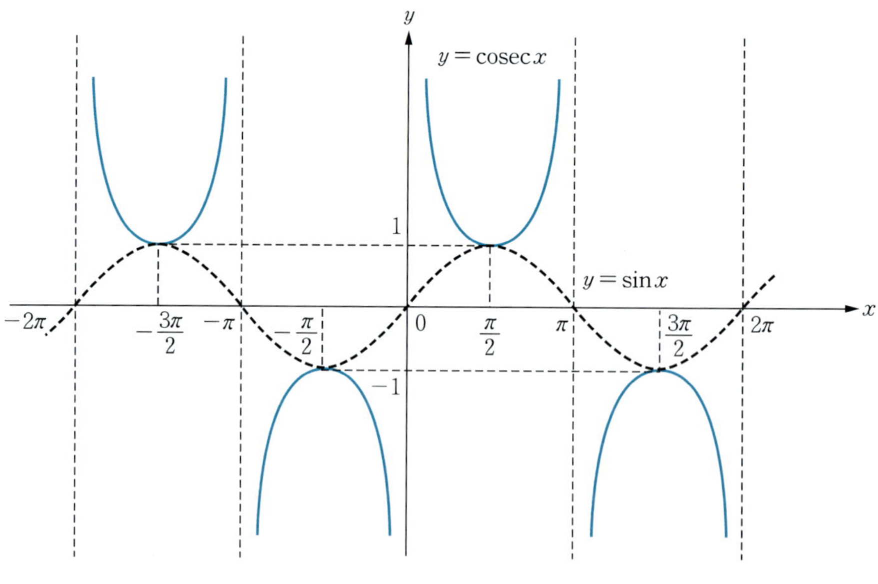

[그림 4-20] $y = \operatorname{cosec} x$의 그래프

시컨트함수는 $y = \sec x = \dfrac{1}{\cos x}$ 이므로 다음 특성을 갖는다.

❶ 정의역은 $x \neq \dfrac{\pi}{2} + n\pi$ 인 모든 실수집합이다.

❷ 치역은 $\{y \mid y \leq -1,\ y \geq 1\}$ 이다.

❸ 2π 주기함수이다.

❹ 우함수이다.

❺ y 축에 대해 대칭이다.

그리고 시컨트함수 $y = \sec x$ 의 그래프는 [그림 4-21]과 같다.

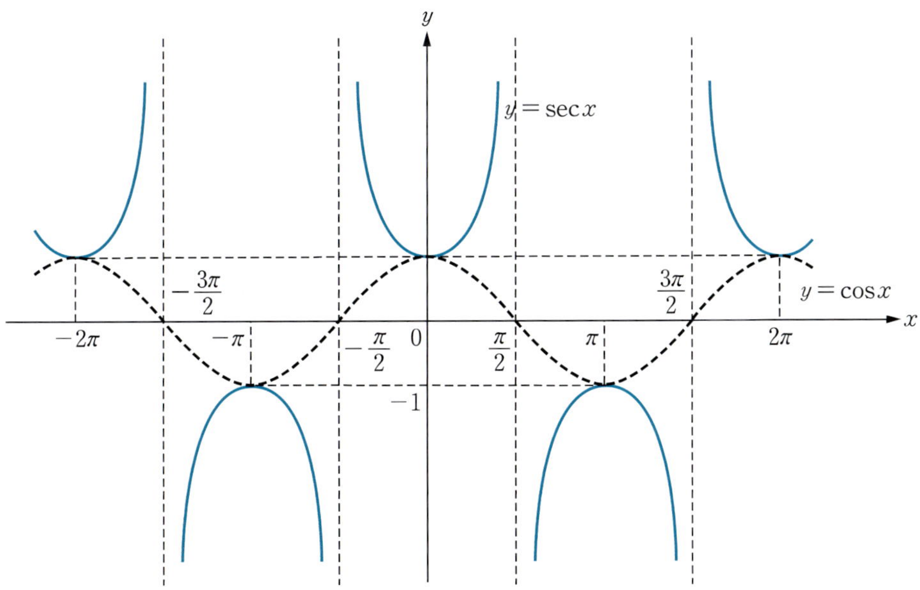

[그림 4-21] $y = \sec x$ 의 그래프

끝으로 코탄젠트함수는 $y = \cot x = \dfrac{1}{\tan x}$ 이므로 다음 특성을 갖는다.

❶ 정의역은 $x \neq n\pi$ 인 모든 실수집합이다.
❷ 치역은 모든 실수집합이다.
❸ π 주기함수이다.
❹ 기함수이다.
❺ 원점에 대해 대칭이다.

그리고 코탄젠트함수 $y = \cot x$ 의 그래프는 [그림 4-22]와 같다.

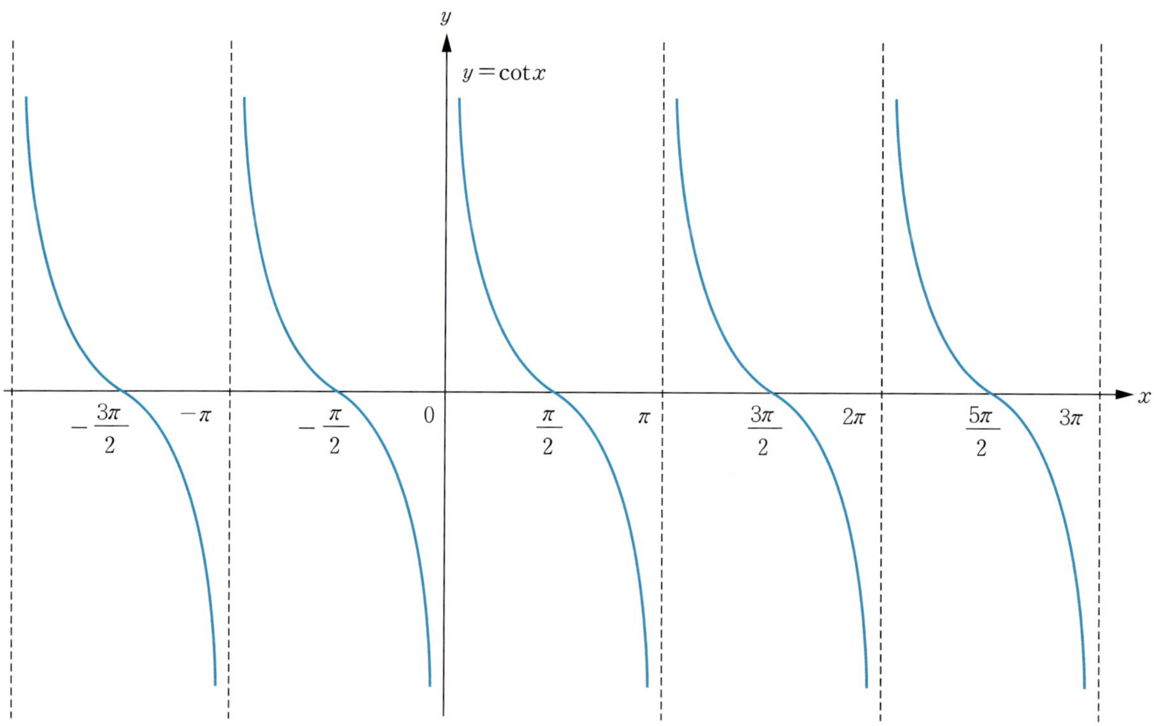

[그림 4-22] $y = \cot x$ 의 그래프

예제 4-18

$f(x)=\operatorname{cosec}x+\sec x$에 대하여 $f\left(\frac{\pi}{4}\right)$, $f\left(-\frac{\pi}{4}\right)$의 값을 구하라.

풀이

$$f\left(\frac{\pi}{4}\right)=\operatorname{cosec}\frac{\pi}{4}+\sec\frac{\pi}{4}=\frac{1}{\sin\frac{\pi}{4}}+\frac{1}{\cos\frac{\pi}{4}}=\frac{1}{\sqrt{2}/2}+\frac{1}{\sqrt{2}/2}=2\sqrt{2}$$

$\operatorname{cosec}x$ 는 기함수이고 $\sec x$ 는 우함수이므로 다음과 같다.

$$\operatorname{cosec}\left(-\frac{\pi}{4}\right)=-\operatorname{cosec}\frac{\pi}{4}=-\sqrt{2},\qquad \sec\left(-\frac{\pi}{4}\right)=\sec\frac{\pi}{4}=\sqrt{2}$$

따라서 다음을 얻는다.

$$f\left(-\frac{\pi}{4}\right)=\operatorname{cosec}\left(-\frac{\pi}{4}\right)+\sec\left(-\frac{\pi}{4}\right)=-\sqrt{2}+\sqrt{2}=0$$

예제 4-19

다음 함수의 주기 p를 구하라.

(a) $y=\operatorname{cosec}2x$ (b) $y=\sec(\pi x-\pi)$ (c) $y=\cot\left(\frac{x}{2}+\pi\right)$

풀이

(a) $\operatorname{cosec}x$가 2π 주기함수이므로 $p=\frac{2\pi}{2}=\pi$다.

(b) $\sec x$가 2π 주기함수이므로 $p=\frac{2\pi}{\pi}=2$다.

(c) $\cot x$가 π 주기함수이므로 $p=\frac{\pi}{1/2}=2\pi$다.

Section 4.3 확인문제

1. $f(x)=\sin x-\cos x$에 대하여 $f\left(-\frac{2\pi}{3}\right)$의 값을 구하라.

2. 다음 함수의 주기, 진폭 그리고 최댓값과 최솟값을 구하라.

(a) $y=-2\sin 2x$

(b) $y=\frac{1}{2}\cos(30°x+30°)$

(c) $y=\sqrt{2}\sin\left(\pi x-\frac{\pi}{3}\right)$

(d) $y=-\cos\left(\frac{x}{2\pi}+\frac{\pi}{4}\right)$

3. $f(x)=\sin x-\sqrt{3}\cos x$의 최댓값과 최솟값을 구하라.

4. 직선 $y=ax+b$와 x축의 양의 방향이 이루는 각을 α라 하면 직선의 기울기는 $a=\tan\alpha$다. 다음 조건을 만족하는 직선의 방정식을 구하라.

(a) $\alpha=\frac{\pi}{6}$이고 y절편이 1인 직선의 방정식

(b) $\alpha=\frac{\pi}{3}$이고 점 $(-1, -1)$을 지나는 직선의 방정식

5. $-\frac{\pi}{2}\le x\le\frac{\pi}{2}$에서 함수 $f(x)=\sin x$는 증가하므로 역함수 $y=f^{-1}(x)$를 갖는다. 이때 $f^{-1}\left(-\frac{\sqrt{3}}{2}\right)$을 구하라.

Hint 구하고자 하는 값을 α로 놓는다.

6. 함수 $y=2\cos^2 x-2\cos x+1$의 최댓값과 최솟값을 구하라.

Hint $\cos x=t$로 치환한다.

7. 두 직선 $y=-3x+1$과 $y=2x-3$이 이루는 예각 θ를 구하라.

8. 함수 $f(x)=a\cos\left(bx-\frac{\pi}{4}\right)+c$의 최댓값이 4, 최솟값이 -2 그리고 주기가 $\frac{2\pi}{3}$일 때, 상수 a, b, c를 구하라. 단, $a>0$이다.

4.4 역삼각함수

앞에서 살펴본 삼각함수들은 일대일 대응이 아니므로 역함수를 갖지 않는다. 그러나 4.3절의 [확인문제 5]와 같이 삼각함수의 정의역을 제한하면 역함수를 가질 수 있다. 이와 같이 정의역을 제한하여 얻은 삼각함수의 역함수를 **역삼각함수**inverse trigonometric function라 한다. 이 절에서는 삼각함수에 대한 역함수의 성질을 살펴본다.

역사인함수

$y = f(x) = \sin x$는 [그림 4-23]과 같이 정의역을 $-\frac{\pi}{2} \le x \le \frac{\pi}{2}$로 제한하면 전단사함수이고, 치역은 $\{y \mid -1 \le y \le 1\}$이다. 그러므로 이 범위에서 $y = \sin x$는 역함수를 가지며, 두 함수 $y = \sin x$와 $y = f^{-1}(x)$는 직선 $y = x$에 대하여 대칭이다. 이때 제한된 범위에서 $y = \sin x$의 역함수 $y = f^{-1}(x)$를 **역사인함수**arc-sine function라 하고 다음과 같이 나타낸다.

$$y = f^{-1}(x) = \sin^{-1} x, \quad -\frac{\pi}{2} \le y \le \frac{\pi}{2}$$

따라서 제한된 범위 $-\frac{\pi}{2} \le y \le \frac{\pi}{2}$에서 다음이 성립한다.

$$y = \sin^{-1} x \quad \Leftrightarrow \quad x = \sin y$$

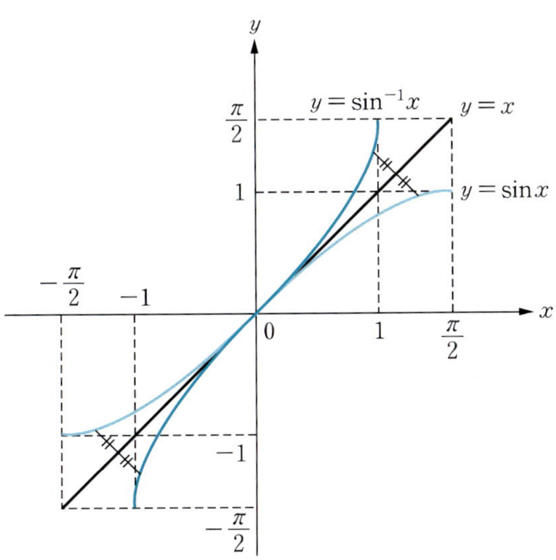

[그림 4-23] $y = \sin x$와 $y = \sin^{-1} x$의 그래프

예제 4-20

다음 식의 값을 구하라.

(a) $\sin^{-1}\dfrac{\sqrt{3}}{2}$

(b) $\sin^{-1}\left(-\dfrac{1}{2}\right)$

풀이

(a) $\sin^{-1}\dfrac{\sqrt{3}}{2}=x$ 라 하면, $\sin x=\dfrac{\sqrt{3}}{2}$, $-\dfrac{\pi}{2}\le x\le\dfrac{\pi}{2}$ 이므로 $x=\dfrac{\pi}{3}$ 다. 즉 $\sin^{-1}\dfrac{\sqrt{3}}{2}=\dfrac{\pi}{3}$ 다.

(b) $\sin^{-1}\left(-\dfrac{1}{2}\right)=x$ 라 하면 $\sin x=-\dfrac{1}{2}$, $-\dfrac{\pi}{2}\le x\le\dfrac{\pi}{2}$ 이므로 $x=-\dfrac{\pi}{6}$ 다. 즉 $\sin^{-1}\left(-\dfrac{1}{2}\right)=-\dfrac{\pi}{6}$ 다.

한편 $y=\sin^{-1}x$ 이면 $x=\sin y$ 이므로 다음이 성립한다.

❶ $-1\le x\le 1$ 이면 $\sin(\sin^{-1}x)=x$

❷ $-\dfrac{\pi}{2}\le y\le\dfrac{\pi}{2}$ 이면 $\sin^{-1}(\sin y)=y$

예제 4-21

다음 식의 값을 구하라.

(a) $\sin\left(\sin^{-1}\dfrac{4}{5}\right)$

(b) $\sin\left(\sin^{-1}\dfrac{5}{4}\right)$

(c) $\sin^{-1}\left(\sin\dfrac{\pi}{6}\right)$

(d) $\sin^{-1}\left(\sin\dfrac{4\pi}{3}\right)$

풀이

(a) $\dfrac{4}{5}$ 는 -1과 1 사이에 있으므로 $\sin\left(\sin^{-1}\dfrac{4}{5}\right)=\dfrac{4}{5}$ 다.

(b) $\dfrac{5}{4}$ 는 1보다 큰 수이므로 $\sin\left(\sin^{-1}\dfrac{5}{4}\right)$ 는 정의되지 않는다.

(c) $\dfrac{\pi}{6}$ 는 $-\dfrac{\pi}{2}$ 와 $\dfrac{\pi}{2}$ 사이에 있으므로 $\sin^{-1}\left(\sin\dfrac{\pi}{6}\right)=\dfrac{\pi}{6}$ 다.

(d) $\dfrac{4\pi}{3}$ 는 제한된 범위 $-\dfrac{\pi}{2}$ 와 $\dfrac{\pi}{2}$ 사이에 있지 않으므로 $\dfrac{4\pi}{3}$ 에 대한 사인 값을 먼저 구하면

$\sin\dfrac{4\pi}{3}=-\dfrac{\sqrt{3}}{2}$ 이다. 그러므로 $\sin^{-1}\left(\sin\dfrac{4\pi}{3}\right)=\sin^{-1}\left(-\dfrac{\sqrt{3}}{2}\right)=-\dfrac{\pi}{3}$ 다.

역코사인함수

함수 $y=f(x)=\cos x$의 정의역을 $0 \le x \le \pi$로 제한하면 $y=\cos x$는 전단사함수이고, 치역은 $\{y \mid -1 \le y \le 1\}$이다. 그러므로 제한된 범위 $0 \le x \le \pi$에서 $y=\cos x$는 역함수 $y=f^{-1}(x)$를 갖는다. 그리고 두 함수 $y=\cos x$와 $y=f^{-1}(x)$는 [그림 4-24]와 같이 직선 $y=x$에 대하여 대칭이다. 이때 제한된 범위에서 $y=\cos x$의 역함수 $y=f^{-1}(x)$를 **역코사인함수**arc-cosine function라 하고 다음과 같이 나타낸다.

$$y=f^{-1}(x)=\cos^{-1}x, \quad 0 \le y \le \pi$$

그러므로 제한된 범위 $0 \le y \le \pi$에서 다음이 성립한다.

$$y=\cos^{-1}x \quad \Leftrightarrow \quad x=\cos y$$

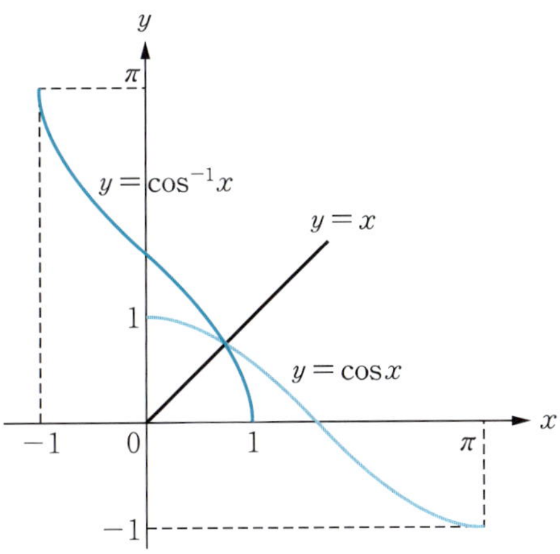

[그림 4-24] $y=\cos x$와 $y=\cos^{-1}x$의 그래프

예제 4-22

다음 식의 값을 구하라.

(a) $\cos^{-1}\dfrac{\sqrt{2}}{2}$

(b) $\cos^{-1}\dfrac{1}{2}$

풀이

(a) $\cos^{-1}\dfrac{\sqrt{2}}{2}=x$라 하면 $\cos x=\dfrac{\sqrt{2}}{2}$, $0 \le x \le \pi$이므로 $x=\dfrac{\pi}{4}$다. 즉 $\cos^{-1}\dfrac{\sqrt{2}}{2}=\dfrac{\pi}{4}$다.

(b) $\cos^{-1}\dfrac{1}{2}=x$라 하면 $\cos x=\dfrac{1}{2}$, $0 \le x \le \pi$이므로 $x=\dfrac{\pi}{3}$다. 즉 $\cos^{-1}\dfrac{1}{2}=\dfrac{\pi}{3}$다.

그리고 $y=\cos^{-1}x$ 이면 $x=\cos y$ 이므로 다음이 성립한다.

❶ $-1 \le x \le 1$ 이면 $\cos(\cos^{-1}x)=x$

❷ $0 \le y \le \pi$ 이면 $\cos^{-1}(\cos y)=y$

예제 4-23

다음 식의 값을 구하라.

(a) $\cos\left(\cos^{-1}\frac{1}{3}\right)$

(b) $\cos\left(\cos^{-1}\frac{3}{2}\right)$

(c) $\cos^{-1}\left(\cos\frac{\pi}{3}\right)$

(d) $\cos^{-1}\left(\cos\frac{4\pi}{3}\right)$

풀이

(a) $\frac{1}{3}$ 은 -1 과 1 사이에 있으므로 $\cos\left(\cos^{-1}\frac{1}{3}\right)=\frac{1}{3}$ 이다.

(b) $\frac{3}{2}$ 은 1보다 큰 수이므로 $\cos\left(\cos^{-1}\frac{3}{2}\right)$ 은 정의되지 않는다.

(c) $\frac{\pi}{3}$ 는 0과 π 사이에 있으므로 $\cos^{-1}\left(\cos\frac{\pi}{3}\right)=\frac{\pi}{3}$ 다.

(d) $\frac{4\pi}{3}$ 는 제한된 범위 0과 π 사이에 있지 않으므로 $\frac{4\pi}{3}$ 에 대한 코사인 값을 먼저 구하면 $\cos\frac{4\pi}{3}=-\frac{1}{2}$ 이다. 그러므로 $\cos^{-1}\left(\cos\frac{4\pi}{3}\right)=\cos^{-1}\left(-\frac{1}{2}\right)=\frac{2\pi}{3}$ 다.

역탄젠트함수

[그림 4-25]와 같이 함수 $y=f(x)=\tan x$ 의 정의역을 $-\frac{\pi}{2}<x<\frac{\pi}{2}$ 로 제한하면 $y=\tan x$ 는 전단사함수이므로 역함수 $y=f^{-1}(x)$ 가 존재한다. 이때 $y=\tan x$ 의 역함수를 **역탄젠트함수**arc-tangent function라 하고 다음과 같이 나타낸다.

$$y=f^{-1}(x)=\tan^{-1}x,\quad -\frac{\pi}{2}<y<\frac{\pi}{2}$$

그러므로 제한된 범위 $-\frac{\pi}{2} < y < \frac{\pi}{2}$에서 다음이 성립한다.

$$y = \tan^{-1} x \quad \Leftrightarrow \quad x = \tan y$$

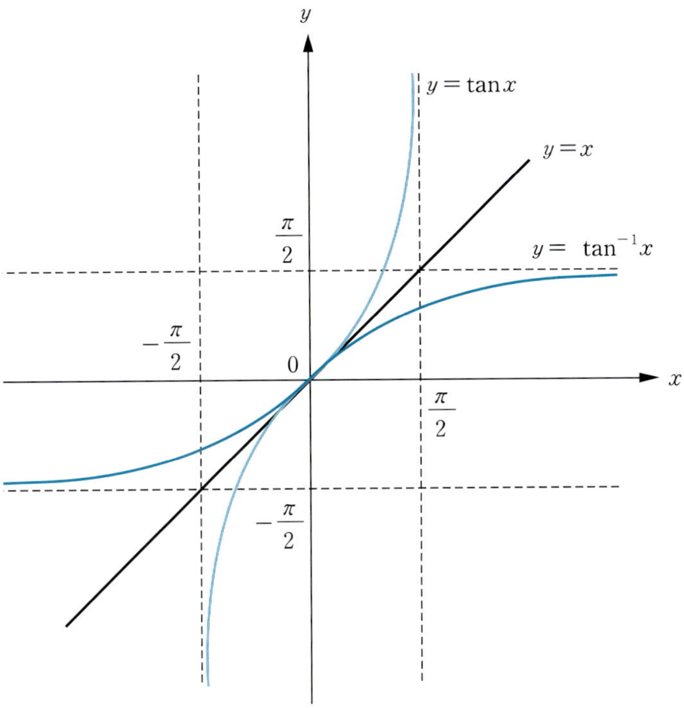

[그림 4-25] $y = \tan x$와 $y = \tan^{-1} x$의 그래프

예제 4-24

다음 식의 값을 구하라.

(a) $\tan^{-1} \frac{1}{\sqrt{3}}$ (b) $\tan^{-1} 1$

풀이

(a) $\tan^{-1} \frac{1}{\sqrt{3}} = x$라 하면 $\tan x = \frac{1}{\sqrt{3}}$, $-\frac{\pi}{2} < x < \frac{\pi}{2}$이므로 $x = \frac{\pi}{6}$다. 즉 $\tan^{-1} \frac{1}{\sqrt{3}} = \frac{\pi}{6}$다.

(b) $\tan^{-1} 1 = x$라 하면 $\tan x = 1$, $-\frac{\pi}{2} < x < \frac{\pi}{2}$이므로 $x = \frac{\pi}{4}$다. 즉 $\tan^{-1} 1 = \frac{\pi}{4}$다.

한편 $y=\tan^{-1}x$ 이면 $x=\tan y$ 이므로 다음이 성립한다.

❶ 모든 x에 대하여 $\tan(\tan^{-1}x)=x$

❷ $-\dfrac{\pi}{2}<y<\dfrac{\pi}{2}$ 이면 $\tan^{-1}(\tan y)=y$

예제 4-25

다음 식의 값을 구하라.

(a) $\tan\left(\tan^{-1}\dfrac{1}{3}\right)$ (b) $\tan^{-1}\left(\tan\dfrac{\pi}{3}\right)$ (c) $\tan^{-1}\left(\tan\dfrac{3\pi}{4}\right)$

풀이

(a) $\tan\left(\tan^{-1}\dfrac{1}{3}\right)=\dfrac{1}{3}$ 이다.

(b) $\dfrac{\pi}{3}$ 는 $-\dfrac{\pi}{2}$ 와 $\dfrac{\pi}{2}$ 사이에 있으므로 $\tan^{-1}\left(\tan\dfrac{\pi}{3}\right)=\dfrac{\pi}{3}$ 다.

(c) $\dfrac{3\pi}{4}$ 는 제한된 범위 $-\dfrac{\pi}{2}$ 와 $\dfrac{\pi}{2}$ 사이에 있지 않으므로 $\dfrac{4\pi}{3}$ 에 대한 탄젠트 값을 먼저 구하면 $\tan\dfrac{3\pi}{4}=-1$ 이다. 그러므로 $\tan^{-1}\left(\tan\dfrac{3\pi}{4}\right)=\tan^{-1}(-1)=-\dfrac{\pi}{4}$ 다.

역시컨트함수, 역코시컨트함수, 역코탄젠트함수

동일한 방법으로 함수 $y=\sec x$ 의 역함수를 **역시컨트함수**arc-secant function라 하며 $y=\sec^{-1}x$ 로 나타낸다. 역시컨트함수의 제한된 범위는 $0\le y\le\pi$, $y\ne\dfrac{\pi}{2}$ 다. 그리고 함수 $y=\operatorname{cosec}x$ 의 역함수는 **역코시컨트함수**arc-cosecant function라 하며 $y=\operatorname{cosec}^{-1}x$ 로 나타낸다. 역코시컨트함수의 제한된 범위는 $-\dfrac{\pi}{2}\le y\le\dfrac{\pi}{2}$, $y\ne 0$ 이다. 또한 $y=\cot x$ 의 역함수를 **역코탄젠트함수**arc-cotangent function라 하며 $y=\cot^{-1}x$ 로 나타내며, 이때 제한된 범위는 $0<y<\pi$ 이다. 다음 [그림 4-26]은 이 역함수들의 그래프를 나타낸다.

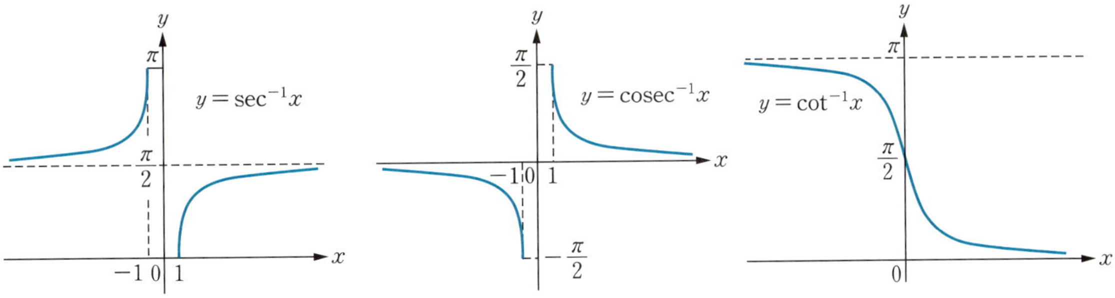

[그림 4-26] $y=\sec^{-1}x$, $y=\operatorname{cosec}^{-1}x$, $y=\cot^{-1}x$의 그래프

예제 4-26

$\alpha=\sin^{-1}\left(\dfrac{5}{13}\right)$일 때, $\cos\alpha$, $\sin\alpha$, $\tan\alpha$, $\sec\alpha$, $\operatorname{cosec}\alpha$, $\cot\alpha$를 구하라.

풀이

$\alpha=\sin^{-1}\left(\dfrac{5}{13}\right)$라 하면 $-\dfrac{\pi}{2}\le\alpha\le\dfrac{\pi}{2}$이고 $\sin\alpha=\dfrac{5}{13}$다. 그러므로 구하고자 하는 삼각비는 각각 다음과 같다.

$$\cos\alpha=\frac{12}{13},\quad \sin\alpha=\frac{5}{13},\quad \tan\alpha=\frac{5}{12},\quad \sec\alpha=\frac{13}{12},\quad \operatorname{cosec}\alpha=\frac{13}{5},\quad \cot\alpha=\frac{12}{5}$$

예제 4-27

$\cos\left(\sin^{-1}\dfrac{4}{5}+\tan^{-1}\dfrac{3}{4}\right)$을 구하라.

풀이

$\alpha=\sin^{-1}\dfrac{4}{5}$, $\beta=\tan^{-1}\dfrac{3}{4}$이라 하면 $\sin\alpha=\dfrac{4}{5}$, $\tan\beta=\dfrac{3}{4}$이다. 이때 역사인함수와 역탄젠트함수의 제한된 범위에서 사인 값과 탄젠트 값이 양수이므로 α와 β는 모두 제1사분면에 있다. 그러므로 양의 예각 α와 β에 대하여 다음을 얻는다.

$$\cos\alpha=\frac{3}{5},\quad \sin\beta=\frac{3}{5},\quad \cos\beta=\frac{4}{5}$$

이제 삼각비의 덧셈정리를 이용하면 다음과 같다.

$$\cos(\alpha+\beta)=\cos\alpha\cos\beta-\sin\alpha\sin\beta=\frac{3}{5}\cdot\frac{4}{5}-\frac{4}{5}\cdot\frac{3}{5}=0$$

Section 4.4 확인문제

1. 다음 값이 존재하는지 확인하고, 존재하면 그 값을 구하라.

(a) $\sin^{-1}\left(-\dfrac{\sqrt{2}}{2}\right)$ (b) $\cos^{-1}\dfrac{\sqrt{2}}{2}$

(c) $\tan^{-1}(-\sqrt{3})$ (d) $\sin^{-1}\dfrac{\pi}{3}$

2. 다음 식의 값을 구하라.

(a) $\tan\left(\sin^{-1}\dfrac{1}{3}\right)$ (b) $\tan\left(\cos^{-1}\dfrac{4}{5}\right)$

3. 다음 식의 값을 구하라.

(a) $\cos\left(\tan^{-1}\dfrac{3}{4}-\sin^{-1}\dfrac{4}{5}\right)$ (b) $\sin\left(\tan^{-1}\dfrac{1}{4}+\cos^{-1}\dfrac{8}{17}\right)$

4. $\sec(\tan^{-1}x)$를 무리함수로 표현하라.

Hint $\tan^{-1}x=\alpha$라 놓고 시컨트를 구한다.

5. $-\dfrac{\pi}{2}<x<\dfrac{\pi}{2}$일 때, 방정식 $\cos x=\sqrt{3}\sin x$를 풀어라.

6. $0\le x\le\pi$일 때, 방정식 $1+\cos x=2\sin^2 x$를 풀어라.

Chapter 04 연습문제

4.1 넓이가 8π이고 중심각이 $\frac{\pi}{4}$인 부채꼴의 반지름의 길이와 호의 길이를 구하라.

4.2 길이가 12cm인 노끈으로 넓이가 최대인 부채꼴을 만들고자 한다. 이때 부채꼴의 넓이, 반지름의 길이, 중심각을 구하라.

4.3 $\sin\theta = \frac{8}{17}$이고 θ가 제1사분면에 있을 때, 나머지 삼각비의 값을 구하라.

4.4 원점 O와 점 $P(-5, -2\sqrt{6})$에 의한 동경 OP가 이루는 각을 θ라 할 때, $\sin\theta$, $\cos\theta$, $\tan\theta$를 구하라.

4.5 원점 O와 점 $P(3, 5)$를 잇는 선분 OP를 동경으로 갖는 각을 θ라 할 때, 다음을 구하라.

$$\sin(\theta+\pi)\cos(\pi-\theta)\tan(-\theta)$$

4.6 오른쪽 그림과 같이 풍차의 바닥면 C로부터 어느 정도 떨어진 지점 A에서 풍차의 끝을 바라본 각이 30°이고, AC 선 상의 100m 앞인 지점 B에서 바라본 각이 45°라 한다. 이때 풍차의 높이 $h=\overline{CD}$를 구하라.

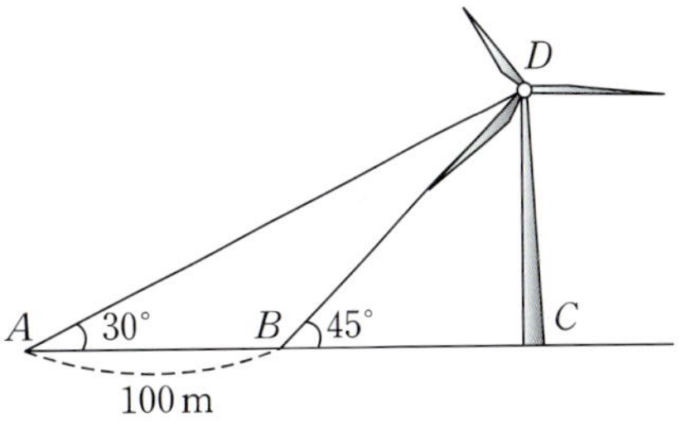

4.7 θ는 제4사분면의 각이고 θ와 6θ의 동경이 일치할 때 θ를 구하라.

Hint 두 편각의 차이가 $2n\pi$, (n은 정수)이다.

4.8 θ는 제3사분면의 각이고 $\tan\theta = \frac{2}{3}$일 때, $\sin\theta - \sec\theta$를 구하라.

4.9 $\sin\theta\cos\theta < 0$이고 $\sin\theta = -\frac{2}{3}$일 때, $\cos\theta$를 구하라.

4.10 θ가 제3사분면의 각일 때, $\sqrt{\sin^2\theta} - \sqrt{\cos^2\theta}$를 간단히 하라.

4.11 $\sin\theta + \cos\theta = \frac{\sqrt{3}}{2}$일 때, 다음 값을 구하라.

(a) $\sin\theta\cos\theta$

(b) $\sin^3\theta + \cos^3\theta$

※ 다음 삼각비의 값을 구하라.

4.12 $\cos\left(-\frac{16\pi}{3}\right)$

4.13 $\sin\left(-\frac{15\pi}{4}\right)$

※ 다음 식을 간단히 하여라.

4.14 $(\sec\theta - \cos\theta)^2 + (\operatorname{cosec}\theta - \sin\theta)^2 - (\cot\theta - \tan\theta)^2$

4.15 $\left(\frac{1}{\cos\theta}+1\right)\left(\frac{1}{\sin\theta}+1\right)\left(\frac{1}{\cos\theta}-1\right)\left(\frac{1}{\sin\theta}-1\right)$

4.16 $\cos\theta + \sin\left(\frac{3}{2}\pi - \theta\right) + \sin\left(\frac{\pi}{2} + \theta\right) + \cos(\pi + \theta)$

4.17 $0 \le \alpha \le \frac{\pi}{2}$, $\frac{\pi}{2} \le \beta \le \pi$에 대하여 $\sin\alpha = \frac{1}{2}$, $\sin\beta = \frac{3}{4}$일 때, $\sin(\alpha+\beta)$, $\cos(\alpha+\beta)$, $\tan(\alpha+\beta)$를 구하라.

4.18 $\cos 75° = \frac{\sqrt{6}-\sqrt{2}}{4}$를 이용하여 $\cos 37.5°$, $\sin 37.5°$를 구하라.

4.19 $\sin 10° - \sin 110° + \sin 130°$의 값을 구하라.

Hint $\sin 130° - \sin 110°$를 먼저 곱으로 고친다.

4.20 함수 $f(x) = -2\sin x + 3\cos x$의 최댓값과 최솟값을 구하라.

Hint 사인으로 합성한다.

※ 다음 식의 값을 구하라.

4.21 $\sin\left[\sin^{-1}\left(-\frac{3}{10}\right)\right]$

4.22 $\cos\left(\cos^{-1}\frac{1}{2}\right)$

4.23 $\tan^{-1}\left[\tan\left(-\frac{\pi}{6}\right)\right]$

※ 다음 식의 값을 구하라.

4.24 $\cos\left[\tan^{-1}\left(-\frac{3}{4}\right)-\sin^{-1}\frac{4}{5}\right]$

4.25 $\sin\left(\sin^{-1}\frac{1}{2}+\cos^{-1}0\right)$

※ 다음 식의 값을 구하라.

4.26 $\cos^{-1}\frac{3}{5}+\cos^{-1}\frac{4}{5}$

4.27 $\tan^{-1}2-\tan^{-1}(-3)$

4.28 항등식 $\sin^{-1}x+\cos^{-1}x=\frac{\pi}{2}$이 성립함을 보여라.

Chapter

05

함수의 극한과 연속성

Limit and Continuity of Functions

학습목표

- 극한의 개념을 이해하고 여러 가지 유형의 극한을 해결할 수 있다.
- 극한의 성질을 이용하여 극한 문제를 쉽게 해결할 수 있다.
- 삼각함수의 극한 공식을 증명하고, 이 공식을 응용한 극한 문제를 해결할 수 있다.
- 지수함수와 로그함수에 관한 여러 가지 극한 문제를 해결할 수 있다.
- 함수의 연속성과 폐구간에서 연속함수의 성질을 익힐 수 있다.

여러분의 삶은 태어난 이후로 단 한 번도 끊어지지 않고 연속적으로 이어져 왔다. 수학에서 함수의 연속이란, 함수의 그래프가 끊어지지 않는 것을 의미한다. 미분적분학에서 다루는 함수 대부분은 연속함수이므로 이 개념을 자세히 공부할 필요가 있다. 이 장에서는 연속성을 정의하기 위해 극한의 개념을 유형별로 살펴보고, 극한의 여러 가지 성질에 대하여 학습한다. 또한 삼각함수, 지수함수, 로그함수의 도함수를 정의하는 데 필수인 이 함수들의 극한에 대해서도 자세히 살펴본다. 마지막으로 연속성의 정의와 폐구간에서 연속인 함수의 여러 가지 성질을 학습한다.

5.1 함수의 극한

극한은 함수의 연속성, 도함수, 정적분, 수열과 급수 등 미분적분학의 거의 모든 중요한 정의에서 해석적으로 사용된다. 따라서 공학수학을 더욱더 잘 이해하려면 극한의 개념을 상세히 배워야 하며, 문제해결력을 높여야 한다. 이 절에서는 함수의 극한을 쉽게 직관적으로 이해할 수 있도록 설명한다. 극한에 대하여 중요한 내용만 들어있으니 주의 깊게 살펴보자.

극한의 정의

함수의 극한을 직관적으로 이해하기 위해 $f(x) = 2x - 1$을 생각해보자. 이 함수는 $x = 1$에서 정의된다. [그림 5-1(a)]와 같이 $x \neq 1$인 x가 1에 가까워지면 직선 위의 점 $(x,\ y)$는 점 $(1,\ 1)$에 가까워진다. 따라서 함숫값 $f(x)$는 1에 가까워지게 된다. 한편 $f(x) = \dfrac{x^2 - 1}{x - 1}$은 $x = 1$에서 정의되지 않는다. 하지만 [그림 5-1(b)]와 같이 $x \neq 1$인 x가 1에 가까워지면 직선 위의 점 $(x,\ y)$는 점 $(1,\ 2)$에 가까워진다. 따라서 함숫값 $f(x)$는 2에 가까워지게 된다.

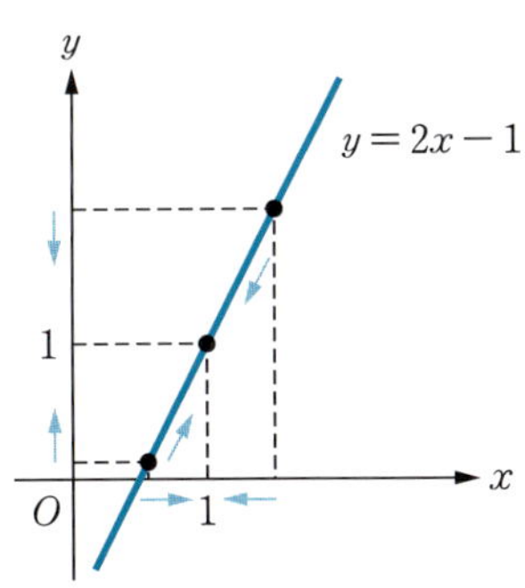

(a) $x = 1$에서 정의되는 경우

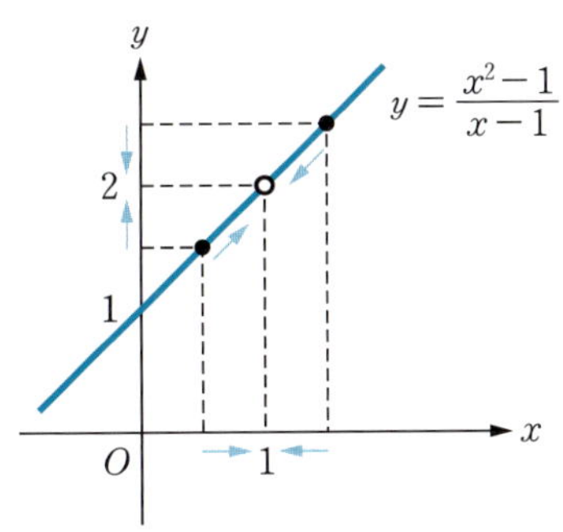

(b) $x = 1$에서 정의되지 않는 경우

[그림 5-1] $x \to 1$일 때, $f(x)$가 어떤 수에 가까워지는 경우

이와 같이 함수 $y = f(x)$가 정점 a를 포함하는 어떤 구간 안의 모든 x $(x \neq a)$에서 정의된다고 하자. 이때 변수 x가 정점 a에 한없이 가까워질수록 함숫값 $f(x)$가 어떤 유일한 값 L에 한없이 가까워진다면 "x가 a에 가까워질수록 $f(x)$는 L에 **수렴한다**converge."고 한다. 그리고 다음과 같이 나타낸다.

$$x \to a\text{일 때, } f(x) \to L \quad \text{또는} \quad \lim_{x \to a} f(x) = L$$

이때 L을 $x \to a$일 때 $f(x)$의 **극한**limit이라고 한다. [그림 5-1(a)]와 같이 $y = f(x)$가 정점 a에서 정의되고 극한 L이 함숫값 $f(a)$와 같은 경우, 즉 $L = f(a)$인 경우도 있고, [그림 5-1(b)]와 같이 정점 a에서 $y = f(x)$가 정의되지 않지만 극한이 존재하는 경우도 있다.

또 다른 예로, 다음 함수를 살펴보자.

$$f(x) = \begin{cases} \dfrac{x^2 - 1}{x - 1}, & x \neq 1 \\ 1, & x = 1 \end{cases}$$

[그림 5-2]에서 보듯이 함수 $f(x)$는 $x = 1$에서 $f(1) = 1$로 정의되지만, $x = 1$에서 $f(x)$의 극한은 2다. 따라서 $L \neq f(1)$인 경우도 생각할 수 있다.

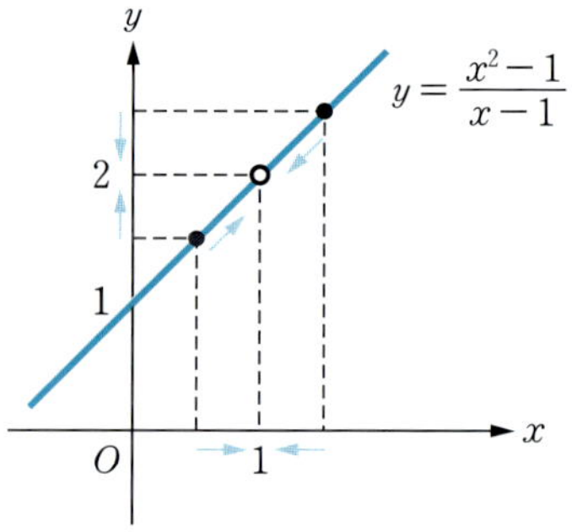

[그림 5-2] **극한과 함숫값이 다른 경우**

그러므로 $\lim_{x \to a} f(x) = L$일 때, 다음 세 가지 경우로 나누어 생각할 수 있다.

❶ $x = a$에서 정의되고 $f(a) = L$인 경우

❷ $x = a$에서 정의되고 $f(a) \neq L$인 경우

❸ $x = a$에서 정의되지 않는 경우

예제 5-1

다음 함수의 그래프를 그리고, $x \to 2$일 때 함수 $f(x)$의 극한을 구하라.

(a) $f(x) = x + 2$

(b) $f(x) = \dfrac{x^2 - 4}{x - 2}$

(c) $f(x) = \begin{cases} \dfrac{x^2-4}{x-2}, & x \neq 2 \\ 4, & x = 2 \end{cases}$

(d) $f(x) = \begin{cases} \dfrac{x^2-4}{x-2}, & x \neq 2 \\ 2, & x = 2 \end{cases}$

풀이

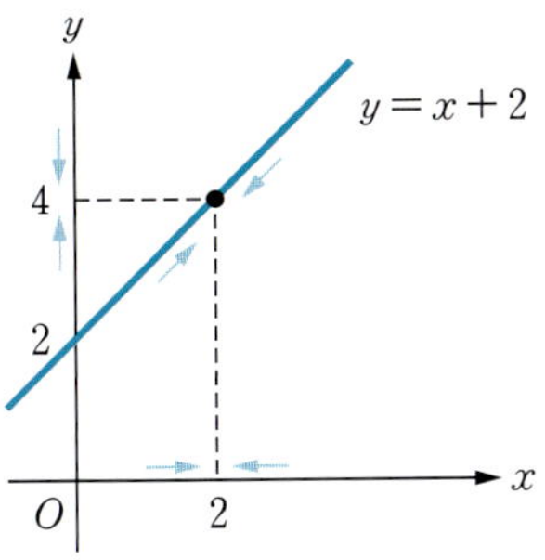

(a) $\lim\limits_{x \to 2} f(x) = 4$

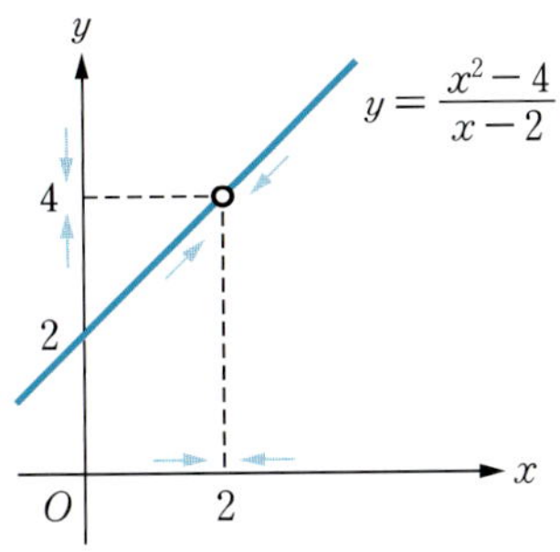

(b) $\lim\limits_{x \to 2} f(x) = 4$

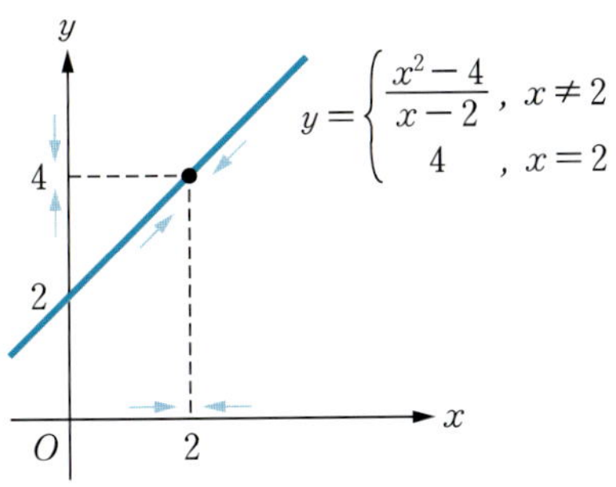

(c) $\lim\limits_{x \to 2} f(x) = 4$

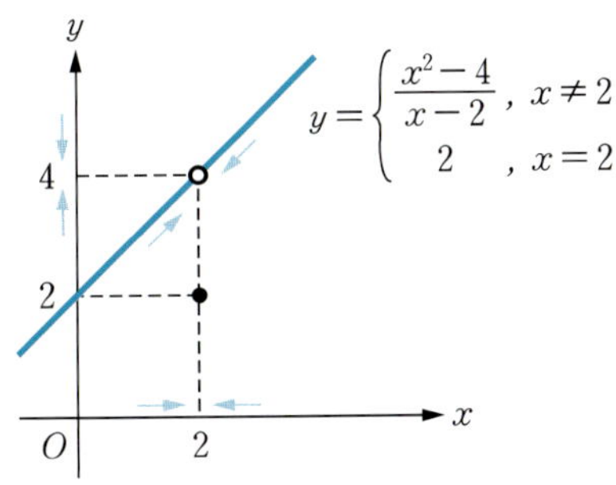

(d) $\lim\limits_{x \to 2} f(x) = 4$

좌극한과 우극한

한편 a를 포함하는 어떤 구간 I에서 $x \neq a$인 x가 a에 가까워지는 방법은 [그림 5-3(a)]와 같이 $x < a$이면서 $x \to a$인 경우(a의 왼쪽에서 접근)와 [그림 5-3(b)]와 같이 $x > a$이면서 $x \to a$인 경우(a의 오른쪽에서 접근)로 생각할 수 있다.

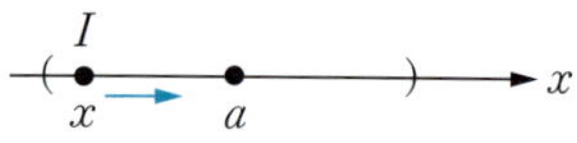

(a) a의 왼쪽에서 접근

(b) a의 오른쪽에서 접근

[그림 5-3] $x \neq a$인 x가 a에 가까워지는 방법

만일 x가 a의 왼쪽에서 가까워질 때(즉 $x < a$이면서 $x \to a$일 때) $f(x)$가 어떤 일정한 값 L_1에 한없이 가까워지면 다음과 같이 나타낸다.

$$x \to a^- \text{일 때, } f(x) \to L_1 \quad \text{또는} \quad \lim_{x \to a^-} f(x) = L_1$$

$x \to a^-$일 때 L_1을 $f(x)$의 **좌극한**left hand limit이라 한다.

같은 방법으로 x가 a의 오른쪽에서 가까워질 때(즉 $x > a$이면서 $x \to a$일 때) $f(x)$가 어떤 일정한 값 L_2에 한없이 가까워지면 다음과 같이 나타낸다.

$$x \to a^+ \text{일 때, } f(x) \to L_2 \quad \text{또는} \quad \lim_{x \to a^+} f(x) = L_2$$

$x \to a^+$일 때 L_2를 $f(x)$의 **우극한**right hand limit이라 한다.

예를 들어, 다음 함수를 살펴보자.

$$f(x) = \begin{cases} -1, & x < 0 \\ 0, & x = 0 \\ 1, & x > 0 \end{cases}$$

함수 $f(x)$의 그래프는 [그림 5-4]와 같이 그려진다. $x = 0$에서 좌극한은 $\lim_{x \to 0^-} f(x) = -1$, 우극한은 $\lim_{x \to 0^+} f(x) = 1$이므로 좌극한과 우극한이 서로 다르다. 따라서 $x \to 0$일 때 $f(x)$의 극한이 유일하지 않으므로, 극한이 존재하지 않는다.

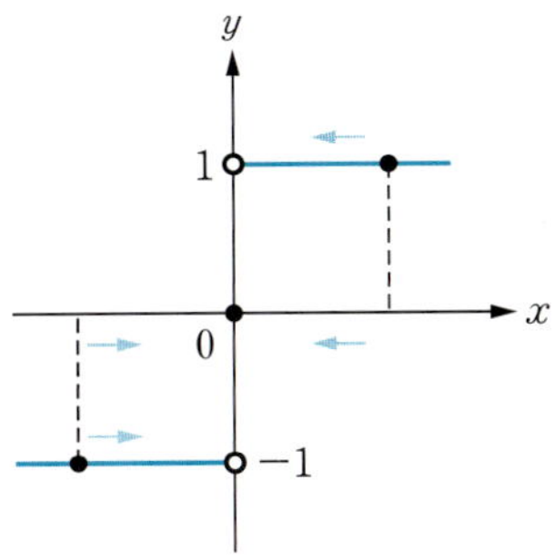

[그림 5-4] $x = 0$에서 좌극한과 우극한 비교

앞의 [예제 5-1]을 보면 $x \to 2$일 때 $f(x)$의 좌극한과 우극한이 동일하다. 이처럼 $\lim_{x \to a} f(x) = L$이 존재하면 좌극한과 우극한이 같다($L_1 = L_2 = L$). 역으로 $L_1 = L_2 = L$이면 $\lim_{x \to a} f(x) = L$ 이다. 따라서 함수 $f(x)$가 극한 L을 갖기 위한 필요충분조건은 좌극한과 우극한이 같아야 한다는 것이다. 즉 다음 식이 성립한다.

$$\lim_{x \to a} f(x) = L \quad \Leftrightarrow \quad \lim_{x \to a^-} f(x) = \lim_{x \to a^+} f(x) = L$$

예제 5-2

다음 극한을 구하라.

(a) $\lim_{x \to 1} |x-1|$

(b) $\lim_{x \to 0} \frac{|x|}{x}$

풀이

(a) $x \to 1^-$인 경우는 $x < 1$이므로 $|x-1| = -(x-1)$ 이다. 따라서 좌극한은 다음과 같다.

$$\lim_{x \to 1^-} |x-1| = \lim_{x \to 1^-} \{-(x-1)\} = 0$$

$x \to 1^+$인 경우는 $x > 1$이므로 $|x-1| = x-1$이다. 따라서 우극한은 다음과 같다.

$$\lim_{x \to 1^+} |x-1| = \lim_{x \to 1^+} (x-1) = 0$$

따라서 좌극한과 우극한은 동일하므로 $\lim_{x \to 1} |x-1| = 0$이다.

(b) $x \to 0^-$인 경우는 $x<0$이므로 $|x|=-x$이고, $x \to 0^+$인 경우는 $x>0$이므로 $|x|=x$다. 따라서 좌극한과 우극한은 각각 다음과 같다.

$$\lim_{x \to 0^-} \frac{|x|}{x} = \lim_{x \to 0^-} \frac{(-x)}{x} = -1$$
$$\lim_{x \to 0^+} \frac{|x|}{x} = \lim_{x \to 0^+} \frac{x}{x} = 1$$

따라서 좌극한과 우극한은 서로 다르므로 $\lim_{x \to 0} \frac{|x|}{x}$는 존재하지 않는다.

발산

[그림 5-5]와 같이 함수 $f(x)=\frac{1}{x^2}$의 그래프는 x가 0에 가까워질수록 함숫값 $f(x)$가 어떤 일정한 값에 가까워지지 않고 한없이 커진다. 이와 같이 x가 a에 충분히 가까워질수록 함숫값 $f(x)$가 한없이 커지면 "$x \to a$이면 $f(x)$는 양의 무한대로 **발산한다**diverge." 또는 "$x \to a$이면 $f(x)$의 극한은 **무한대**infinity다."라고 하며, 다음과 같이 표현한다.

$$x \to a\text{이면, } f(x) \to \infty \quad \text{또는} \quad \lim_{x \to a} f(x) = \infty$$

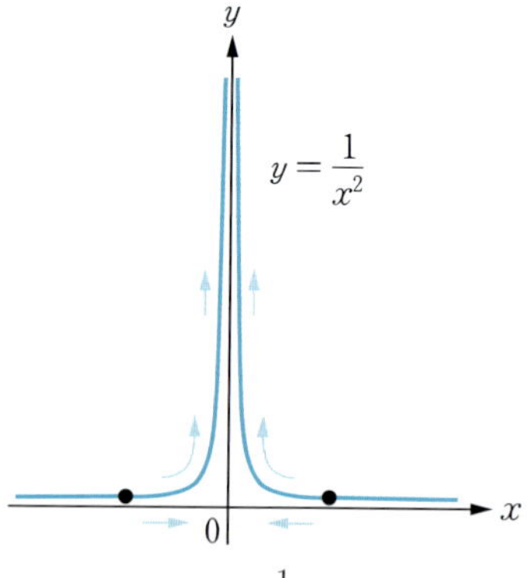

[그림 5-5] $f(x)=\frac{1}{x^2}$의 그래프

같은 방법으로 [그림 5-6]과 같이 함수 $f(x)=-\frac{1}{x^2}$의 그래프는 x가 0에 충분히 가까워질수록 함숫값 $f(x)$가 음수이면서 절댓값이 한없이 커진다. 이와 같이 x가 a에 충분히 가까워질수록 함숫값 $f(x)$가 한없이 작아지면 "$x \to a$이면 $f(x)$는 음의 무한대로 **발산한다**." 또는 "$x \to a$이면 $f(x)$의 극한은 **음의 무한대**다."라고 하며, 다음과 같이 표현한다.

$$x \to a\text{이면, } f(x) \to -\infty \quad \text{또는} \quad \lim_{x \to a} f(x) = -\infty$$

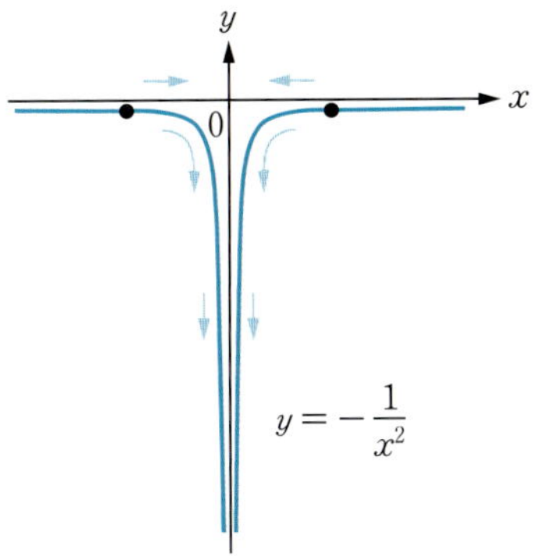

[그림 5-6] $f(x)=-\frac{1}{x^2}$ 의 그래프

이와 같은 함수의 발산 개념은 한쪽 극한이 무한대로 발산하는 경우에도 적용할 수 있다. [그림 5-7]과 같이 $f(x)=\frac{1}{x}$ 은 $x=0$ 에서 정의되지 않는다. 또한 $x \to 0^+$ 이면 $f(x)$ 는 양의 무한대로 발산하고, $x \to 0^-$ 이면 음의 무한대로 발산한다. $x \to a^+$ 일 때, $f(x)$ 가 양의 무한대로 발산하면 다음과 같이 나타낸다.

$$\lim_{x \to a^+} f(x) = \infty$$

또한 $x \to a^-$ 일 때 $f(x)$ 가 음의 무한대로 발산하면 다음과 같이 나타낸다.

$$\lim_{x \to a^-} f(x) = -\infty$$

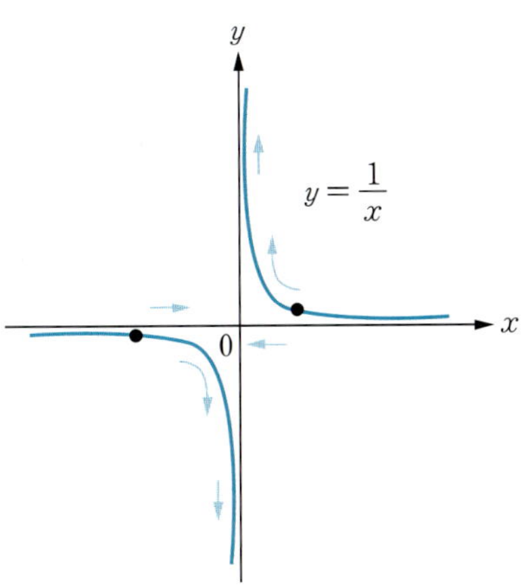

[그림 5-7] $f(x)=\frac{1}{x}$ 의 그래프

여기에서 $x \to a$ 일 때, $f(x) \to \infty$ 또는 $f(x) \to -\infty$ 이면 $x=a$ 근처에서 직선의 형태가 된다. 이 직선 $x=a$ 를 함수 $f(x)$ 의 **수직점근선** vertical asymptotic line 이라 한다.

예제 5-3

다음 함수에 대하여 주어진 점 x에서 좌극한과 우극한이 존재하는지 확인하라.

(a) $f(x)=\dfrac{x}{x-1}$, $x=1$　　(b) $f(x)=\log_a x$, $x=0$

풀이

(a) 주어진 함수를 $f(x)=\dfrac{x}{x-1}=1+\dfrac{1}{x-1}$로 다시 쓸 수 있다. 이때 $x\to1^-$이면 $x-1<0$이고 $x-1\to0$이므로 $f(x)\to-\infty$다. 따라서 좌극한은 음의 무한대다. 또한 $x\to1^+$이면 $x-1>0$이고 $x-1\to0$이므로 $f(x)\to\infty$다. 따라서 우극한은 양의 무한대다.

(b) $f(x)=\log_a x$의 정의역은 $x>0$이므로 $x\to0^-$은 고려하지 않는다. 또한 $a>1$일 때, $x\to0^+$이면 $f(x)\to-\infty$이므로 우극한은 음의 무한대이고(3.3절 [그림 3-4(a)]), $0<a<1$일 때, $x\to0^+$이면 $f(x)\to\infty$이므로 우극한은 양의 무한대이다(3.3절 [그림 3-4(b)]).

무한대에서의 극한

앞에서 언급한 두 함수 $y=\dfrac{1}{x^2}$과 $y=\dfrac{1}{x}$은 $x\to\infty$이거나 $x\to-\infty$이면 $f(x)\to0$이다. 이와 같이 $x\to\infty$일 때 함수 $f(x)$가 어떤 일정한 실수 L에 가까워진다면 "무한대에서 함수 $f(x)$는 극한 L을 가진다."고 한다. 그리고 다음과 같이 나타낸다.

$$x\to\infty \text{ 이면 } f(x)\to L \quad \text{또는} \quad \lim_{x\to\infty} f(x)=L$$

같은 방법으로 $x\to-\infty$일 때 $f(x)$가 어떤 일정한 실수 L에 가까워진다면 "음의 무한대에서 함수 $f(x)$는 극한 L을 가진다."고 한다. 그리고 다음과 같이 나타낸다.

$$x\to-\infty \text{ 이면 } f(x)\to L \quad \text{또는} \quad \lim_{x\to-\infty} f(x)=L$$

이때 직선 $y=L$을 함수 $f(x)$의 **수평점근선**horizontal asymptotic line이라 한다.

예제 5-4

함수 $y=\dfrac{x+1}{x}$의 그래프를 그리고, 다음 극한을 구하라.

(a) $\displaystyle\lim_{x\to 0^-}\frac{x+1}{x}$ (b) $\displaystyle\lim_{x\to 0^+}\frac{x+1}{x}$ (c) $\displaystyle\lim_{x\to \infty}\frac{x+1}{x}$ (d) $\displaystyle\lim_{x\to -\infty}\frac{x+1}{x}$

풀이

$y=\dfrac{x+1}{x}=1+\dfrac{1}{x}$이므로 함수 $y=f(x)$는 다음 그림과 같이 $y=\dfrac{1}{x}$을 y축 방향으로 1만큼 평행이동한 그래프다.

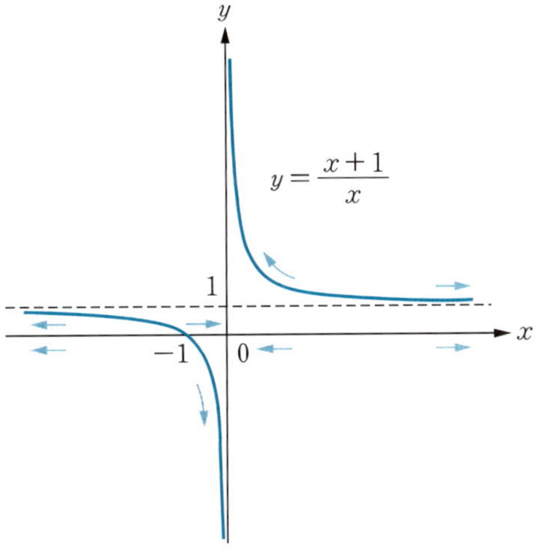

(a) $x\to 0^-$이면 $\dfrac{1}{x}\to-\infty$ 이므로 $1+\dfrac{1}{x}\to-\infty$ 다. 따라서 $\displaystyle\lim_{x\to 0^-}\frac{x+1}{x}=-\infty$다.

(b) $x\to 0^+$이면 $\dfrac{1}{x}\to\infty$이므로 $1+\dfrac{1}{x}\to\infty$다. 따라서 $\displaystyle\lim_{x\to 0^+}\frac{x+1}{x}=\infty$다.

(c) $x\to\infty$이면 $\dfrac{1}{x}\to 0$이므로 $1+\dfrac{1}{x}\to 1$이다. 따라서 $\displaystyle\lim_{x\to\infty}\frac{x+1}{x}=1$이다.

(d) $x\to-\infty$이면 $\dfrac{1}{x}\to 0$이므로 $1+\dfrac{1}{x}\to 1$이다. 따라서 $\displaystyle\lim_{x\to-\infty}\frac{x+1}{x}=1$이다.

[예제 5-4]에서 직선 $x=0$은 함수 $y=\dfrac{x+1}{x}$의 수직점근선이고 $y=1$은 수평점근선이다.

$x \to \infty$ 일 때 $f(x)$가 양의 무한대로 발산하거나 음의 무한대로 발산하면 다음과 같이 나타낸다.

$$\lim_{x \to \infty} f(x) = \infty \quad \text{또는} \quad \lim_{x \to \infty} f(x) = -\infty$$

$x \to -\infty$ 일 때 $f(x)$가 양의 무한대로 발산하거나 음의 무한대로 발산하면 다음과 같다.

$$\lim_{x \to -\infty} f(x) = \infty \quad \text{또는} \quad \lim_{x \to -\infty} f(x) = -\infty$$

Section 5.1 확인문제

1. 오른쪽 그림과 같은 그래프를 갖는 함수 $f(x)$에 대하여 다음 극한을 구하고, 극한이 존재하지 않는다면 그 이유를 설명하라.

(a) $\lim_{x \to -3^-} f(x)$ (b) $\lim_{x \to -3^+} f(x)$

(c) $\lim_{x \to -3} f(x)$ (d) $\lim_{x \to 0^-} f(x)$

(e) $\lim_{x \to 0^+} f(x)$ (f) $\lim_{x \to 0} f(x)$

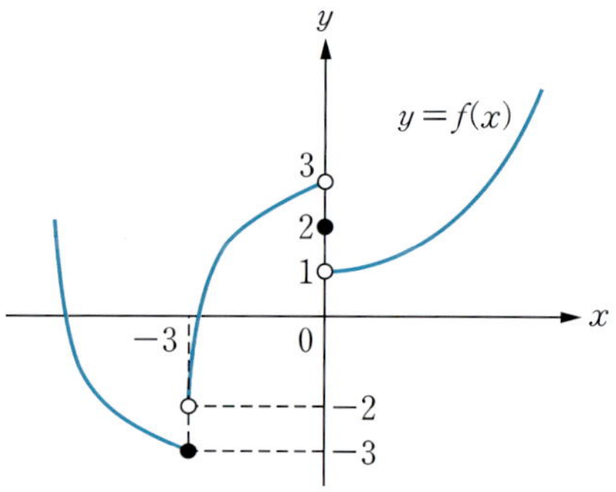

2. 다음 극한을 구하라.

(a) $\lim_{x \to -3} \dfrac{x^2 - 9}{x + 3}$ (b) $\lim_{x \to 1} \dfrac{|x-1|}{x-1}$

3. 다음 함수의 그래프를 그리고, 주어진 점 x에서 극한을 구하라.

(a) $y = \dfrac{x}{x^2 - 1}$, $x = 1$ (b) $y = \log_2 x$, $x = 2$

(c) $y = 3^{-x}$, $x = 1$ (d) $y = |x^2 - 1|$, $x = 1$

4. 실수 전체의 집합에서 정의되는 다음 함수 $f(x)$에 대하여 $\lim_{x \to 1} f(x)$를 구하라.

$$f(x) = \begin{cases} x, & x\text{는 정수} \\ 0, & x\text{는 정수가 아닌 실수} \end{cases}$$

5. 함수 $f(x)=\dfrac{x+1}{x-1}$ 의 그래프를 그리고, 다음을 구하라.

(a) $\lim_{x\to\infty} f(x)$

(b) $\lim_{x\to-\infty} f(x)$

(c) $\lim_{x\to 1^-} f(x)$

(d) $\lim_{x\to 1^+} f(x)$

(e) 수평점근선

(f) 수직점근선

5.2 극한의 성질

5.1절에서는 함수의 그래프를 이용하여 직관적으로 함수의 극한을 구했다. 하지만 모든 함수의 그래프를 정확하게 그리는 일은 매우 어려우며, 이를 이용하여 극한값을 정확하게 구하기도 어렵다. 이 절에서는 함수들의 극한에 대한 여러 가지 성질을 살펴보고, 함수의 극한을 쉽게 구하는 방법을 배운다.

정리 5-1 극한의 기본 성질

$\lim_{x\to a} f(x)$와 $\lim_{x\to a} g(x)$가 존재한다면 상수 k에 대하여 다음이 성립한다.

(1) $\lim_{x\to a} k = k$

(2) $\lim_{x\to a} [f(x)+g(x)] = \lim_{x\to a} f(x) + \lim_{x\to a} g(x)$

(3) $\lim_{x\to a} [f(x)-g(x)] = \lim_{x\to a} f(x) - \lim_{x\to a} g(x)$

(4) $\lim_{x\to a} [kf(x)] = k\lim_{x\to a} f(x)$

(5) $\lim_{x\to a} [f(x)\cdot g(x)] = \left[\lim_{x\to a} f(x)\right]\cdot\left[\lim_{x\to a} g(x)\right]$

(6) $\lim_{x\to a} \dfrac{f(x)}{g(x)} = \dfrac{\lim_{x\to a} f(x)}{\lim_{x\to a} g(x)}$ (단, $\lim_{x\to a} g(x) \neq 0$)

예제 5-5

$\lim_{x\to1} f(x)=2$, $\lim_{x\to1} g(x)=-1$일 때 다음 극한을 구하라.

(a) $\lim_{x\to1}[f(x)+2g(x)]$

(b) $\lim_{x\to1}[3f(x)-2g(x)]$

(c) $\lim_{x\to1}[f(x)\cdot g(x)]$

(d) $\lim_{x\to1}\dfrac{f(x)}{g(x)}$

풀이

(a) $\lim_{x\to1}[f(x)+2g(x)]=\lim_{x\to1} f(x)+\lim_{x\to1}[2g(x)]=\lim_{x\to1} f(x)+2\lim_{x\to1} g(x)$

$=2+2\cdot(-1)=0$

(b) $\lim_{x\to1}[3f(x)-2g(x)]=\lim_{x\to1}[3f(x)]+\lim_{x\to1}[-2g(x)]=3\lim_{x\to1} f(x)+(-2)\lim_{x\to1} g(x)$

$=3\cdot2+(-2)\cdot(-1)=8$

(c) $\lim_{x\to1}[f(x)\cdot g(x)]=\left[\lim_{x\to1} f(x)\right]\cdot\left[\lim_{x\to1} g(x)\right]=2\cdot(-1)=-2$

(d) $\lim_{x\to1}\dfrac{f(x)}{g(x)}=\dfrac{\lim_{x\to1} f(x)}{\lim_{x\to1} g(x)}=\dfrac{2}{-1}=-2$

■ 여러 가지 함수의 극한

극한 $\lim_{x\to a} x=a$이므로 [정리 5-1]의 성질 (5)에 의하면 x^2과 x^3의 극한은 다음과 같다.

$$\lim_{x\to a} x^2=\left(\lim_{x\to a} x\right)\left(\lim_{x\to a} x\right)=a\cdot a=a^2$$

$$\lim_{x\to a} x^3=\left(\lim_{x\to a} x^2\right)\left(\lim_{x\to a} x\right)=a^2\cdot a=a^3$$

즉 모든 자연수 n에 대하여 $\lim_{x\to a} x^n=a^n$이 성립한다. 기본 성질을 이용하여, 계수 $c_0, c_1, \cdots, c_n$이 상수인 다항함수를 살펴보자.

$$f(x)=c_n x^n+c_{n-1}x^{n-1}+\cdots+c_1 x+c_0$$

그러면 다음 극한이 성립한다.

$$\lim_{x \to a} f(x) = f(a)$$

따라서 두 다항함수 $f(x)$와 $g(x)$의 나눗셈인 유리함수 $\dfrac{f(x)}{g(x)}$에 대하여 다음이 성립한다.

$$\lim_{x \to a} \frac{f(x)}{g(x)} = \frac{f(a)}{g(a)} \quad (\text{단, } g(a) \neq 0)$$

또한 [정리 5-1]의 성질 (5)에서 $f(x) = g(x)$라고 해보자.

$$\lim_{x \to a} [f(x)]^2 = \lim_{x \to a} [f(x) \cdot f(x)] = \left[\lim_{x \to a} f(x)\right] \cdot \left[\lim_{x \to a} f(x)\right] = \left[\lim_{x \to a} f(x)\right]^2$$

따라서 자연수 n에 대하여 다음을 만족한다는 것을 알 수 있다.

$$\lim_{x \to a} [f(x)]^n = \left[\lim_{x \to a} f(x)\right]^n$$

동일한 방법으로 무리함수에 대해 살펴보자.

$$\lim_{x \to a} \sqrt[n]{x} = \sqrt[n]{a} \quad (\text{단, } n\text{이 짝수이면 } a > 0)$$

이 성질을 일반화하면 다음이 성립한다.

$$\lim_{x \to a} \sqrt[n]{f(x)} = \sqrt[n]{\lim_{x \to a} f(x)} \quad (\text{단, } n\text{이 짝수이면 } f(a) > 0)$$

예제 5-6

다음 함수의 극한을 구하라.

(a) $\lim_{x \to 1} (x^3 - x + 2)$ (b) $\lim_{x \to 2} \sqrt{\frac{x+1}{x^2+1}}$

풀이

(a) $f(x) = x^3 - x + 2$ 라고 하면 $f(x)$는 3차 다항함수이므로 극한은 다음과 같다.

$$\lim_{x \to 1} (x^3 - x + 2) = \lim_{x \to 1} f(x) = f(1) = 1^3 - 1 + 2 = 2$$

(b) $f(x) = \frac{x+1}{x^2+1}$ 이라 하면 $f(2) = \frac{3}{5}$ 이므로 극한은 다음과 같다.

$$\lim_{x \to 2} \sqrt{\frac{x+1}{x^2+1}} = \lim_{x \to 2} \sqrt{f(x)} = \sqrt{\lim_{x \to 2} f(x)} = \sqrt{f(2)} = \sqrt{\frac{3}{5}}$$

■ 압축정리

[그림 5-8]과 같이 $x = a$를 포함하는 근방에서 $f(x) \le h(x) \le g(x)$ 이고, $f(x)$와 $g(x)$의 극한이 다음과 같다고 하자.

$$\lim_{x \to a} f(x) = \lim_{x \to a} g(x) = L$$

그러면 $\lim_{x \to a} h(x) = L$ 이 성립한다. 이와 같은 성질을 **압축정리** sandwich theorem 라 한다.

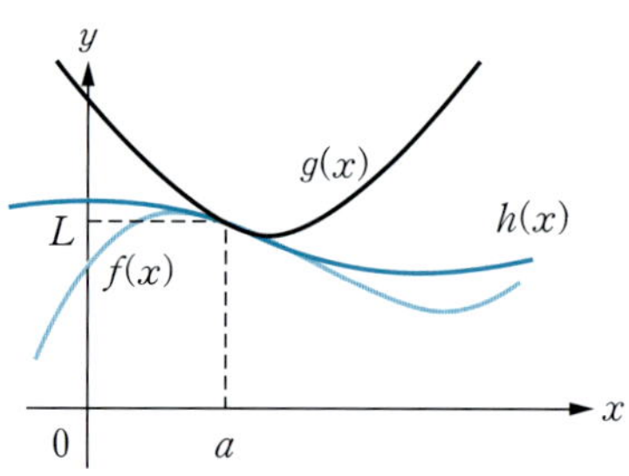

[그림 5-8] **압축정리**

예제 5-7

$\lim_{x\to 0} x\sin\frac{1}{x}$을 구하라.

풀이

모든 실수 x에 대하여 $|\sin x| \le 1$이다. 따라서 $x \ne 0$일 때 $\left|x\sin\frac{1}{x}\right| = |x|\left|\sin\frac{1}{x}\right| \le |x|$이므로 $x\sin\frac{1}{x}$의 값은 다음을 만족한다.

$$-|x| \le x\sin\frac{1}{x} \le |x|$$

이때 $\lim_{x\to 0}|x| = 0$, $\lim_{x\to 0}(-|x|) = 0$이므로 압축정리에 의해 $\lim_{x\to 0} x\sin\frac{1}{x} = 0$이다.

Section 5.2 확인문제

1. $\lim_{x\to 0} f(x) = 1$, $\lim_{x\to 0} g(x) = -2$ 일 때, 다음 극한을 구하라.

(a) $\lim_{x\to 0}[3f(x) + g(x)]$

(b) $\lim_{x\to 0}[2f(x) - 3g(x)]$

(c) $\lim_{x\to 0}[f(x)\cdot g(x)]$

(d) $\lim_{x\to 0}\frac{f(x)}{g(x)}$

2. $x = 2$에서 함수 $g(x) = \begin{cases} \frac{x^2-4}{x-2}, & x \ne 2 \\ 4, & x = 2 \end{cases}$의 극한과 함숫값을 비교하라.

3. 다음 극한을 구하라.

(a) $\lim_{x\to 1}(x^4 - x^2 + 2)$

(b) $\lim_{x\to 1}\frac{x^2 - x}{|x-1|}$

4. 다음 극한을 구하라.

(a) $\lim_{x\to 0}\frac{\sqrt{x+1} - 1}{x}$

(b) $\lim_{x\to\infty}(\sqrt{x+1} - \sqrt{x})$

5. 다음 극한을 구하라.

(a) $\lim_{x \to \infty} \frac{1}{x} \sin x$ (b) $\lim_{x \to 0} x^2 \sin \frac{1}{x}$

6. $\lim_{x \to 2} \frac{2x^2 - 6x + 5}{x^2 + ax + 1} = \frac{1}{9}$일 때, 상수 a를 구하라.

7. 어떤 학생이 $\lim_{x \to 0} x \sin \frac{1}{x}$을 풀기 위하여 $\lim_{x \to 0} x \sin \frac{1}{x} = \left(\lim_{x \to 0} x\right)\left(\lim_{x \to 0} \sin \frac{1}{x}\right)$로 고친 후, $\lim_{x \to 0} x = 0$이고 $\lim_{x \to 0} \sin \frac{1}{x}$은 -1과 1에서 진동하므로 $\lim_{x \to 0} x \sin \frac{1}{x}$은 존재하지 않는다고 문제를 풀었다. 그러면 이 학생이 어느 부분에서 잘못 생각했는지 설명하라.

5.3 삼각함수의 극한

여기에서는 삼각함수에 대한 여러 가지 극한을 살펴볼 것이다. 함수 $y = \frac{\sin x}{x}$는 [그림 5-9]와 같이 $x = 0$에서 정의되지 않지만, 이 점에서 극한이 존재함을 증명해보자.

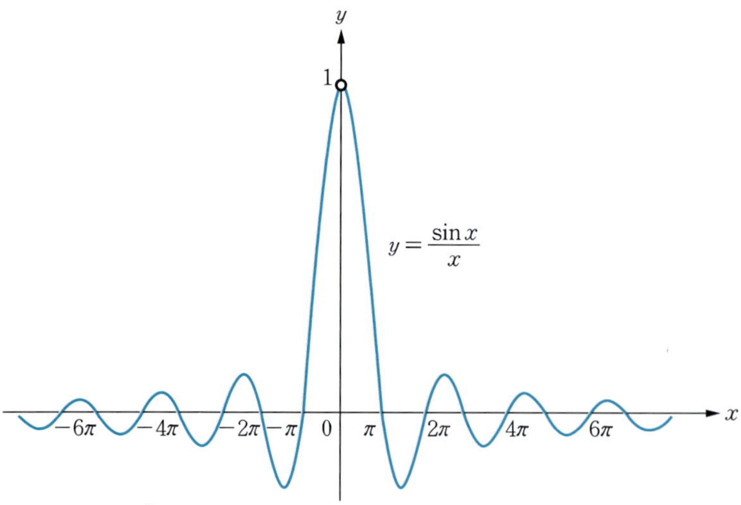

[그림 5-9] $y = \frac{\sin x}{x}$의 그래프

① 먼저 $x=0$에서 우극한을 구하기 위해 $0<x<\frac{\pi}{2}$인 경우를 생각해보자. [그림 5-10]과 같이 좌표평면 위에 반지름이 1인 원을 그리고 x축과 만나는 점을 A라 한다. 그리고 $\angle AOB=x$인 원 위의 점을 B, 점 A에서 x축에 수직인 직선을 그어 선분 OB의 연장선과 만나는 점을 C라 한다.

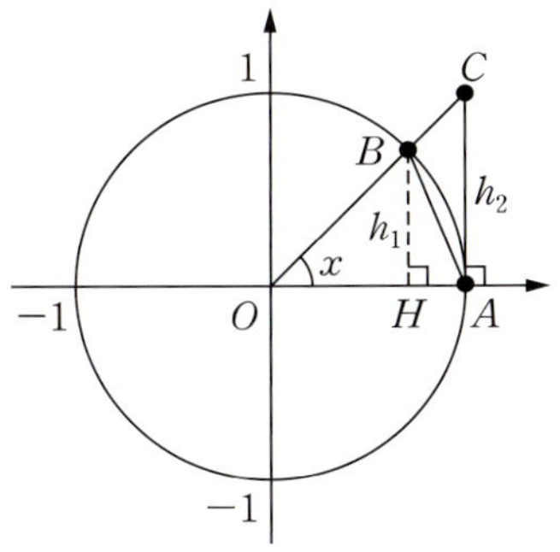

[그림 5-10] **삼각형 AOB, 부채꼴 AOB와 직각삼각형 AOC의 관계**

그러면 삼각형 AOB, 부채꼴 AOB와 직각삼각형 AOC의 넓이에 대한 크기는 다음과 같다.

$$\text{삼각형 } AOB \le \text{부채꼴 } AOB \le \text{직각삼각형 } AOC$$

삼각형 AOB의 높이는 $h_1=\sin x$이고, 직각삼각형 AOC의 높이는 $h_2=\tan x$이므로 각 넓이에 대하여 다음 부등식이 성립한다.

$$\frac{1}{2}\sin x \le \frac{1}{2}x \le \frac{1}{2}\tan x$$

$$\sin x \le x \le \frac{\sin x}{\cos x}$$

한편 $0<x<\frac{\pi}{2}$이면 $\sin x$는 양수이므로 양변을 $\sin x$로 나누어도 부등호 방향은 바뀌지 않는다.

$$1 \le \frac{x}{\sin x} \le \frac{1}{\cos x}$$

이 부등식의 각 항에 역수를 취하면 부등호 방향이 바뀐다.

$$\cos x \le \frac{\sin x}{x} \le 1$$

그리고 $\lim_{x\to 0^+}\cos x = 1$, $\lim_{x\to 0^+} 1 = 1$이므로 압축정리에 의해 $\lim_{x\to 0^+}\frac{\sin x}{x} = 1$이다.

② 이제 $x=0$에서의 좌극한을 구하기 위하여 $-\frac{\pi}{2} < x < 0$인 경우를 생각해보자. 이때 $x = -t$라 하면 $0 < t < \frac{\pi}{2}$이고 $x \to 0^-$이면 $t \to 0^+$이다. 따라서 함수 $\frac{\sin x}{x}$는 다음과 같이 다시 쓸 수 있다.

$$\frac{\sin x}{x} = \frac{\sin(-t)}{-t} = \frac{-\sin t}{-t} = \frac{\sin t}{t}$$

$x=0$에서 $\frac{\sin x}{x}$의 좌극한, 즉 $t=0$에서 $\frac{\sin t}{t}$의 우극한은 다음과 같다.

$$\lim_{x\to 0^-}\frac{\sin x}{x} = \lim_{t\to 0^+}\frac{\sin t}{t} = 1$$

③ $x=0$에서의 우극한과 좌극한이 동일하므로 $x=0$에서의 극한이 존재하고, 그 결과는 다음과 같다.

$$\lim_{x\to 0}\frac{\sin x}{x} = 1$$

또한 임의의 상수 $a(a\neq 0)$에 대하여 $t = ax$라 하자. 그러면 $x \to 0$이면 $t \to 0$이므로 다음 극한이 성립한다.

$$\lim_{x\to 0}\frac{\sin ax}{x} = \lim_{x\to 0}\frac{\sin ax}{ax}\cdot a = a\cdot\lim_{t\to 0}\frac{\sin t}{t} = a$$

예제 5-8

다음 극한을 구하라.

(a) $\lim_{x\to 0}\frac{\cos x - 1}{x}$ (b) $\lim_{x\to 0}\frac{\tan x}{x}$ (c) $\lim_{x\to 0}\frac{\sin^2 3x}{x^2}$ (d) $\lim_{x\to 0}\frac{1-\cos 2x}{x^2}$

풀이

(a) $$\lim_{x\to 0}\frac{\cos x-1}{x}=\lim_{x\to 0}\left(\frac{\cos x-1}{x}\cdot\frac{\cos x+1}{\cos x+1}\right)=\lim_{x\to 0}\frac{\cos^2 x-1}{x(\cos x+1)}$$
$$=\lim_{x\to 0}\frac{-\sin^2 x}{x(\cos x+1)}=-\lim_{x\to 0}\frac{\sin x}{x}\cdot\frac{\sin x}{\cos x+1}$$
$$=-\lim_{x\to 0}\frac{\sin x}{x}\cdot\lim_{x\to 0}\frac{\sin x}{\cos x+1}$$
$$=(-1)\cdot 0=0$$

(b) $$\lim_{x\to 0}\frac{\tan x}{x}=\lim_{x\to 0}\frac{\dfrac{\sin x}{\cos x}}{x}=\lim_{x\to 0}\frac{1}{\cos x}\cdot\frac{\sin x}{x}$$
$$=\left(\lim_{x\to 0}\frac{1}{\cos x}\right)\cdot\left(\lim_{x\to 0}\frac{\sin x}{x}\right)$$
$$=\frac{1}{1}\cdot 1=1$$

(c) $\dfrac{\sin^2 3x}{x^2}=\left(\dfrac{\sin 3x}{x}\right)^2$이므로 구하고자 하는 극한은 다음과 같다.

$$\lim_{x\to 0}\frac{\sin^2 3x}{x^2}=\lim_{x\to 0}\left(\frac{\sin 3x}{x}\right)^2=\left(\lim_{x\to 0}\frac{\sin 3x}{3x}\cdot 3\right)^2$$
$$=9\left(\lim_{x\to 0}\frac{\sin 3x}{3x}\right)^2=9\cdot 1^2=9$$

(d) $$\lim_{x\to 0}\frac{1-\cos 2x}{x^2}=\lim_{x\to 0}\frac{(1+\cos 2x)(1-\cos 2x)}{x^2(1+\cos 2x)}=\lim_{x\to 0}\frac{1-\cos^2 2x}{x^2(1+\cos 2x)}$$
$$=\lim_{x\to 0}\left(\frac{\sin 2x}{2x}\right)^2\cdot\frac{1}{1+\cos 2x}\cdot 2^2$$
$$=1\cdot\frac{1}{2}\cdot 4=2$$

[예제 5-8]로부터 다음 극한 공식을 얻는다.

$$\lim_{x\to 0}\frac{\cos x-1}{x}=0,\quad \lim_{x\to 0}\frac{\tan x}{x}=1$$

Section 5.3 확인문제

1. 다음 극한을 구하라.

(a) $\lim\limits_{x \to 0} \dfrac{x}{\sin 2x}$ (b) $\lim\limits_{x \to 0} \dfrac{\cos 3x - 1}{\sin 2x}$

2. 다음 극한을 구하라.

(a) $\lim\limits_{x \to \pi} \dfrac{1 + \cos x}{\sin^2 x}$ (b) $\lim\limits_{x \to \frac{\pi}{4}} \dfrac{1 - \tan x}{\cos x - \sin x}$

3. $\lim\limits_{x \to 0} \tan x \sin \dfrac{1}{x}$ 을 구하라.

4. $\lim\limits_{x \to 0} \dfrac{\sin x°}{x}$ 를 구하라.

Hint $x° = \dfrac{\pi x}{180}$

5.4 지수 · 로그함수의 극한

이제는 지수함수와 로그함수의 기본적인 극한에 대하여 살펴볼 것이다. 우선 지수함수 $y = a^x$ ($a > 0$, $a \neq 1$)에 대하여 3.2절의 [표 3-1]에서 다음 성질을 살펴봤다.

❶ $a > 1$이면 $\lim\limits_{x \to -\infty} a^x = 0$, $\lim\limits_{x \to \infty} a^x = \infty$이다.

❷ $0 < a < 1$이면 $\lim\limits_{x \to -\infty} a^x = \infty$, $\lim\limits_{x \to \infty} a^x = 0$이다.

특히 자연지수함수 $y = e^x$에 대하여 다음 극한을 얻는다.

$$\lim_{x \to -\infty} e^x = 0, \quad \lim_{x \to \infty} e^x = \infty$$

또한 3.3절의 [표 3-2]에서 로그함수 $y = \log_a x\,(a > 0,\ a \neq 1)$에 대하여 다음 성질을 살펴봤다.

❸ $a > 1$이면 $\lim_{x \to 0^+} \log_a x = -\infty,\ \lim_{x \to \infty} \log_a x = \infty$이다.

❹ $0 < a < 1$이면 $\lim_{x \to 0^+} \log_a x = \infty,\ \lim_{x \to \infty} \log_a x = -\infty$이다.

따라서 자연로그함수 $y = \ln x$에 대하여 다음 극한을 얻는다.

$$\lim_{x \to 0^+} \ln x = -\infty, \quad \lim_{x \to \infty} \ln x = \infty$$

예제 5-9

다음 극한을 구하라.

(a) $\lim_{x \to \infty} \dfrac{e^x}{e^x - e^{-x}}$

(b) $\lim_{x \to \infty} (3^{-x} - 2^{-x})$

풀이

(a) 우선, 분모와 분자를 e^x으로 나누어보자.

$$\lim_{x \to \infty} \frac{e^x}{e^x - e^{-x}} = \lim_{x \to \infty} \frac{1}{1 - e^{-2x}}$$

이때, $0 < \dfrac{1}{e^2} < 1$이므로 $\lim_{x \to \infty} e^{-2x} = 0$이다. 따라서 구하고자 하는 극한은 다음과 같다.

$$\lim_{x \to \infty} \frac{e^x}{e^x - e^{-x}} = 1$$

(b) 2^{-x}으로 묶어 정리하면 다음과 같다.

$$\lim_{x\to\infty}(3^{-x}-2^{-x})=\lim_{x\to\infty}2^{-x}\left\{\left(\frac{2}{3}\right)^x-1\right\}=\lim_{x\to\infty}2^{-x}\cdot\lim_{x\to\infty}\left\{\left(\frac{2}{3}\right)^x-1\right\}$$

이때, $\lim_{x\to\infty}2^{-x}=0$이고, $\lim_{x\to\infty}\left\{\left(\frac{2}{3}\right)^x-1\right\}=\lim_{x\to\infty}\left(\frac{2}{3}\right)^x-1=-1$이므로 구하고자 하는 극한은 다음과 같다.

$$\lim_{x\to\infty}(3^{-x}-2^{-x})=0\cdot(-1)=0$$

예제 5-10

다음 극한을 구하라.

(a) $\lim_{x\to\infty}\log_2\left(\frac{1}{x}+2\right)$

(b) $\lim_{x\to 9}\left(\log_{10}|x^2-81|-\log_{10}|x-9|\right)$

풀이

(a) $\lim_{x\to\infty}\log_2\left(\frac{1}{x}+2\right)=\log_2\left[\lim_{x\to\infty}\left(\frac{1}{x}+2\right)\right]=\log_2 2=1$

(b)
$$\begin{aligned}\lim_{x\to 9}\left(\log_{10}|x^2-81|-\log_{10}|x-9|\right)&=\lim_{x\to 9}\log_{10}\left|\frac{x^2-81}{x-9}\right|\\&=\lim_{x\to 9}\log_{10}\left|\frac{(x+9)(x-9)}{x-9}\right|\\&=\lim_{x\to 9}\log_{10}|x+9|\\&=\log_{10}\left[\lim_{x\to 9}|x+9|\right]\\&=\log_{10}18\end{aligned}$$

■ 극한값 e

한편 함수 $f(x)=(1+x)^{\frac{1}{x}}$ 에 대해 $x=0$에서의 극한을 알기 위해 [표 5-1]과 같이 $x=0$ 부근에서의 함숫값을 구해보자.

[표 5-1] $x=0$ 부근에서 $f(x)=(1+x)^{\frac{1}{x}}$ 의 값

x	-0.1	-0.01	-0.001	-0.0001	0	0.0001	0.001	0.01	0.1
$(1+x)^{\frac{1}{x}}$	2.86797	2.732	2.71964	2.71842	?	2.71815	2.71692	2.70481	2.59374

그러면 x가 0에 가까워질수록 양쪽 방향의 함숫값은 소수점 아래 셋째 자리까지 2.718로 동일한 것을 알 수 있다. 실제로 이 함수는 무리수 $e=2.71828\cdots$에 가까워진다. 즉 다음 극한을 얻는다.

$$\lim_{x\to 0}(1+x)^{\frac{1}{x}}=e$$

이때 $t=\dfrac{1}{x}$이라 하면, $x\to 0^+$일 때 $t\to\infty$이다. 따라서 다음도 성립한다.

$$\lim_{t\to\infty}\left(1+\frac{1}{t}\right)^t=e$$

예제 5-11

다음 극한을 구하라.

(a) $\displaystyle\lim_{x\to 0^+}(1+2x)^{\frac{1}{x}}$

(b) $\displaystyle\lim_{x\to\infty}\left(1+\frac{2}{x}\right)^x$

풀이

(a) $t=2x$라 하면, $x\to 0^+$일 때 $t\to 0^+$이므로 구하고자 하는 극한은 다음과 같다.

$$\lim_{x\to 0^+}(1+2x)^{\frac{1}{x}}=\lim_{t\to 0^+}(1+t)^{\frac{2}{t}}=\lim_{t\to 0^+}\left\{(1+t)^{\frac{1}{t}}\right\}^2$$
$$=\left\{\lim_{t\to 0^+}(1+t)^{\frac{1}{t}}\right\}^2=e^2$$

(b) $t=\frac{2}{x}$라 하면, $x\to\infty$일 때 $t\to0^+$이므로 구하고자 하는 극한은 다음과 같다.

$$\lim_{x\to\infty}\left(1+\frac{2}{x}\right)^x=\lim_{t\to0^+}(1+t)^{\frac{2}{t}}=\lim_{t\to0^+}\left\{(1+t)^{\frac{1}{t}}\right\}^2$$
$$=\left\{\lim_{t\to0^+}(1+t)^{\frac{1}{t}}\right\}^2=e^2$$

■ 자연로그함수의 극한

극한값 e에 대한 성질을 이용하면 자연로그함수 $f(x)=\ln\left(1+\frac{1}{x}\right)^x$에 대하여 다음이 성립한다.

$$\lim_{x\to\infty}\ln\left(1+\frac{1}{x}\right)^x=\ln\left\{\lim_{x\to\infty}\left(1+\frac{1}{x}\right)^x\right\}=\ln e=1$$

같은 방법으로 다음 극한을 얻을 수 있다.

❶ $\lim_{x\to\infty}\ln\left(1+\frac{1}{x}\right)^x=1$　　❷ $\lim_{x\to0^+}\ln(1+x)^{\frac{1}{x}}=1$

예제 5-12

다음 극한을 구하라.

(a) $\lim_{x\to0^+}\ln(1+2x)^{\frac{1}{x}}$　　(b) $\lim_{x\to\infty}\ln\left(1+\frac{2}{x}\right)^x$

풀이

[예제 5-11]에서 $\lim_{x\to0^+}(1+2x)^{\frac{1}{x}}=e^2$이고, $\lim_{x\to\infty}\left(1+\frac{2}{x}\right)^x=e^2$임을 살펴보았다. 따라서 구하고자 하는 극한은 각각 다음과 같다.

(a) $\lim_{x\to0^+}\ln(1+2x)^{\frac{1}{x}}=\ln\left\{\lim_{x\to0^+}(1+2x)^{\frac{1}{x}}\right\}=\ln e^2=2$

(b) $\lim_{x\to\infty}\ln\left(1+\frac{2}{x}\right)^x=\ln\left\{\lim_{x\to\infty}\left(1+\frac{2}{x}\right)^x\right\}=\ln e^2=2$

지금까지 살펴본 극한을 이용하면, 극한 $\lim_{h \to 0} \dfrac{a^h - 1}{h}$을 구할 수 있다. 이 극한을 구하기 위해 $a^h - 1 = t$라 하면, $a^h = t + 1$이므로 $h = \log_a(t+1)$이다. 따라서 $h \to 0$이면 $t \to 0$이므로 다음 극한을 얻을 수 있다.

$$\lim_{h \to 0} \frac{a^h - 1}{h} = \lim_{t \to 0} \frac{t}{\log_a(t+1)} = \lim_{t \to 0} \frac{1}{\frac{1}{t}\log_a(t+1)}$$
$$= \lim_{t \to 0} \frac{1}{\log_a(t+1)^{\frac{1}{t}}} = \frac{1}{\log_a e} = \ln a$$

특히 $a = e$이면 다음을 얻는다.

$$\lim_{h \to 0} \frac{e^h - 1}{h} = \ln e = 1$$

따라서 지수함수에 관한 다음 극한을 얻을 수 있다. 그리고 이와 같은 극한을 6장에서 지수함수의 도함수를 구할 때 사용되는 것을 알게 될 것이다.

❶ $\lim_{h \to 0} \dfrac{a^h - 1}{h} = \ln a$ ❷ $\lim_{h \to 0} \dfrac{e^h - 1}{h} = 1$

예제 5-13

다음 극한을 구하라.

(a) $\lim_{x \to 0} \dfrac{\ln(1+x)}{x}$ (b) $\lim_{x \to 0} \dfrac{e^{2x} - 1}{x}$

풀이

(a) $\lim_{x \to 0} \dfrac{\ln(1+x)}{x} = \lim_{x \to 0} \ln(1+x)^{\frac{1}{x}} = \ln\left\{\lim_{x \to 0} (1+x)^{\frac{1}{x}}\right\} = \ln e = 1$

(b) $t = 2x$라 하면, $x \to 0$일 때 $t \to 0$이므로

$$\lim_{x \to 0} \frac{e^{2x} - 1}{x} = \lim_{x \to 0} \frac{e^{2x} - 1}{2x} \cdot 2 = 2\lim_{t \to 0} \frac{e^t - 1}{t} = 2 \cdot 1 = 2$$

Section 5.4 확인문제

1. 다음 극한을 구하라.

(a) $\lim_{x \to 1} \log_2\left(\frac{x^2+1}{x}\right)$

(b) $\lim_{x \to 0} \frac{\log_3|2x|}{\log_3 x^2}$

(c) $\lim_{x \to \infty} \ln\left(\frac{1}{x}+e\right)$

(d) $\lim_{x \to \infty} \{\ln(x-1)-\ln x\}$

(e) $\lim_{x \to 1+} \{\ln(x^2-1)-\ln(x-1)\}$

(f) $\lim_{x \to \infty} \log\left(x-\sqrt{x^2-1}\right)$

2. 다음 극한을 구하라.

(a) $\lim_{x \to \infty} \frac{e^{-x}}{e^x-e^{-x}}$

(b) $\lim_{x \to 1} x^{\frac{1}{2(1-x)}}$

(c) $\lim_{x \to 0} \frac{e^x-1}{\sin x}$

(d) $\lim_{x \to 0} \frac{1}{x}\ln(1+3x)$

(e) $\lim_{x \to 0} \frac{\ln(1-3x)}{2x}$

(f) $\lim_{x \to 0} \frac{\{\ln(1+x)\}^3}{2x^3}$

5.5 함수의 연속성

지금까지 살펴본 함수의 극한에서 $x \to a$일 때, $y=f(x)$가 반드시 $x=a$에서 정의되어야 하는 것은 아니었다. 또한 $x \to a$일 때, 반드시 $f(x) \to f(a)$인 것은 아니다. 즉 함수의 극한 $\lim_{x \to a} f(x)$는 $f(a)$가 존재하지 않아도 무방하고, $f(a)$와 극한이 존재해도 극한값이 반드시 $f(a)$가 될 필요는 없다. 이때 [그림 5-11(a)], [그림 5-11(b)]와 같이 $f(a)$가 존재하지 않거나, 존재하더라도 [그림 5-11(c)]와 같이 $\lim_{x \to a} f(x) \neq f(a)$인 경우에는 함수의 그래프가 $x=a$에서 연결되지 않고 끊어진다. 이렇게 함수의 그래프가 $x=a$에서 연결되지 않을 때 함수 $y=f(x)$는 $x=a$에서 **불연속**discontinuous이라 한다.

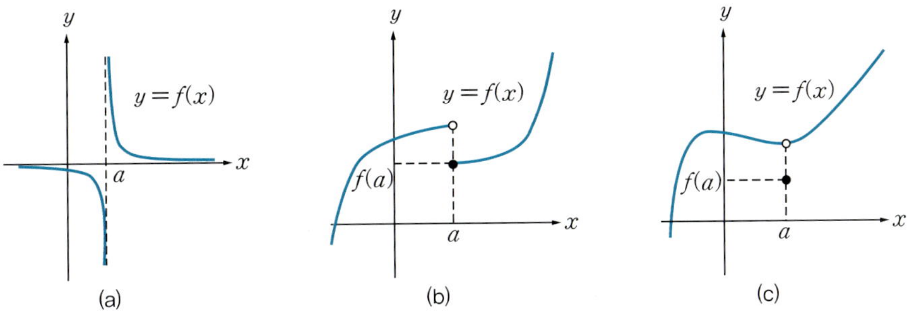

[그림 5-11] $x = a$에서 불연속인 경우

■ 점에서의 연속

한편 [그림 5-12]와 같이 함수 $y = f(x)$가 다음 조건을 만족할 때, 함수 $y = f(x)$는 $x = a$에서 **연속** continuous이라 한다.

❶ $x = a$에서 정의된다. (즉 $f(a)$가 존재한다.)

❷ $\lim_{x \to a} f(x)$가 존재한다.

❸ $\lim_{x \to a} f(x) = f(a)$

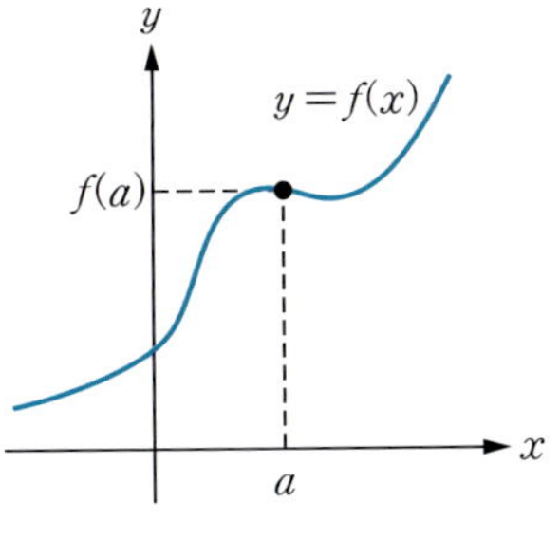

[그림 5-12] $x = a$에서 연속인 경우

위의 세 가지 조건 중에서 어느 하나라도 만족하지 않으면 함수 $y = f(x)$는 $x = a$ 에서 **불연속**이다. 다시 말해서 다음 조건 중 어느 하나라도 만족하면 $y = f(x)$가 $x = a$에서 불연속이다.

❶ $x=a$에서 정의되지 않는다. (즉, $f(a)$가 존재하지 않는다.)

❷ $\lim_{x\to a} f(x)$가 존재하지 않는다.

❸ $\lim_{x\to a} f(x) \neq f(a)$ (즉, $x=a$에서 극한과 함숫값이 다른 경우)

❶의 경우는 [그림 5-11(a)], ❷의 경우는 [그림 5-11(b)], ❸의 경우는 [그림 5-11(c)]에 나타나 있다.

예제 5-14

다음 함수에 대하여, 어디에서 불연속인지 구하라.

(a) $f(x)=\dfrac{x^2-x-2}{x-2}$

(b) $f(x)=[x]$

(c) $f(x)=\begin{cases} \dfrac{x^2-1}{x-1}, & x\neq 1 \\ 1, & x=1 \end{cases}$

(d) $f(x)=\begin{cases} \dfrac{1}{x^2}, & x\neq 0 \\ 1, & x=0 \end{cases}$

풀이

(a) $f(x)$는 $x=2$에서 정의되지 않으므로 $f(x)$는 $x=2$에서 불연속이다.

(b) $f(x)$는 모든 정수인 점에서 좌극한과 우극한이 서로 다르므로 모든 정수에서 불연속이다.

(c) $\lim_{x\to 1} f(x)=\lim_{x\to 1}\dfrac{x^2-1}{x-1}=\lim_{x\to 1}(x+1)=2$이고 $f(1)=1$이므로 $f(1)\neq \lim_{x\to 1} f(x)$다. 따라서 $f(x)$는 $x=1$에서 불연속이다.

(d) $f(x)$는 모든 점에서 정의되지만, $\lim_{x\to 0} f(x)=\infty$이므로 $x=0$에서 불연속이다.

■ 구간에서의 연속

함수 $y=f(x)$가 어떤 개구간 안의 모든 점에서 연속이면 '$f(x)$는 개구간에서 연속'이라 한다. 특히 $f(x)$가 개구간 (a, b)에서 연속이고 양 끝점에서 다음을 만족한다고 하자.

$$\lim_{x\to a^+} f(x)=f(a)$$: **우측연속**continuity from the right

$$\lim_{x\to b^-} f(x)=f(b)$$: **좌측연속**continuity from the left

그러면, 함수 $f(x)$는 폐구간 $[a, b]$에서 연속이라 한다.

예제 5-15

함수 $y=1+\sqrt{4x-x^2}$ 이 연속이 되는 점들의 집합을 구하라.

풀이

함수 $y=1+\sqrt{4x-x^2}$ 의 정의역은 $\{x \mid 0 \le x \le 4\}$ 이다. 이때 $0<a<4$ 이면 다음과 같이 정리할 수 있다.

$$\begin{aligned}\lim_{x\to a}\left(1+\sqrt{4x-x^2}\right) &= 1+\lim_{x\to a}\sqrt{4x-x^2} = 1+\sqrt{\lim_{x\to a}(4x-x^2)} \\ &= 1+\sqrt{4a-a^2} = f(a)\end{aligned}$$

따라서 주어진 함수는 개구간 $(0, 4)$ 에서 연속이다. 양 끝점에서의 극한값은 다음과 같다.

$$\lim_{x\to 0^+}\left(1+\sqrt{4x-x^2}\right) = 1 = f(0)$$

$$\lim_{x\to 4^-}\left(1+\sqrt{4x-x^2}\right) = 1 = f(4)$$

$x=0$ 에서 우측연속이고 $x=4$ 에서 좌측연속이다. 따라서 주어진 함수는 폐구간 $[0, 4]$ 에서 연속이다.

■ 연속성과 연속함수

극한의 성질을 연속성에 적용하면 다음과 같은 성질을 얻을 수 있다.

정리 5-2 연속성의 성질

$f(x)$ 와 $g(x)$ 가 $x=a$ 에서 연속이면 다음 함수들도 $x=a$ 에서 연속이다.

(1) $f(x)+g(x)$

(2) $f(x)-g(x)$

(3) $kf(x)$

(4) $f(x)\cdot g(x)$

(5) $\dfrac{f(x)}{g(x)}$ (단, $g(a)\neq 0$)

특히 상수함수 $f(x)=k$ 는 모든 실수에서 연속이므로, [정리 5-2]의 성질로부터 다항함수는 모든 실수에서 연속이다. 또한 유리함수는 분모가 0이 되지 않는 모든 실수에서 연속이다.

예제 5-16

함수 $f(x)=\dfrac{x^3-2x+1}{x^2-3x+2}$ 가 연속인 점들의 집합을 구하라.

풀이

$x^2-3x+2=(x-1)(x-2)$ 이므로 $x=1$ 또는 $x=2$ 이면 함수 $f(x)$ 는 정의되지 않는다. 그러므로 함수 $f(x)$ 는 $x\neq 1$, $x\neq 2$ 인 모든 실수에서 연속이다.

정리 5-3 연속함수

다음 함수는 각 함수의 정의역에서 연속이다.

(1) 다항함수　(2) 유리함수
(3) 무리함수　(4) 삼각함수
(5) 지수함수　(6) 로그함수

예제 5-17

다음 함수가 연속인 범위를 구하라.

(a) $y=x^4-3x^3-x+1$

(b) $y=\sqrt[3]{x^3-1}+\sqrt{x-1}+x+2$

(c) $y=\dfrac{x^2+1}{x^2-1}$

(d) $y=\sin x+\tan x$

(e) $y=e^x+\sqrt{1-x^2}$

(f) $y=\log_2(x-1)$

풀이

(a) 함수 $y=x^4-3x^3-x+1$ 은 4차 다항함수이므로 모든 실수에서 연속이다.

(b) $f(x)=\sqrt[3]{x^3-1}$, $g(x)=\sqrt{x-1}$, $h(x)=x+2$ 이라 하면, $f(x)$ 와 $h(x)$ 는 모든 실수에서 연속이고, $g(x)$ 는 $x\geq 1$ 에서 연속이므로 주어진 함수는 $x\geq 1$ 에서 연속이다.

(c) 주어진 함수는 유리함수이고 $x^2-1=(x+1)(x-1)$ 이므로 $x\neq\pm 1$ 인 모든 실수에서 연속이다.

(d) $f(x)=\sin x$, $g(x)=\tan x$ 라 하면, $f(x)$ 는 모든 실수에서 연속이고, $g(x)$ 는 $x\neq\dfrac{\pi}{2}+n\pi$ (n은 정수)에서 연속이므로 주어진 함수는 $x\neq\dfrac{\pi}{2}+n\pi$ (n은 정수)인 모든 실수에서 연속이다.

(e) $f(x)=e^x$, $g(x)=\sqrt{1-x^2}$ 이라 하면, $f(x)$ 는 모든 실수에서 연속이고, $g(x)$ 는 $1-x^2\geq 0$, 즉 $-1\leq x\leq 1$ 에서 연속이므로 주어진 함수는 $-1\leq x\leq 1$ 에서 연속이다.

(f) $y=\log_2(x-1)$ 은 $x-1>0$, 즉 $x>1$ 에서 연속이다.

정리 5-4 합성함수의 연속성

(1) 함수 g가 $x=a$에서 연속이고, 함수 f가 $g(a)$에서 연속이면 합성함수 $(f \circ g)(x)=f[g(x)]$는 $x=a$에서 연속이다.

(2) $\lim_{x \to a} g(x)=b$이고 $f(x)$가 $x=b$에서 연속이면 다음 식이 성립한다.

$$\lim_{x \to a} f(g(x)) = f\left(\lim_{x \to a} g(x)\right) = f(b)$$

예제 5-18

극한 $\lim_{x \to 3} \sqrt[3]{x^2-1}$ 을 구하라.

풀이

$f(x)=x^2-1$, $g(x)=\sqrt[3]{x}$ 라 하면

$$\lim_{x \to 3} f(x) = \lim_{x \to 3} (x^2-1) = 8$$

이다. $g(x)$는 $x=8$ 에서 연속이므로 구하고자 하는 극한은 다음과 같다.

$$\lim_{x \to 3} \sqrt[3]{x^2-1} = \sqrt[3]{\lim_{x \to 3}(x^2-1)} = \sqrt[3]{8} = 2$$

특히 폐구간에서 연속인 함수는 다음과 같은 성질을 가진다.

정리 5-5 폐구간에서의 연속성

(1) **최대 · 최소정리**mini-max theorem

함수 $f(x)$가 폐구간 $[a, b]$에서 연속이면, $[a, b]$에서 함수 $f(x)$의 최댓값과 최솟값이 반드시 존재한다.

(2) **중간값 정리**intermediate value theorem

함수 $f(x)$가 폐구간 $[a, b]$에서 연속이고 $f(a) \neq f(b)$이면, $f(a)$와 $f(b)$ 사이의 임의의 실수 K에 대하여 $f(c)=K$를 만족하는 c가 구간 (a, b) 안에 적어도 하나 존재한다.

이때 중간값 정리의 특별한 경우로, $f(x)$가 폐구간 $[a, b]$에서 연속이고 $f(a)$와 $f(b)$가 서로 다른 부호를 갖는다면 $f(c)=0$ 을 만족하는 c가 구간 (a, b) 안에 적어도 하나 존재한다. 즉 방정식 $f(x)=0$ 을 만족하는 해 $x=c$가 구간 (a, b) 안에 존재한다.

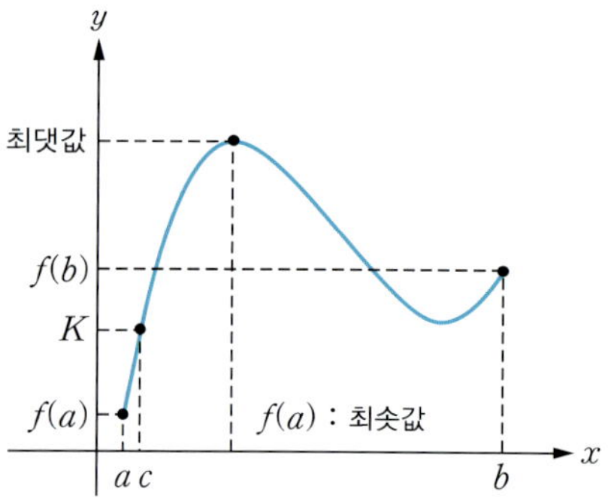

[그림 5-13] **중간값 정리**

예제 5-19

방정식 $x^3+2x+1=0$이 -1과 0 사이에서 적어도 하나의 실근을 가짐을 보여라.

풀이

$f(x)=x^3+2x+1$이라 하면, $f(x)$는 모든 실수에서 연속이므로 구간 $[-1, 0]$에서 연속이다. 또한 $f(-1)=-2<0$, $f(0)=1>0$이므로 중간값 정리에 의하여 $f(c)=0$을 만족하는 실수 c가 구간 $(-1, 0)$ 안에 적어도 하나 존재한다. 따라서 -1과 0 사이에서 방정식 $x^3+2x+1=0$을 만족하는 실근이 적어도 하나 존재한다.

Section 5.5 확인문제

1. 다음 함수에서 불연속인 점을 구하라.

(a) $f(x) = \dfrac{x^3 - 1}{x - 1}$

(b) $f(x) = \begin{cases} \dfrac{|x-1|}{x-1}, & x \neq 1 \\ 0, & x = 1 \end{cases}$

2. 다음 함수가 연속인 점들의 집합을 구하라.

(a) $f(x) = \sqrt{x^2 - 9}$

(b) $f(x) = \dfrac{x^2 + 2x - 1}{x - 2}$

3. 모든 실수 x에서 연속인 함수 $f(x)$가 $(x-1)f(x) = x^4 - 1$을 만족할 때 $f(1)$을 구하라.

Hint $x \neq 1$인 경우에 $f(x)$를 구한다.

4. $f(x) = x^2 - 1$, $g(x) = \sqrt{x}$ 일 때 극한 $\lim_{x \to 2} (g \circ f)(x)$를 구하라.

5. 두 함수 $f(x) = \begin{cases} x-1, & x < 2 \\ x+1, & x \geq 2 \end{cases}$, $g(x) = x^2 + ax$에 대하여 $(g \circ f)(x)$가 $x = 2$에서 연속일 때 상수 a와 $(g \circ f)(2)$를 구하라.

6. $x = 0$에서 함수 $f(x) = \dfrac{\sin x}{x}$가 연속이기 위한 $f(0)$의 값을 정의하라.

Chapter 05 연습문제

※ 다음 극한을 구하라.

5.1 $\lim_{x \to 0} \sin\left(2x - \frac{\pi}{2}\right)$

5.2 $\lim_{x \to 0} \frac{\sqrt{1+x} - 1}{x}$

5.3 $\lim_{x \to 0} \left(\frac{1}{x} - \frac{1}{x^2+x}\right)$

5.4 $\lim_{x \to 0} \frac{1}{x}\left(1 - \frac{1}{\sqrt{1-x}}\right)$

※ 다음 극한을 구하라. 또한 존재하지 않으면 그 이유를 설명하라.

5.5 $\lim_{x \to 2} \frac{|x^2 - 4|}{x-2}$

5.6 $\lim_{x \to 0} x \sin\frac{\pi}{x}$

5.7 $\lim_{x \to 0^-} \left(\frac{1}{x} - \frac{1}{|x|}\right)$

5.8 $\lim_{x \to 0^+} \left(\frac{1}{x} - \frac{1}{|x|}\right)$

※ 다음 극한을 구하라.

5.9 $\lim_{x \to 0} \frac{\sin 2x}{\tan 3x}$

5.10 $\lim_{x \to 0} \frac{1 - \cos 3x}{x}$

5.11 $\lim_{x \to 2} \frac{\sin(3x-6)}{x-2}$

5.12 $\lim_{x \to 0^+} \frac{\sin 2x}{\sqrt{x}}$

※ 다음 극한을 구하라.

5.13 $\lim_{x \to \infty} \frac{4^x}{2^x + 4^x}$

5.14 $\lim_{x \to 3^-} e^{\frac{3}{3-x}}$

5.15 $\lim_{x \to \infty} \left(\log_2(\sqrt{x^2+2x} - 1) - \log_4(2x^2+1)\right)$

5.16 $\lim_{x \to 3+} \log_{\frac{1}{9}}(x^2 - 6)$

Hint [연습문제 5.15]는 로그성질을 이용하여 먼저 간단히 정리한다.

※ 다음 극한을 만족하는 상수 a, b를 구하라.

5.17 $\lim_{x \to \frac{\pi}{2}} \frac{ax+b}{\cos x} = 2$

5.18 $\lim_{x \to 0} \frac{1-\cos 2ax}{x \sin x} = 2$, $a > 0$

Hint [연습문제 5.18]은 [정리 4-8] 삼각비의 반각공식 $1-\cos 2\alpha = 2\sin^2\alpha$를 이용한다.

5.19 모든 실수 x에서 $-x^2+1 \le f(x) \le x^2+1$을 만족하는 함수 $f(x)$에 대하여, 극한 $\lim_{x \to 0} f(x)$를 구하라.

5.20 실수 x를 넘지 않는 최대정수 $[x]$에 대하여 $f(x) = x - [x]$라 할 때 다음을 구하라.

(a) 함수 $f(x)$의 그래프를 그려라.

(b) n이 정수일 때 $\lim_{x \to n^-} f(x)$와 $\lim_{x \to n^+} f(x)$를 구하라.

(c) 함수 $f(x)$가 연속인 점들의 집합을 구하라.

※ 다음 함수가 $x=3$에서 연속이 되도록 $f(3)$을 정의하라.

5.21 $f(x) = \frac{\sin 3(x-3)}{\tan(x-3)}$

5.22 $f(x) = \frac{x^3-27}{x-3}$

※ 다음 함수가 실수 전체의 집합에서 연속함수가 되도록 상수 a를 결정하라.

5.23 $f(x) = \begin{cases} ax+1 & , x < 1 \\ 3ax^2-3 & , x \ge 1 \end{cases}$

5.24 $f(x) = \begin{cases} \frac{\sin^2(ax)}{x^2} & , x < 0 \\ x^2+1 & , x \ge 0 \end{cases}$

5.25 방정식 $x^3+5x+1=0$이 $-3 < x < 1$에서 적어도 하나의 실근을 가짐을 보여라.

Hint 중간값 정리를 이용한다.

Chapter

06

미분법

Differentiation

학습목표

- 미분계수의 정의를 정확히 알고, 도함수의 의미를 이해할 수 있다.
- 다양한 미분법을 이해하고, 도함수를 쉽게 구할 수 있다.
- 삼각함수, 지수함수, 쌍곡선함수와 그 역함수들의 미분법을 학습하고 응용할 수 있다.
- 평균값 정리를 이해하고 응용할 수 있다.
- 도함수를 이용하여 함수의 극대와 극소를 구하고 응용할 수 있다.
- 극대와 극소를 이용하여 함수의 그래프를 그릴 수 있다.

예로부터 물리학이나 사회과학에서 크게 관심을 가진 4대 문제는 접선에 대한 문제, 속도와 가속도 문제, 최대 · 최소 문제 그리고 최적화 문제다. 이와 같은 문제는 뉴턴Isaac Newton과 라이프니츠Gottfried Wilhelm von Leibniz에 의하여 미적분이 발견되면서 해결되었다. 오늘날 공학뿐만 아니라 사회과학에서 미적분학은 문제를 해결하기 위한 필수적인 도구로 사용되고 있다. 이를 위해 이 장에서는 순간 변화율과 도함수의 개념을 정의하고, 도함수를 쉽게 구하는 미분법에 대하여 살펴본다. 또한 도함수를 이용하여 함수의 그래프를 정확히 그리는 방법을 터득하고, 도함수 개념이 사회과학과 공학에서 어떻게 응용되는지 간단한 예를 들어 살펴본다.

6.1 미분계수와 도함수

야구 경기를 관람하다 보면, 투수가 던진 공을 포수가 받는 순간에 공의 속도(순간속도)가 관심거리가 된다. 또는 공학에서 자기장을 나타내는 곡선 위의 어느 특정한 점에서 접선의 기울기를 구해야 하는 경우가 있다. 이 절에서는 이와 같은 개념을 수학적으로 표현하는 미분계수와 도함수의 의미를 이해하고, 함수의 연속성과 미분가능성에 대하여 살펴보자.

미분계수

함수 $y=f(x)$의 그래프 위에 있는 정점 $P(a,\ f(a))$와 움직이는 점 $Q(b,\ f(b))$ 사이의 변화를 살펴보자. [그림 6-1]과 같이 x가 a에서 b까지 변할 때, 함숫값 $f(x)$는 $f(a)$에서 $f(b)$로 변한다. 이때 x가 a에서 b까지 변화한 크기인 $b-a$와 y가 $f(a)$에서 $f(b)$로 변화한 크기인 $f(b)-f(a)$를 다음과 같이 나타낸다. Δx와 Δy를 각각 x의 **증분**increment과 y의 증분이라 한다.

$$\Delta x = b-a$$

$$\Delta y = f(b)-f(a)$$

이때 [그림 6-1]과 같이 두 점 P와 Q를 잇는 직선의 기울기를 구간 $[a,\ b]$에서 함수 $y=f(x)$의 **평균변화율**average rate of change이라 하고 이를 다음과 같이 나타낸다.

$$\frac{\Delta y}{\Delta x} = \frac{f(b)-f(a)}{b-a}$$

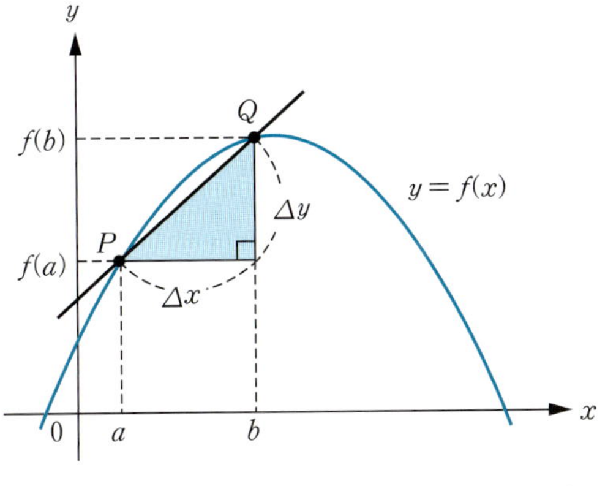

[그림 6-1] 구간 $[a,\ b]$에서 함수 $y=f(x)$의 평균변화율

■ 미분계수의 정의

$f(x)$의 그래프 위에 있는 정점을 $P(a,\ f(a))$라 하고 임의의 점 $Q(b,\ f(b))$에 대해 $b=a+\Delta x$라 하자. 이때 $\Delta x \to 0$이면 곡선 위의 점 Q가 [그림 6-2]와 같이 곡선을 따라 $Q \to Q_1 \to Q_2 \to P$로 접근하면서, 두 점 P와 Q를 지나는 선분은 점 P에서의 접선 PT에 한없이 가까워진다. 그러므로 $\Delta x \to 0$이면 직선 PQ의 기울기 $\dfrac{\Delta y}{\Delta x}$는 접선 PT의 기울기에 가까워진다.

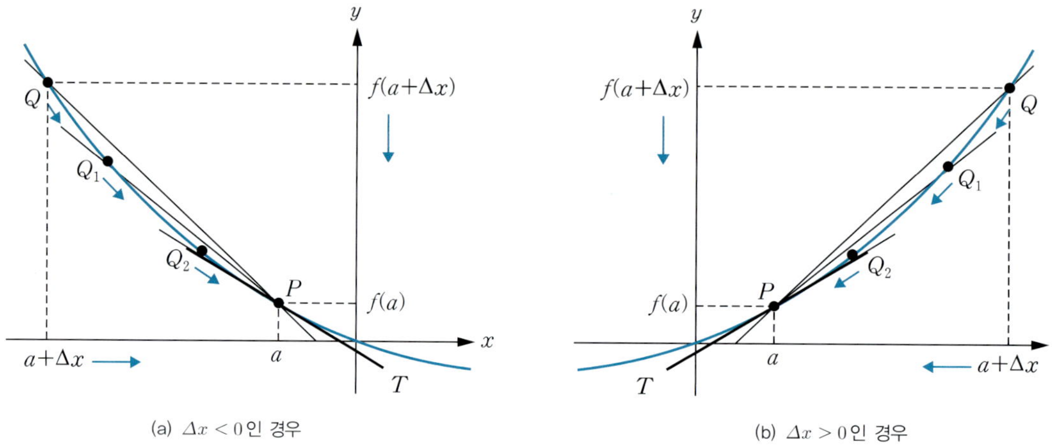

[그림 6-2] 순간변화율

다시 말해서, 직선 PQ의 기울기 $\dfrac{\Delta y}{\Delta x}$에 대한 극한은 다음과 같다. 이는 결국 점 P에서 접선 PT의 기울기와 같아진다.

$$\lim_{\Delta x \to 0} \frac{\Delta y}{\Delta x} = \lim_{\Delta x \to 0} \frac{f(a+\Delta x)-f(a)}{\Delta x}$$

$x=a$에서 접선의 기울기는 다음과 같이 정의하고, $f'(a)$로 나타낸다.

$$f'(a)= \lim_{\Delta x \to 0} \frac{\Delta y}{\Delta x} = \lim_{\Delta x \to 0} \frac{f(a+\Delta x)-f(a)}{\Delta x}$$

여기서 $\Delta x = b - a = h$ 라 하면 $b = a + h$ 이므로 기울기 $f'(a)$를 다음과 같이 표현하기도 한다.

$$f'(a) = \lim_{h \to 0} \frac{f(a+h) - f(a)}{h} = \lim_{b \to a} \frac{f(b) - f(a)}{b - a}$$

극한값 $f'(a)$가 존재하면, 함수 $f(x)$는 $x = a$에서 **미분가능하다**differentiable라고 하고, $f'(a)$를 $x = a$에서 함수 $f(x)$의 **순간변화율**instantaneous rate of change 또는 **미분계수**differential coefficient라 한다. 특히 [그림 6-2(a)]와 같이 $x = a$의 왼쪽에서 가까워질 때($h < 0$, $h \to 0$일 때), $f'(a)$를 **좌미분계수**differential coefficient from left라 한다. $x = a$에서 함수 $f(x)$의 좌미분계수는 $f'_{-}(a)$로 나타내고, 다음과 같다.

$$f'_{-}(a) = \lim_{h \to 0^{-}} \frac{f(a+h) - f(a)}{h}$$

동일한 방법으로, [그림 6-2(b)]와 같이 $x = a$의 오른쪽에서 가까워질 때($h > 0$, $h \to 0$일 때), $f'(a)$를 **우미분계수**differential coefficient from right라 한다. $x = a$에서 함수 $f(x)$의 우미분계수는 $f'_{+}(a)$로 나타내고, 다음과 같다.

$$f'_{+}(a) = \lim_{h \to 0^{+}} \frac{f(a+h) - f(a)}{h}$$

또한 개구간 I 안의 모든 점에서 함수 $f(x)$가 미분가능하면, 간단히 '$f(x)$는 구간 I에서 미분가능하다'고 한다. 한편, 함수 $f(x)$가 $x = a$에서 미분가능하면 그 점에서 접선의 기울기가 $f'(a)$이므로 접선의 방정식은 다음과 같다.

$$y = f'(a)(x - a) + f(a)$$

예제 6-1

함수 $f(x)=x^2$에 대하여 다음을 구하라.

(a) 구간 $[1, 2]$에서 평균변화율
(b) $x=1$에서 미분계수
(c) 곡선 위의 점 $P(1, 1)$에서 접선의 방정식

풀이

(a) 평균변화율의 정의에 의하여 다음과 같다.

$$\frac{\Delta y}{\Delta x}=\frac{f(2)-f(1)}{2-1}=4-1=3$$

(b) 미분계수의 정의에 의하여 다음과 같다.

$$f'(1)=\lim_{h\to 0}\frac{f(1+h)-f(1)}{h}=\lim_{h\to 0}\frac{(1+h)^2-1}{h}$$
$$=\lim_{h\to 0}\frac{h^2+2h}{h}=\lim_{h\to 0}(h+2)=2$$

(c) $f'(1)=2$이므로 점 $P(1, 1)$에서의 접선의 방정식은 다음과 같다.

$$y=f'(1)(x-1)+f(1)=2(x-1)+1=2x-1$$

앞에서 함수의 극한이 존재하기 위해서는 좌극한과 우극한이 같아야 한다는 것을 살펴보았다. $x=a$에서 함수 $y=f(x)$의 미분계수 $f'(a)$가 존재하기 위해서는 좌미분계수와 우미분계수가 같아야 한다. 즉 $f'(a)$가 존재하기 위한 필요충분조건은 다음과 같다.

$$\lim_{h\to 0^-}\frac{f(a+h)-f(a)}{h}=\lim_{h\to 0^+}\frac{f(a+h)-f(a)}{h}$$

예제 6-2

함수 $f(x)=|x|$에 대하여 $x=0$에서 미분계수가 존재하는지 조사하라.

풀이

함수 $f(x)=|x|$에 대하여 $x=0$에서 좌미분계수와 우미분계수를 각각 구해보자.

$$f'_-(0)=\lim_{h\to0^-}\frac{f(0+h)-f(0)}{h}=\lim_{h\to0^-}\frac{|h|}{h}=\lim_{h\to0^-}\frac{-h}{h}=-1$$
$$f'_+(0)=\lim_{h\to0^+}\frac{f(0+h)-f(0)}{h}=\lim_{h\to0^+}\frac{|h|}{h}=\lim_{h\to0^+}\frac{h}{h}=1$$

좌미분계수와 우미분계수가 일치하지 않으므로 $x=0$에서 미분계수가 존재하지 않는다.

미분가능성과 연속성

함수 $f(x)=|x|$의 그래프는 [그림 6-3(a)]와 같이 $x=0$에서 뾰족한 모양이다. 그리고 앞에서 [예제 6-2]를 통해서 $x=0$에서는 미분계수가 존재하지 않음을 살펴보았다. 일반적으로 그래프가 뾰족한 모양일 때, 그 뾰족한 점을 **첨점**cusp이라 한다. 이와 같은 첨점에서는 평균변화율의 좌극한과 우극한이 일치하지 않는다. 즉 함수의 그래프를 그렸을 때 [그림 6-3(a)]처럼 첨점이 있거나, [그림 6-3(b)]처럼 불연속인 점이 있다면 그 점에서 미분 불가능하다.

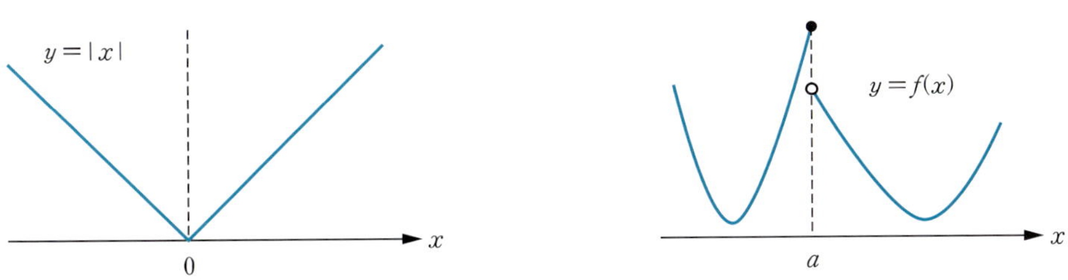

(a) 첨점을 갖는 경우

(b) 불연속 점을 갖는 경우

[그림 6-3] 미분 불가능한 함수의 유형

한편 함수 $f(x)$가 $x=a$에서 미분가능하면 미분계수 $f'(a)$가 존재한다.

$$f'(a)=\lim_{x\to a}\frac{f(x)-f(a)}{x-a}$$

이때 $x\to a$일 때 $f(x)-f(a)$의 극한을 살펴보자.

$$\begin{aligned}\lim_{x\to a}[f(x)-f(a)]&=\lim_{x\to a}\frac{f(x)-f(a)}{x-a}\cdot(x-a)\\&=\lim_{x\to a}\frac{f(x)-f(a)}{x-a}\cdot\lim_{x\to a}(x-a)=f'(a)\cdot 0=0\end{aligned}$$

$\lim_{x\to a}[f(x)-f(a)]=0$이므로 $\lim_{x\to a}f(x)=f(a)$가 성립한다. 따라서 $f(x)$는 $x=a$에서 연속이다. 즉, 함수 $f(x)$가 $x=a$에서 미분가능하면 $x=a$에서 연속이다. 그러나 그 역은 성립하지 않는다. 예를 들어, 함수 $f(x)=|x|$는 $x=0$에서 연속이지만 미분가능하지 않다.

예제 6-3

$x=0$에서 함수 $f(x)=x|x|$의 (a) 연속성과 (b) 미분가능성을 조사하라.

풀이

(a) 먼저 $x=0$에서 함수의 좌극한과 우극한을 각각 구해보자.

$$\lim_{x\to 0^-}f(x)=\lim_{x\to 0^-}x|x|=\lim_{x\to 0^-}x(-x)=(-1)\lim_{x\to 0^-}x^2=0$$

$$\lim_{x\to 0^+}f(x)=\lim_{x\to 0^+}x|x|=\lim_{x\to 0^-}x^2=0$$

그리고 $f(0)=0$이므로 $\lim_{x\to 0}f(x)=f(0)$이다. 따라서 $f(x)$는 $x=0$에서 연속이다.

(b) $x=0$에서 함수의 좌미분계수와 우미분계수를 각각 구해보자.

$$\lim_{h\to 0^-}\frac{f(0+h)-f(0)}{h}=\lim_{h\to 0^-}\frac{h|h|}{h}=\lim_{h\to 0^-}\frac{h(-h)}{h}=\lim_{h\to 0^-}(-h)=0$$

$$\lim_{h\to 0^+}\frac{f(0+h)-f(0)}{h}=\lim_{h\to 0^+}\frac{h|h|}{h}=\lim_{h\to 0^+}\frac{h^2}{h}=\lim_{h\to 0^+}h=0$$

좌미분계수와 우미분계수가 같으므로 $f(x)$는 $x=0$에서 미분가능하다.

도함수

특정한 점 $x=a$에서의 미분계수 개념을 정의역의 모든 점으로 일반화하면 도함수가 된다. 함수 $y=f(x)$의 정의역에 있는 각 점 x를 그 점에서의 미분계수로 대응시키는 새로운 함수를 $f'(x)$로 나타내면, 이 함수는 다음과 같이 정의된다. 이때 새로 정의된 함수 $f'(x)$를 함수 $f(x)$의 **도함수** derivative라 한다.

$$f'(x)=\lim_{h\to 0}\frac{f(x+h)-f(x)}{h}$$

이 도함수 $f'(x)$는 다음과 같이 다양하게 표현할 수 있다.

$$y', \quad f'(x), \quad \frac{dy}{dx}, \quad \frac{df}{dx}, \quad \frac{d}{dx}f(x), \quad Df(x)$$

그러면 특정한 점 $x=a$에서 $f(x)$의 미분계수는 도함수 $f'(x)$에 $x=a$를 대입한 $f'(a)$임을 알 수 있다. 따라서 도함수 $f'(x)$는 $y=f(x)$가 미분가능한 모든 점에서의 접선의 기울기를 나타내는 함수다. 함수 $y=f(x)$의 도함수 $f'(x)$를 구하는 것을 **미분한다** differentiate고 하고, 도함수를 구하는 방법을 **미분법** differentiation이라 한다.

예제 6-4

함수 $f(x)=x^2+1$에 대하여 다음을 구하라.

(a) 도함수 $f'(x)$
(b) $x=1$에서 미분계수
(c) $x=1$에서 접선의 방정식

풀이

(a) $$f'(x)=\lim_{h\to 0}\frac{f(x+h)-f(x)}{h}=\lim_{h\to 0}\frac{\{(x+h)^2+1\}-(x^2+1)}{h}$$
$$=\lim_{h\to 0}\frac{2xh+h^2}{h}=\lim_{h\to 0}(2x+h)=2x$$

(b) $f'(x)=2x$이므로 $f'(1)=2\cdot 1=2$다.

(c) $f(1)=2$이므로 접선의 방정식은 다음과 같다.

$$y=f'(1)(x-1)+f(1)=2(x-1)+2=2x$$

예제 6-5

함수 $f(x)=\sqrt{x}$ 에 대하여 다음을 구하라.

(a) 도함수 $f'(x)$

(b) $x=1$에서 접선의 방정식

풀이

(a)
$$f'(x)=\lim_{h\to0}\frac{f(x+h)-f(x)}{h}=\lim_{h\to0}\frac{\sqrt{x+h}-\sqrt{x}}{h}$$
$$=\lim_{h\to0}\frac{(\sqrt{x+h}-\sqrt{x})(\sqrt{x+h}+\sqrt{x})}{h(\sqrt{x+h}+\sqrt{x})}=\lim_{h\to0}\frac{(x+h)-x}{h(\sqrt{x+h}+\sqrt{x})}$$
$$=\lim_{h\to0}\frac{h}{h\sqrt{x+h}+\sqrt{x}}=\lim_{h\to0}\frac{1}{(\sqrt{x+h}+\sqrt{x})}=\frac{1}{2\sqrt{x}}$$

(b) $f'(1)=\dfrac{1}{2}$ 이므로 접선의 방정식은 다음과 같다.

$$y=f'(1)(x-1)+f(1)=\frac{1}{2}(x-1)+1=\frac{1}{2}(x+1)$$

Section 6.1 확인문제

1. $x=0$일 때, 함수 $f(x)=\begin{cases}-x, & x<0\\ x^2, & x\geq 0\end{cases}$ 의 연속성과 미분가능성을 조사하라.

2. 함수 $f(x)=x^2-x+1$에 대하여, 구간 $[1, 2]$에서의 평균변화율과 $x=a$에서의 순간변화율이 서로 같을 때, 상수 a를 구하라.

3. 함수 $f(x)=-x^2+x$ 위의 점 $(1, 0)$에서 접선의 방정식을 구하라.

4. 도함수의 정의를 이용하여 함수 $f(x)=x^2-x$의 도함수를 구하라.

5. 함수 $f(x)=x^3+ax+1$에 대하여 $x=1$에서 미분계수가 -2일 때, 상수 a를 구하라.

6. $f'(2)=3$일 때, 다음을 구하라.

(a) $\lim_{h\to 0}\frac{f(2+3h)-f(2)}{h}$　　　　(b) $\lim_{h\to 0}\frac{f(2-2h)-f(2)}{3h}$

Hint 미분계수의 정의를 이용한다.

7. 함수 $f(x)$가 $f(1)=2$, $f'(1)=-1$을 만족할 때, 일 때, $\lim_{x\to 1}\frac{f(x^2)-2}{x^3-1}$를 구하라.

Hint 미분계수의 정의 $\lim_{x\to a}\frac{f(x)-f(a)}{x-a}$를 이용한다.

6.2 여러 가지 미분법

도함수를 구할 때마다 정의를 이용하는 것은 귀찮을 뿐만 아니라 때로는 어려울 수도 있다. 따라서 이 절에서는 정의를 사용하지 않고 도함수를 구하는 미분법에 대하여 살펴본다.

미분법의 기본 공식

일반적으로 상수함수 $f(x)=c$와 n차 단항식 $f(x)=x^n$의 도함수는 다음과 같다.

정리 6-1 거듭제곱의 미분법

$f(x)=c$와 $f(x)=x^n$에 대하여 다음이 성립한다(단, c는 임의의 상수, n은 자연수).

(1) $\frac{dc}{dx}=0$　　　　(2) $\frac{dx^n}{dx}=nx^{n-1}$

증명 증명은 [확인문제 10]에 남긴다.

예제 6-6

함수 $f(x)=x^4$과 $g(x)=x^{1000}$의 도함수를 각각 구하라.

풀이

거듭제곱의 미분법에 대한 [정리 6-1]을 사용하여 도함수를 각각 구하면 다음과 같다.

$$f'(x)=4x^3,\ \ g'(x)=1000x^{999}$$

미분가능한 두 함수의 사칙연산과 실수배에 대한 도함수는 다음과 같다.

정리 6-2 기본 미분법

두 함수 $f(x)$와 $g(x)$가 미분가능하면 다음이 성립한다.

(1) $\dfrac{d}{dx}[kf(x)]=kf'(x)$ (단, k는 상수)

(2) $\dfrac{d}{dx}[f(x)+g(x)]=f'(x)+g'(x)$

(3) $\dfrac{d}{dx}[f(x)-g(x)]=f'(x)-g'(x)$

(4) $\dfrac{d}{dx}[f(x)g(x)]=f'(x)g(x)+f(x)g'(x)$

(5) $\dfrac{d}{dx}\left[\dfrac{f(x)}{g(x)}\right]=\dfrac{f'(x)g(x)-f(x)g'(x)}{[g(x)]^2}$ (단, $g(x)\neq 0$)

증명 증명은 [확인문제 11]에 남긴다.

[정리 6-2]의 식 (2)를 세 함수의 합에 대한 도함수로 확장하면 다음과 같다.

$$[f(x)+g(x)+h(x)]'=f'(x)+g'(x)+h'(x)$$

일반적으로 세 개 이상의 미분가능한 함수의 합에 대한 도함수는 각각의 도함수의 합과 같다. 또한 세 함수의 곱에 대한 도함수는 다음과 같다.

$$[f(x)g(x)h(x)]'=f'(x)g(x)h(x)+f(x)g'(x)h(x)+f(x)g(x)h'(x)$$

예제 6-7

다음 함수의 도함수를 구하라.

(a) $f(x)=3x^4$

(b) $f(x)=x^3-2x^2+x+1$

(c) $f(x)=(2x+3)(x^2-x+1)$

(d) $f(x)=\dfrac{1}{x}$

풀이

(a) $f'(x)=3(x^4)'=3\cdot(4x^3)=12x^3$

(b) $f'(x)=(x^3)'+(-2x^2)'+(x)'+(1)'=(x^3)'-2(x^2)'+(x)'+(1)'=3x^2-4x+1$

(c) $g(x)=2x+3$, $h(x)=x^2-x+1$ 이라 하면, 두 함수의 도함수는 각각 다음과 같다.

$$g'(x)=(2x+3)'=(2x)'+(3)'=2$$
$$h'(x)=(x^2-x+1)'=(x^2)'-(x)'+(1)'=2x-1$$

따라서 [정리 6-2]의 식 (4)에 의해 다음을 얻는다.

$$\begin{aligned}f'(x)&=g'(x)h(x)+g(x)h'(x)\\&=2\cdot(x^2-x+1)+(2x+3)\cdot(2x-1)\\&=6x^2+2x-1\end{aligned}$$

(d) $g(x)=1$, $h(x)=x$라 하면, $g'(x)=0$, $h'(x)=1$이므로 [정리 6-2]의 식 (5)에 의해 다음을 얻는다.

$$f'(x)=\frac{g'(x)h(x)-g(x)h'(x)}{[h(x)]^2}=\frac{0\cdot x-1\cdot 1}{x^2}=-\frac{1}{x^2}$$

[예제 6-7(d)]에서 $\dfrac{d}{dx}\left(\dfrac{1}{x}\right)=-\dfrac{1}{x^2}$을 구하였다. 이를 다시 살펴보면, $\dfrac{d}{dx}(x^{-1})=-x^{-2}$이다. 이와 같이 음의 정수를 지수로 갖는 함수의 미분법을 정리할 수 있다. 자연수 k에 대해 $x^{-k}=\dfrac{1}{x^k}$이므로 [정리 6-2]의 식 (5)에 의하여 다음이 성립한다.

$$\frac{d}{dx}(x^{-k})=\frac{d}{dx}\left(\frac{1}{x^k}\right)=\frac{\frac{d}{dx}(1)\cdot x^k-1\cdot\frac{d}{dx}(x^k)}{(x^k)^2}$$

$$=\frac{0-k\,x^{k-1}}{x^{2k}}=-k\,x^{(k-1)-2k}=-k\,x^{-k-1}$$

이때 $-k=n$ 이라 하면 $(x^n)'=nx^{n-1}$ 이므로 지수가 음수, 양수일 때는 동일한 방법으로 도함수를 구할 수 있다. 이를 지수가 정수인 경우에 대한 도함수로 묶어 생각해보자.

정리 6-3 지수가 정수인 함수의 도함수

정수 n에 대하여 다음이 성립한다.

$$\frac{d}{dx}(x^n) = n\,x^{n-1}$$

예제 6-8

함수 $f(x)=\dfrac{4}{x^{10}}$ 를 미분하라.

풀이

$$f'(x)=(4x^{-10})'=4(x^{-10})'=4(-10x^{-11})=-40x^{-11}=-\frac{40}{x^{11}}$$

합성함수와 역함수의 미분법

지금까지 살펴본 미분법을 이용하여 함수 $f(x)=(x^2-x+1)^{1000}$ 의 도함수를 구한다고 하자. 그러면 이 함수를 전개하여 1001개의 항에 대한 도함수를 각각 구하고 또 다시 간단한 식으로 표현해야 한다. 그러나 이런 과정은 상당히 번거로울 뿐만 아니라 $g(x)=e^{x^2-1}$ 과 같이 불가능한 경우도 있다.

다시 함수 $f(x)$ 를 보면 미분가능한 두 함수 x^{1000} 과 x^2-x+1 의 합성함수임을 알 수 있다. 이 절에서는 미분가능한 함수들의 합성함수와 역함수의 도함수를 쉽게 구하는 방법에 대하여 살펴본다.

■ 합성함수의 미분법

정리 6-4 합성함수의 미분법

두 함수 $y=f(u)$와 $u=g(x)$가 미분가능하면, 합성함수 $y=f(g(x))$도 미분가능하고 다음 식이 성립한다.

$$\frac{dy}{dx}=\frac{dy}{du}\cdot\frac{du}{dx}=f'(g(x))\,g'(x)$$

이렇게 합성함수를 미분하는 방법을 **연쇄법칙**chain rule이라고 한다. 합성함수의 도함수는 세 개 이상의 미분가능한 함수가 합성되는 경우로 일반화할 수 있다. 예를 들어, 함수 $y=f(u)$, $u=g(v)$, $v=h(x)$가 미분가능하면 합성함수 $y=f(g(h(x)))$도 미분가능하고, 그 결과는 다음과 같다.

$$\frac{dy}{dx}=\frac{dy}{du}\cdot\frac{du}{dv}\cdot\frac{dv}{dx}$$

예제 6-9

함수 $f(x)=(x^2-x+1)^{1000}$의 도함수를 구하라.

풀이

$y=u^{1000}$, $u=x^2-x+1$이라 하면 $\dfrac{dy}{du}=1000u^{999}$, $\dfrac{du}{dx}=2x-1$이다. 따라서 $y=f(x)$의 도함수는 다음과 같다.

$$\frac{dy}{dx}=\frac{dy}{du}\cdot\frac{du}{dx}=1000u^{999}\cdot(2x-1)=1000(2x-1)(x^2-x+1)^{999}$$

■ 역함수의 미분법

함수 f와 그 역함수 f^{-1}의 그래프는 [그림 6-4]와 같이 $y=x$에 대해 대칭이다. 이때 $f^{-1}(a)=b$이면 $f(b)=a$이다. 만약 $(f^{-1})'(a)$가 존재한다면, 이 미분계수는 역함수 f^{-1}의 그래프 위의 점 (a, b)에서 접선의 기울기 $\dfrac{\Delta y}{\Delta x}$를 나타낸다. 또한 역함수 f^{-1}에 대한 x축 방향의 증분 Δx는 함수 f에 대한 y축 방향의 증분이고, f^{-1}에 대한 y축 방향의 증분 Δy는 함수 f에 대한 x축 방향의 증분이다.

그러므로 f^{-1}의 그래프 위의 점 (a, b)에서 접선의 기울기가 $(f^{-1})'(a)=\dfrac{\Delta y}{\Delta x}$이면 함수 f의 그래프 위의 점 (b, a)에서 접선의 기울기 $f'(b)$는 $\dfrac{\Delta x}{\Delta y}$이다. 따라서 점 (a, b)에서 역함수 f^{-1}의 접선의 기울기는 점 (b, a)에서 함수 f의 기울기의 역수인 것을 알 수 있다. 즉 다음이 성립한다.

$$(f^{-1})'(a)=\frac{\Delta y}{\Delta x}=\frac{1}{\dfrac{\Delta x}{\Delta y}}=\frac{1}{f'(b)}$$

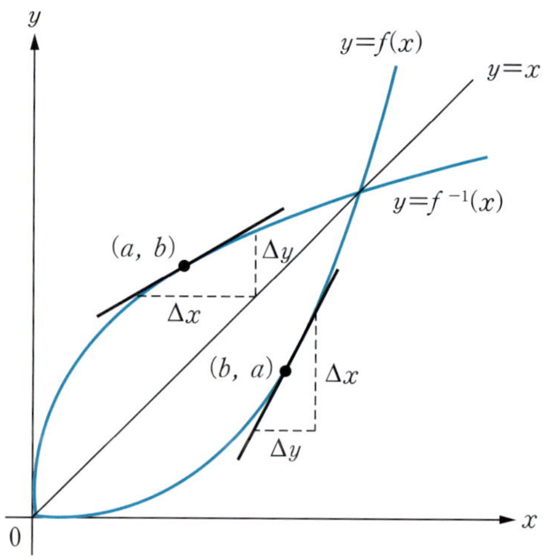

[그림 6-4] 함수 f의 접선과 역함수 f^{-1}의 접선

함수 $y=f^{-1}(x)$의 도함수는 다음과 같다.

$$(f^{-1})'(x)=\frac{1}{f'(y)}=\frac{1}{f'(f^{-1}(x))}$$

이는 [정리 6-4]의 연쇄법칙을 이용하면 좀 더 쉽게 생각할 수 있다. 함수 $y=f^{-1}(x)$라 하면 $x=f(y)$이고, 다음이 성립한다.

$$\frac{dy}{dx}\cdot\frac{dx}{dy}=1$$

이때 $\dfrac{dx}{dy}\neq 0$이면 $y=f^{-1}(x)$의 도함수는 다음과 같다.

$$\frac{dy}{dx} = \frac{1}{\frac{dx}{dy}} = \frac{1}{f'(y)}$$

정리 6-5 역함수의 미분법

$y=f^{-1}(x)$에 대해 역함수 $x=f(y)$가 미분가능하고 $f'(y) \neq 0$이면, 역함수 $f^{-1}(x)$는 미분가능하고 다음이 성립한다.

$$(f^{-1})'(x) = \frac{1}{f'(y)} = \frac{1}{f'(f^{-1}(x))} \quad \text{또는} \quad \frac{dy}{dx} = \frac{1}{\frac{dx}{dy}}$$

예제 6-10

함수 $f(x)=x^3+1$에 대하여 다음을 구하라.

(a) 역함수의 도함수 $(f^{-1})'(x)$

(b) $(f^{-1})'(9)$ ([예제 6-10(a)]를 이용)

(c) $(f^{-1})'(9)$ ([정리 6-5]를 이용)

풀이

(a) 역함수를 $y=f^{-1}(x)$라 하면 $x=f(y)$ 즉, $x=y^3+1$이므로 $y=f^{-1}(x)=(x-1)^{\frac{1}{3}}$이다. 따라서 역함수의 도함수는 다음과 같다.

$$y'=(f^{-1})'(x)=\frac{d}{dx}\left[(x-1)^{\frac{1}{3}}\right]=\frac{1}{3(x-1)^{\frac{2}{3}}}$$

(b) $(f^{-1})'(9)=\left.\frac{1}{3(x-1)^{\frac{2}{3}}}\right|_{x=9}=\frac{1}{12}$

(c) $(f^{-1})'(9)=\frac{1}{f'(2)}$이고 $f(2)=9$이므로 $f'(2)=3x^2|_{x=2}=12$이다. 따라서 [정리 6-5]에 의해 구하고자 하는 값은 다음과 같다.

$$(f^{-1})'(9)=\frac{1}{f'(2)}=\frac{1}{12}$$

음함수와 매개변수 함수의 미분법

지금까지는 $y=f(x)$와 같이 독립변수와 종속변수가 구분되는 함수의 도함수를 구하는 방법을 살펴보았다. 이 절에서는 $f(x, y)=0$과 같이 독립변수와 종속변수가 구분되지 않는 방정식과 변수 t에 대하여 방정식 $y=f(t)$, $x=g(t)$에서 y를 x의 함수로 생각하는 경우에 도함수 $\frac{dy}{dx}$를 구하는 방법을 살펴본다.

■ 음함수의 미분법

원의 방정식 $x^2+y^2=1$에 대하여 y를 x에 대한 함수로 나타내면 다음과 같다.

$$y=\sqrt{1-x^2} \quad \text{또는} \quad y=-\sqrt{1-x^2}$$

이때 함수 $y=\sqrt{1-x^2}$은 두 함수 $y=\sqrt{u}$와 $u=1-x^2$의 합성함수로 생각할 수 있다. 그러면 6.1절의 [예제 6-5(a)]와 연쇄법칙을 이용하여 다음을 얻는다.

$$\frac{dy}{dx}=\frac{dy}{du}\cdot\frac{du}{dx}=\frac{1}{2\sqrt{u}}\cdot(-2x)=-\frac{x}{\sqrt{1-x^2}}=-\frac{x}{y}$$

동일한 방법으로, $y=-\sqrt{1-x^2}$인 경우 $y=-\sqrt{u}$이므로 다음을 얻는다.

$$\frac{dy}{dx}=\frac{dy}{du}\cdot\frac{du}{dx}=-\frac{1}{2\sqrt{u}}\cdot(-2x)=\frac{x}{\sqrt{1-x^2}}=-\frac{x}{y}$$

그러면 $y=\sqrt{1-x^2}$와 $y=-\sqrt{1-x^2}$의 도함수가 동일하게 $-\frac{x}{y}$인 것을 알 수 있다.

그러나 일반적으로 $f(x, y)=0$일 때, 독립변수와 종속변수가 구분이 되지 않으므로 y를 x에 대한 함수로 표현하는 것은 쉽지 않다. 이와 같이 방정식 $f(x, y)=0$에서 y를 x에 대한 함수라고 한다면, y는 x에 대해 **음함수적으로 정의된 함수**implicitly defined function라 한다. 이때 x에 대해 미분가능하고 음함수적으로 정의된 함수 y의 도함수는 다음 순서에 따라 구한다.

❶ 양변을 x에 대해 미분한다. 즉 $\dfrac{d}{dx}f(x,\ y)=0$을 구한다. 이때 y를 x에 대해 미분가능한 함수로 생각한다.

❷ y'을 포함하는 항들을 한쪽 변으로 이항한다.

❸ y'에 대해 푼다.

예제 6-11

방정식 $x^3+xy-y^2=1$에서 y를 x에 대한 함수라 할 때, $\dfrac{dy}{dx}$를 구하라.

풀이

y를 x에 대한 함수로 생각하고 양변을 x에 대해 미분하자.

$$\frac{d}{dx}(x^3+xy-y^2)=\frac{d}{dx}(1)=0$$

좌변에서 연쇄법칙을 이용하면 다음을 얻는다.

$$\begin{aligned}\frac{d}{dx}(x^3+xy-y^2)&=\frac{d}{dx}(x^3)+\frac{d}{dx}(xy)-\frac{d}{dx}(y^2)\\&=3x^2+y+x\frac{d}{dx}(y)-\frac{d}{dx}(y^2)\\&=3x^2+y+x\cdot\frac{dy}{dx}-\frac{d}{dy}(y^2)\cdot\frac{dy}{dx}\\&=3x^2+y-(2y-x)\cdot\frac{dy}{dx}\end{aligned}$$

따라서 $(2y-x)\cdot\dfrac{dy}{dx}=3x^2+y$이므로 $\dfrac{dy}{dx}=\dfrac{3x^2+y}{2y-x}$이다.

음함수의 미분법을 이용하면 지수가 유리수 r인 함수의 도함수를 구할 수 있다. r이 유리수이므로 $r=\dfrac{n}{m}$(n, m은 서로소인 정수이고 $m\neq 0$)으로 표현하면 함수 $y=x^r$은 $y=x^{\frac{n}{m}}$이다. 따라서 다음과 같이 표현할 수 있다.

$$y^m=x^n$$

이때 음함수의 미분법을 이용하여 식의 양변을 x에 대해 미분하면 다음을 얻는다.

$$\frac{d}{dx}(y^m) = \frac{d}{dx}(x^n)$$

$$m y^{m-1} \cdot \frac{dy}{dx} = n x^{n-1}$$

$$\frac{dy}{dx} = \frac{n}{m} \cdot \frac{x^{n-1}}{y^{m-1}}$$

이때 $y = x^{\frac{n}{m}}$ 이므로 다음과 같다.

$$\frac{dy}{dx} = \frac{n}{m} \cdot \frac{x^{n-1}}{\left(x^{\frac{n}{m}}\right)^{m-1}} = \frac{n}{m} \cdot \frac{x^{n-1}}{x^{\frac{n(m-1)}{m}}} = \frac{n}{m} x^{\frac{n}{m}-1}$$

이때 $r = \frac{n}{m}$ 이므로 다음이 성립한다.

$$\frac{dy}{dx} = r x^{r-1}$$

즉, 유리수 지수를 갖는 함수의 도함수도 정수 지수를 갖는 경우와 동일한 방법으로 구할 수 있다. 예를 들어, 6.1절의 [예제 6-5(a)]에서 $\frac{d}{dx}(\sqrt{x}) = \frac{1}{2\sqrt{x}}$ 임을 살펴보았는데, 이를 위의 공식을 사용하여 구할 수도 있다.

$$\frac{d}{dx}(\sqrt{x}) = \frac{d}{dx}\left(x^{\frac{1}{2}}\right) = \frac{1}{2} x^{\frac{1}{2}-1} = \frac{1}{2} x^{-\frac{1}{2}}$$

일반적으로 지수가 실수인 함수의 도함수도 다음과 같이 지수가 정수인 경우와 형태가 같다.

$$\frac{d}{dx}(x^{\alpha}) = \alpha x^{\alpha-1} \quad (\text{단, } \alpha \text{는 실수})$$

예제 6-12

다음 함수의 도함수를 구하라.

(a) $f(x)=x^e$ (b) $f(x)=\dfrac{1}{\sqrt[4]{x^3}}$

풀이

(a) $f'(x)=\dfrac{d}{dx}(x^e)=e\,x^{e-1}$

(b) $f(x)=\dfrac{1}{\sqrt[4]{x^3}}=x^{-\frac{3}{4}}$ 이므로 구하고자 하는 도함수는 다음과 같다.

$$f'(x)=\frac{d}{dx}\left(x^{-\frac{3}{4}}\right)=-\frac{3}{4}x^{-\frac{3}{4}-1}=-\frac{3}{4}x^{-\frac{7}{4}}=-\frac{3}{4\sqrt[4]{x^7}}$$

■ 매개변수 함수의 미분법

변수 t에 관한 두 함수 $x=t-1$, $y=t^2+2$에 대해 생각하자. 이때, $t=x+1$이므로 이를 함수 y에 대입하면 두 변수 x와 y 사이에 다음 관계식이 성립한다.

$$y=(x+1)^2+2=x^2+2x+3$$

이와 같이 $x=f(t)$, $y=g(t)$인 방정식을 **매개변수 방정식**parametric equation이라 하고, 변수 t를 **매개변수**parameter라 한다. 매개변수 방정식 $x=t-1$, $y=t^2+2$에서 y를 x에 대한 함수로 생각하고, 도함수 $\dfrac{dy}{dx}$를 구하면 다음과 같다.

$$\frac{dy}{dx}=2x+2$$

이와 같이 매개변수로 표현되는 두 변수 x와 y에 대하여 y를 x에 대한 함수라 할 때, y의 도함수는 다음과 같이 구한다.

정리 6-6 매개변수 함수의 미분법

매개변수 방정식 $x=f(t)$, $y=g(t)$가 각각 미분가능하고 $f'(t)\neq 0$이면 다음이 성립한다.

$$\frac{dy}{dx}=\frac{dy/dt}{dx/dt}=\frac{g'(t)}{f'(t)}$$

예제 6-13

$x=t+\frac{1}{t}$, $y=t-\frac{1}{t}$일 때, $\frac{dy}{dx}$를 구하라.

풀이

변수 t가 매개변수인 매개변수 방정식 x와 y에 대하여, $\frac{dx}{dt}$와 $\frac{dy}{dt}$를 각각 구해보자.

$$\frac{dx}{dt}=\frac{d}{dt}\left(t+\frac{1}{t}\right)=1-\frac{1}{t^2}=\frac{t^2-1}{t^2}$$

$$\frac{dy}{dt}=\frac{d}{dt}\left(t-\frac{1}{t}\right)=1+\frac{1}{t^2}=\frac{t^2+1}{t^2}$$

[정리 6-6]에 의하여 $\frac{dy}{dx}$는 다음과 같다.

$$\frac{dy}{dx}=\frac{dy/dt}{dx/dt}=\frac{(t^2+1)/t^2}{(t^2-1)/t^2}=\frac{t^2+1}{t^2-1}$$

고계 도함수

함수 $y=f(x)$가 미분가능할 때, 도함수 $f'(x)$는 x에 대한 또 다른 함수가 된다. 이때 $f'(x)$가 다시 미분가능하면 $f'(x)$의 도함수를 얻을 수 있다. 그리고 이 도함수는 $y=f(x)$를 두 번 연속 미분한 결과로 $f(x)$의 **2계 도함수**라 하고, 다음과 같이 나타낸다.

$$y'',\quad f''(x),\quad \frac{d^2y}{dx^2},\quad \frac{d^2f}{dx^2},\quad \frac{d^2}{dx^2}f(x),\quad D^2f(x)$$

마찬가지로 2계 도함수 $f''(x)$가 미분가능할 때, $f''(x)$의 도함수를 $f(x)$의 **3계 도함수**라 하고, 다음과 같이 나타낸다.

$$y''', \quad f'''(x), \quad \frac{d^3y}{dx^3}, \quad \frac{d^3f}{dx^3}, \quad \frac{d^3}{dx^3}f(x), \quad D^3f(x)$$

일반적으로 함수 $y=f(x)$를 연속적으로 n번 미분하여 얻은 함수를 $f(x)$의 **n계 도함수**라 하고, $n \ge 4$인 경우에 다음과 같이 나타낸다.

$$y^{(n)}, \quad f^{(n)}(x), \quad \frac{d^ny}{dx^n}, \quad \frac{d^nf}{dx^n}, \quad \frac{d^n}{dx^n}f(x), \quad D^nf(x)$$

2계 이상의 도함수를 모두 **고계 도함수**higher derivative라 한다.

예제 6-14

자연수 m에 대해 함수 $y=x^m$의 n계 도함수를 구하라.

풀이

1계 도함수부터 순서대로 살펴보자.

$$y'=mx^{m-1}, \; y''=m(m-1)x^{m-2}, \; y'''=m(m-1)(m-2)x^{m-3}, \; \cdots$$

$n<m$에 대해 $y^{(n)}=m(m-1)\cdots(m-n+1)\cdot x^{m-n}$이다. 또한 m계 도함수는 다음과 같다.

$$\begin{aligned} y^{(m)} &= m(m-1)(m-2)\cdots 3\cdot 2\cdot 1\cdot x^{m-m} \\ &= m(m-1)(m-2)\cdots 3\cdot 2\cdot 1 \\ &= m! \end{aligned}$$

따라서 임의의 자연수 m에 대하여 $f(x)=x^m$의 n계 도함수는 다음과 같다.

$$y^{(n)}=\begin{cases} m(m-1)\cdots(m-n+1)x^{m-n}, & n<m \\ m!, & n=m \\ 0, & n>m \end{cases}$$

Section 6.2 확인문제

1. 다음 함수의 도함수를 구하라.

(a) $f(x)=x^4-2x^2+1$ (b) $f(x)=(3x^2-1)(2x+3)$

(c) $f(x)=\dfrac{x^2+x+1}{x-1}$ (d) $f(x)=\dfrac{x^2-2x+2}{x^2-1}$

2. 다음 함수의 도함수를 구하라.

(a) $f(x)=(2x-3)^4$ (b) $f(x)=\sqrt[3]{(3x-1)^2}$

3. 함수 $y=x^3+1$에 대하여 다음 물음에 답하라.

(a) $y=f(x)$의 역함수 $y=f^{-1}(x)$를 구하라.

(b) (a)에서 구한 역함수의 도함수 $\dfrac{dy}{dx}$를 구하라.

(c) 역함수의 미분법을 이용하여 $\dfrac{dy}{dx}$를 구하고, (b)에서 구한 도함수와 비교하라.

4. 다음 함수에 대해 역함수의 도함수를 구하라.

(a) $y=x^5-2x^3+x-4$ (b) $y=\dfrac{x}{x^2+1}$, $-1<x<1$

5. 다음 방정식에서 y를 x에 대한 함수라 할 때, $\dfrac{dy}{dx}$를 구하라.

(a) $xy^2-2x^2-1=0$ (b) $xy^2+x^2y=2$

(c) $x^2-xy+y^2=0$ (d) $\dfrac{x}{y}+\dfrac{y}{x}=4$ (단, $xy\neq 0$)

6. 곡선 $x^2-y^2=1$ 위의 점 $(2, \sqrt{3})$에서 접선의 방정식을 구하라.

7. 다음 매개변수 방정식에서 $\dfrac{dy}{dx}$를 구하라.

(a) $x=2t-1$, $y=t^2+2t$ (b) $x=t-\dfrac{1}{t}$, $y=t+\dfrac{1}{t}$

(c) $x=\dfrac{1}{1+t^2}$, $y=\dfrac{1-t^2}{t}$ (d) $x=\sqrt{t-1}$, $y=t\sqrt{1+t^2}$

8. 함수 $f(x)=\dfrac{1}{x}$ 의 n계 도함수를 구하라.

9. 미분가능한 함수 $f(x)$에서 $f(1)=1$, $f'(1)=-1$일 때, $g(x)=x^2f(x)$ 의 $x=1$에서 접선의 방정식을 구하라.

10. 상수 c와 자연수 n에 대하여 다음이 성립함을 보여라.

(a) $\dfrac{dc}{dx}=0$ (b) $\dfrac{dx^n}{dx}=nx^{n-1}$

Hint $x^n-a^n=(x-a)(x^{n-1}+x^{n-2}a+\cdots+a^{n-1})$을 이용한다.

11. 두 함수 $f(x)$와 $g(x)$가 미분가능할 때, 다음이 성립함을 보여라.

(a) $\dfrac{d}{dx}[kf(x)]=kf'(x)$

(b) $\dfrac{d}{dx}[f(x)+g(x)]=f'(x)+g'(x)$

(c) $\dfrac{d}{dx}[f(x)-g(x)]=f'(x)-g'(x)$

(d) $\dfrac{d}{dx}[f(x)g(x)]=f'(x)g(x)+f(x)g'(x)$

(e) $\dfrac{d}{dx}\left[\dfrac{f(x)}{g(x)}\right]=\dfrac{f'(x)g(x)-f(x)g'(x)}{[g(x)]^2}$ (단, $g(x)\neq 0$)

Hint 각 함수를 $h(x)$로 놓고, 도함수의 정의를 이용한다.

6.3 초월함수의 미분법

이 절에서는 대표적인 초월함수인 삼각함수와 역삼각함수, 지수함수와 로그함수의 도함수를 구하는 방법을 살펴본다.

삼각함수의 미분법

5.3절에서 다음 삼각함수의 극한을 살펴보았다.

$$\lim_{x \to 0} \frac{\sin x}{x} = 1, \qquad \lim_{x \to 0} \frac{\cos x - 1}{x} = 0$$

또한 4.2절에서 다음과 같이 삼각함수의 차를 곱으로 변형시키는 공식을 살펴보았다.

$$\sin(x+h) - \sin x = 2\cos\frac{2x+h}{2}\sin\frac{h}{2}$$

$$\cos(x+h) - \cos x = -2\sin\frac{2x+h}{2}\sin\frac{h}{2}$$

이와 같은 삼각함수의 극한과 공식을 이용하여 $\sin x$와 $\cos x$의 도함수를 구할 수 있다. 먼저 도함수의 정의를 이용하여 $f(x) = \sin x$의 도함수를 구해보자. 함수 $\cos x$는 모든 실수에서 연속이므로 $\lim_{h \to 0} \cos(x+h) = \cos x$다. 따라서 다음 식이 성립한다.

$$\begin{aligned}
f'(x) &= \lim_{h \to 0} \frac{f(x+h) - f(x)}{h} = \lim_{h \to 0} \frac{\sin(x+h) - \sin x}{h} \\
&= \lim_{h \to 0} \frac{2\cos\frac{2x+h}{2}\sin\frac{h}{2}}{h} \\
&= \lim_{h \to 0} \cos\left(x + \frac{h}{2}\right) \cdot \lim_{h \to 0} \frac{\sin\frac{h}{2}}{\frac{h}{2}} \\
&= \cos x \cdot 1 = \cos x
\end{aligned}$$

함수 $\sin x$는 모든 실수에서 연속이므로 $\lim_{h \to 0} \sin(x+h) = \sin x$다. 그러므로 같은 방법으로 $g(x) = \cos x$ 의 도함수를 구하면 다음 식이 성립한다.

$$\begin{aligned} g'(x) &= \lim_{h \to 0} \frac{g(x+h) - g(x)}{h} = \lim_{h \to 0} \frac{\cos(x+h) - \cos x}{h} \\ &= \lim_{h \to 0} \frac{-2\sin\dfrac{2x+h}{2}\sin\dfrac{h}{2}}{h} \\ &= -\lim_{h \to 0} \sin\left(x + \frac{h}{2}\right) \cdot \lim_{h \to 0} \frac{\sin\dfrac{h}{2}}{\dfrac{h}{2}} \\ &= \sin x \cdot (-1) = -\sin x \end{aligned}$$

또한 $\tan x = \dfrac{\sin x}{\cos x}$ 이므로 다음이 성립한다.

$$\begin{aligned} (\tan x)' &= \frac{(\sin x)'\cos x - \sin x(\cos x)'}{\cos^2 x} \\ &= \frac{\cos^2 x - (-\sin^2 x)}{\cos^2 x} = \frac{1}{\cos^2 x} = \sec^2 x \end{aligned}$$

이와 같은 방법으로 삼각함수의 도함수를 구하면 다음과 같다.

정리 6-7 삼각함수의 도함수

(1) $(\sin x)' = \cos x$

(2) $(\cos x)' = -\sin x$

(3) $(\tan x)' = \sec^2 x$

(4) $(\cot x)' = -\operatorname{cosec}^2 x$

(5) $(\sec x)' = \sec x \tan x$

(6) $(\operatorname{cosec} x)' = -\operatorname{cosec} x \cot x$

예제 6-15

다음 함수의 도함수를 구하라.

(a) $y=\sin x-2\cos x$ (b) $y=\tan x+\cos x$

(c) $y=\sin(x^2-1)$ (d) $y=\cos^2 x$

풀이

(a) $\dfrac{dy}{dx}=\dfrac{d}{dx}(\sin x-2\cos x)=\dfrac{d}{dx}(\sin x)-2\dfrac{d}{dx}(\cos x)$

$=\cos x-2(-\sin x)=\cos x+2\sin x$

(b) $\dfrac{dy}{dx}=\dfrac{d}{dx}(\tan x+\cos x)=\dfrac{d}{dx}(\tan x)+\dfrac{d}{dx}(\cos x)$

$=\sec^2 x+(-\sin x)=\sec^2 x-\sin x$

(c) $u=x^2-1$, $y=\sin u$라면, $\dfrac{du}{dx}=2x$, $\dfrac{dy}{du}=\cos u$ 이므로 다음을 얻는다.

$$\frac{dy}{dx}=\frac{dy}{du}\cdot\frac{du}{dx}=\cos u\,(2x)=2x\cos(x^2-1)$$

(d) $u=\cos x$, $y=u^2$이라면 $\dfrac{du}{dx}=-\sin x$, $\dfrac{dy}{du}=2u$ 이므로 다음을 얻는다.

$$\frac{dy}{dx}=\frac{dy}{du}\cdot\frac{du}{dx}=2u(-\sin x)=-2\cos x\sin x=-\sin 2x$$

■ 역삼각함수의 미분법

먼저 역사인함수 $y=\sin^{-1}x$ 의 도함수를 구해보자. $y=\sin^{-1}x$ 이면 $x=\sin y$, $-\dfrac{\pi}{2}\le y\le\dfrac{\pi}{2}$ 가 성립한다. 따라서 $\dfrac{dx}{dy}=\cos y$ 이고 [정리 6-5]에 의해 다음을 얻는다.

$$\frac{dy}{dx}=\frac{1}{\dfrac{dx}{dy}}=\frac{1}{\cos y},\quad -\frac{\pi}{2}<y<\frac{\pi}{2}$$

한편 $-\dfrac{\pi}{2}<y<\dfrac{\pi}{2}$ 에서 $\cos y>0$ 이고 $\sin^2 y+\cos^2 y=1$ 이므로 다음이 성립한다.

$$\cos y = \sqrt{1-\sin^2 y} = \sqrt{1-x^2}$$

그러므로 $y=\sin^{-1}x$ 의 도함수는 다음과 같다.

$$\frac{d}{dx}\sin^{-1}x = \frac{1}{\cos y} = \frac{1}{\sqrt{1-x^2}} \quad (\text{단, } -1<x<1)$$

또한 역코사인함수 $y=\cos^{-1}x$ 에 대해 $x=\cos y$, $0 \le y \le \pi$ 이고, $\dfrac{dx}{dy} = -\sin y$ 이므로 다음을 얻는다.

$$\frac{dy}{dx} = \frac{1}{\dfrac{dx}{dy}} = -\frac{1}{\sin y} \quad (\text{단, } 0<y<\pi)$$

한편 $0<y<\pi$ 에서 $\sin y>0$ 이므로 $\sin y = \sqrt{1-\cos^2 y} = \sqrt{1-x^2}$ 이다. 따라서 $y=\cos^{-1}x$ 의 도함수는 다음과 같다.

$$\frac{dy}{dx} = -\frac{1}{\sin y} = -\frac{1}{\sqrt{1-x^2}} \quad (\text{단, } -1<x<1)$$

마찬가지로 역탄젠트함수 $y=\tan^{-1}x$ 에 대해 $x=\tan y$, $-\dfrac{\pi}{2}<y<\dfrac{\pi}{2}$ 이고, $\dfrac{dx}{dy}=\sec^2 y$ 이므로 다음을 얻는다.

$$\frac{dy}{dx} = \frac{1}{\dfrac{dx}{dy}} = \frac{1}{\sec^2 y}$$

한편 $\sec^2 y = 1+\tan^2 y = 1+x^2$ 이므로 $y=\tan^{-1}x$ 의 도함수는 다음과 같다.

$$\frac{dy}{dx} = \frac{1}{\sec^2 y} = \frac{1}{1+x^2} \quad (\text{단, } -\infty<x<\infty)$$

같은 방법으로 나머지 역삼각함수의 도함수를 구하면 다음과 같다.

정리 6-8 역삼각함수의 도함수

(1) $\dfrac{d}{dx}\sin^{-1}x = \dfrac{1}{\sqrt{1-x^2}}$ (단, $-1 < x < 1$)

(2) $\dfrac{d}{dx}\cos^{-1}x = -\dfrac{1}{\sqrt{1-x^2}}$ (단, $-1 < x < 1$)

(3) $\dfrac{d}{dx}\tan^{-1}x = \dfrac{1}{1+x^2}$ (단, $-\infty < x < \infty$)

(4) $\dfrac{d}{dx}\sec^{-1}x = \dfrac{1}{|x|\sqrt{x^2-1}}$ (단, $|x| > 1$)

(5) $\dfrac{d}{dx}\operatorname{cosec}^{-1}x = -\dfrac{1}{|x|\sqrt{x^2-1}}$ (단, $|x| > 1$)

(6) $\dfrac{d}{dx}\cot^{-1}x = -\dfrac{1}{1+x^2}$ (단, $-\infty < x < \infty$)

예제 6-16

다음 함수의 도함수를 구하라.

(a) $y=\sin^{-1}(x^2-1)$

(b) $y=\tan^{-1}(2x)$

풀이

(a) $u=x^2-1$, $y=\sin^{-1}u$ 라면 $\dfrac{du}{dx}=2x$, $\dfrac{dy}{du}=\dfrac{1}{\sqrt{1-u^2}}$ 이므로 다음과 같다.

$$\frac{dy}{dx}=\frac{dy}{du}\cdot\frac{du}{dx}=\frac{1}{\sqrt{1-u^2}}\cdot(2x)=\frac{2x}{\sqrt{1-(x^2-1)^2}}=\frac{2x}{|x|\sqrt{2-x^2}}$$

(b) $u=2x$, $y=\tan^{-1}u$ 라면 $\dfrac{du}{dx}=2$, $\dfrac{dy}{du}=\dfrac{1}{1+u^2}$ 이므로 다음과 같다.

$$\frac{dy}{dx}=\frac{dy}{du}\cdot\frac{du}{dx}=\frac{1}{1+u^2}\cdot 2=\frac{2}{1+4x^2}$$

지수함수와 로그함수의 미분법

지수함수의 도함수를 구하기 위하여 5.4절에서 살펴본 다음 극한을 이용한다.

$$\lim_{h \to 0} \frac{a^h - 1}{h} = \ln a$$

그리고 로그함수는 지수함수의 역함수이므로 역함수의 도함수를 구하는 방법으로 로그함수의 도함수를 구할 수 있다. 먼저 지수함수의 도함수를 살펴볼 것이다.

■ 지수함수의 미분법

$a > 0$, $a \neq 1$에 대해 지수함수 $f(x) = a^x$의 도함수를 구해보자.

$$\begin{aligned} f'(x) &= \lim_{h \to 0} \frac{f(x+h) - f(x)}{h} = \lim_{h \to 0} \frac{a^{x+h} - a^x}{h} \\ &= \lim_{h \to 0} \frac{a^x (a^h - 1)}{h} = a^x \lim_{h \to 0} \frac{a^h - 1}{h} = a^x \ln a \end{aligned}$$

특히 $a = e$라면 $\ln e = 1$이므로 $f(x) = e^x$의 도함수는 다음과 같다.

$$f'(x) = e^x \ln e = e^x$$

지수함수의 도함수를 정리하면 다음과 같다.

정리 6-9 지수함수의 도함수

(1) $\frac{d}{dx}(a^x) = a^x \ln a$ (2) $\frac{d}{dx}(e^x) = e^x$

예제 6-17

다음 함수의 도함수를 구하라.

(a) $y = 5a^x$

(b) $y = x^2 2^x$

풀이

(a) $\dfrac{dy}{dx} = 5\dfrac{d}{dx}(a^x) = (5\ln a)\,a^x$

(b) $\dfrac{dy}{dx} = (2^x)\dfrac{d}{dx}(x^2) + (x^2)\dfrac{d}{dx}(2^x) = 2x \cdot 2^x + x^2 \cdot 2^x \ln 2 = x(2 + x\ln 2)2^x$

예제 6-18

다음 함수의 도함수를 구하라.

(a) $y = \sinh x$

(b) $y = \cosh x$

풀이

(a) $y = \sinh x = \dfrac{e^x - e^{-x}}{2}$ 이므로 구하고자 하는 도함수는 다음과 같다.

$$\begin{aligned} y' &= \frac{d}{dx}\left(\frac{e^x - e^{-x}}{2}\right) = \frac{1}{2}\frac{d}{dx}(e^x - e^{-x}) \\ &= \frac{1}{2}\{e^x - (-e^{-x})\} = \frac{1}{2}(e^x + e^{-x}) = \cosh x \end{aligned}$$

(b) $y = \cosh x = \dfrac{e^x + e^{-x}}{2}$ 이므로 구하고자 하는 도함수는 다음과 같다.

$$\begin{aligned} y' &= \frac{d}{dx}\left(\frac{e^x + e^{-x}}{2}\right) = \frac{1}{2}\frac{d}{dx}(e^x + e^{-x}) \\ &= \frac{1}{2}\{e^x + (-e^{-x})\} = \frac{1}{2}(e^x - e^{-x}) = \sinh x \end{aligned}$$

[예제 6-18]로부터 쌍곡선탄젠트함수의 도함수는 다음과 같이 구할 수 있다.

$$(\tanh x)' = \left(\frac{\sinh x}{\cosh x}\right)' = \frac{(\sinh x)'(\cosh x) - (\sinh x)(\cosh x)'}{\cosh^2 x}$$

$$= \frac{\cosh^2 x - \sinh^2 x}{\cosh^2 x} = \frac{1}{\cosh^2 x} = \operatorname{sech}^2 x$$

■ 로그함수의 미분법

$a > 0$, $a \neq 1$에 대해 $y = \log_a x$는 $x = a^y$으로 다시 쓸 수 있다. 이를 미분하면 다음을 얻는다.

$$\frac{dx}{dy} = a^y \ln a = x \ln a$$

따라서 역함수의 미분법([정리 6-5])에 의해 $y = \log_a x$의 도함수를 구할 수 있다.

$$\frac{dy}{dx} = \frac{1}{\frac{dx}{dy}} = \frac{1}{x \ln a}$$

특히 자연로그함수 $y = \ln x$의 도함수는 밑이 $a = e$인 로그함수이므로 다음을 얻는다.

$$\frac{dy}{dx} = \frac{1}{x}$$

로그함수의 도함수를 정리하면 다음과 같다.

정리 6-10 로그함수의 도함수

(1) $\dfrac{d}{dx}(\log_a x) = \dfrac{1}{x \ln a}$　　(2) $\dfrac{d}{dx}(\ln x) = \dfrac{1}{x}$

예제 6-19

다음 함수의 도함수를 구하라.

(a) $y = \log_2(3x)$　　　(b) $y = \ln(\ln x)$

풀이

(a) $u = 3x$, $y = \log_2 u$ 라면 $\dfrac{du}{dx} = 3$, $\dfrac{dy}{du} = \dfrac{1}{u\ln 2}$ 이므로 다음을 얻는다.

$$\frac{dy}{dx} = \frac{dy}{du} \cdot \frac{du}{dx} = \frac{1}{u\ln 2} \cdot 3 = \frac{1}{3x\ln 2} \cdot 3 = \frac{1}{x\ln 2}$$

(b) $u = \ln x$, $y = \ln u$ 라면 $\dfrac{du}{dx} = \dfrac{1}{x}$, $\dfrac{dy}{du} = \dfrac{1}{u}$ 이므로 다음을 얻는다.

$$\frac{dy}{dx} = \frac{dy}{du} \cdot \frac{du}{dx} = \frac{1}{u} \cdot \frac{1}{x} = \frac{1}{x\ln x}$$

다음 예제는 로그함수는 아니지만, 로그함수를 이용하면 도함수를 쉽게 구할 수 있다. 이와 같이 로그를 이용한 미분법을 **로그미분법**logarithmic differentiation이라 한다.

예제 6-20

함수 $y = a^{\sin x}$ 의 도함수를 구하라.

풀이

$y = a^{\sin x}$ 의 양변에 자연로그를 취하면 다음과 같다.

$$\ln y = \ln a^{\sin x} = \sin x\,(\ln a)$$

이때 양변을 x에 대해 미분하면 다음을 얻는다.

$$\frac{d}{dx}(\ln y) = \frac{d}{dx}\{\sin x\,(\ln a)\} = (\ln a)\frac{d}{dx}(\sin x) = (\ln a)\cos x$$

이를 정리하면 다음과 같다.

$$\frac{1}{y}y' = (\ln a)\cos x$$
$$y' = y(\ln a)\cos x = (\ln a)\,a^{\sin x}\cos x$$

Section 6.3 확인문제

1. 다음 함수의 도함수를 구하라.

(a) $y=\sin x+3\cos x$ (b) $y=\cos^2(x^2)$

(c) $y=\sec x\tan x$ (d) $y=x\sin(x^2-1)$

2. 다음 함수의 극한을 구하라.

(a) $\lim_{h\to 0}\frac{2^h-1}{h}$ (b) $\lim_{h\to 0}\frac{4^{-2h}-1}{h}$

(c) $\lim_{h\to 0}\frac{(3e)^h-1}{h}$ (d) $\lim_{h\to 0}\frac{e^{2h}-1}{h}$

3. 다음 함수의 도함수를 구하라.

(a) $y=2^x+e^{2x}$ (b) $y=(x^2+x+1)e^x$

(c) $y=3^{\sin x}+\sin^3 x$ (d) $y=e^{\cos x^2}\sin x$

4. 다음 함수의 도함수를 구하라.

(a) $y=x+\ln x$ (b) $y=x\ln(\ln x)$

(c) $y=\log_2(\ln x)$ (d) $y=\ln(\cos x+\sin x)$

5. 다음 함수의 도함수를 구하라.

(a) $y=\sinh(2x+1)$ (b) $y=\cosh(\sin^{-1}(2x+1))$

(c) $y=\cos^{-1}(x+\ln x)$ (d) $y=\sin^{-1}(e^{x+2})$

6. 곡선 $x+y-4-\frac{\pi}{4}=\sin(xy)$ 위의 한 점 $\left(4, \frac{\pi}{4}\right)$에서 접선의 방정식을 구하라.

7. 함수 $y=\sin x$의 n계 도함수를 구하라.

8. 다음 함수의 도함수를 구하라.

(a) $y=x^{\sin x}$ (b) $y=e^{x+\ln\sin x}$

6.4 평균값 정리

이 절에서는 도함수의 많은 성질을 증명할 때뿐만 아니라 응용에도 빠질 수 없는 평균값 정리와 로피탈의 정리를 제시하고, 부정형의 극한을 구하는 방법을 살펴본다.

평균값 정리

미분에서 가장 중요한 정리 중 하나인 평균값 정리를 살펴보기에 앞서 롤의 정리를 먼저 살펴보자.

■ 롤의 정리

정리 6-11 롤의 정리 Rolle's theorem

함수 $f(x)$가 다음 세 가지 조건을 만족한다고 하자.

(1) f는 폐구간 $[a,\ b]$에서 연속이다.
(2) f는 개구간 $(a,\ b)$에서 미분가능하다.
(3) 양 끝점에서 함숫값이 동일하다($f(a)=f(b)$).

그러면 $f'(c)=0$을 만족하는 c가 구간 $(a,\ b)$에 적어도 하나 존재한다.

함수 $f(x)$가 [정리 6-11]의 세 가지 조건을 만족하면 [그림 6-5]와 같이 구간 $(a,\ b)$ 안에 $f'(c)=0$인 직선, 즉 x축과 평행인 접선이 적어도 하나 존재하게 된다. 그러나 함수 $f(x)$가 세 가지 조건 중에서 어느 하나라도 만족하지 않으면 롤의 정리는 성립하지 않는다.

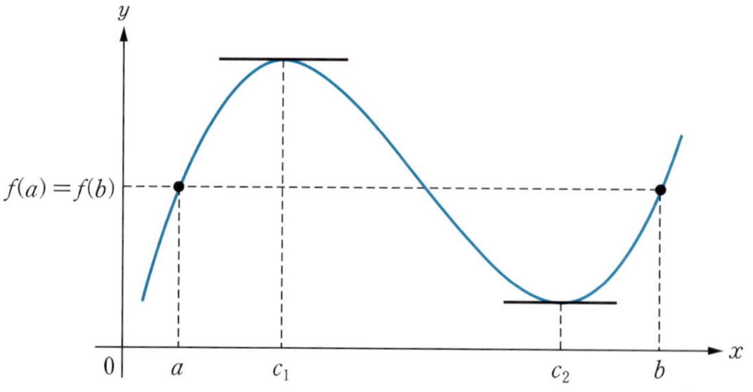

[그림 6-5] 롤의 정리

예를 들어, 함수 $f(x)=|x|$는 구간 $[-1, 1]$에서 연속이고 $f(-1)=f(1)=1$이지만, 구간 $(-1, 1)$ 안의 $x=0$에서 미분 불가능이다. 그러므로 $f'(c)=0$을 만족하는 c가 구간 $(-1, 1)$에 존재하지 않는다.

다른 예를 살펴보자. 함수 $f(x)=x^2$은 구간 $[-1, 1]$에서 연속이고 구간 $(-1, 1)$에서 미분가능하다. 그리고 $f(-1)=f(1)=1$이므로 $f'(c)=0$을 만족하는 c가 구간 $(-1, 1)$에 존재한다. 실제로 이때의 c는 $c=0$이다.

■ 평균값 정리

정리 6-12 평균값 정리 mean value theorem

함수 $f(x)$가 다음 두 가지 조건을 만족한다고 하자.

(1) f는 폐구간 $[a, b]$에서 연속이다.
(2) f는 개구간 (a, b)에서 미분가능하다.

그러면 다음을 만족하는 c가 구간 (a, b)에 적어도 하나 존재한다.

$$f'(c)=\frac{f(b)-f(a)}{b-a}$$

평균값 정리는 롤의 정리를 일반화한 것이다. 함수 $f(x)$가 [정리 6-12]의 두 가지 조건을 만족하면, [그림 6-6]과 같이 곡선 위의 두 점 P와 Q를 지나는 직선, 즉 기울기가 $\frac{f(b)-f(a)}{b-a}$인 접선이 구간 (a, b) 안에 적어도 하나 존재하게 된다.

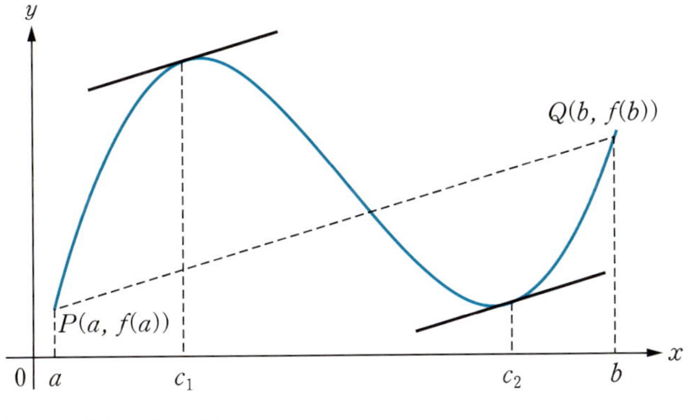

[그림 6-6] 평균값 정리

[정리 6-12]의 식을 정리하여 다음과 같이 다시 쓸 수도 있다.

$$f(b)-f(a)=f'(c)(b-a)$$

그러나 함수 $f(x)$가 두 가지 조건 중에서 어느 하나라도 만족하지 않으면 평균값 정리는 성립하지 않는다.

예제 6-21

함수 $f(x)=x^2-2x-1$에 대하여 다음 물음에 답하라.

(a) 구간 $[-1, 3]$에서 롤의 정리를 만족하는 c를 구하라.
(b) 구간 $[-1, 2]$에서 평균값 정리를 만족하는 c를 구하라.

풀이

(a) (i) $f(x)=x^2-2x-1$은 다항함수이므로 모든 실수에서 연속이다. 따라서 $f(x)$는 구간 $[-1, 3]$에서 연속이다.
(ii) 다항함수는 모든 실수에서 미분가능하므로 $f(x)$는 구간 $(-1, 3)$에서 미분가능하다.
(iii) $f(-1)=f(3)=2$이다.

따라서 함수 $f(x)$는 롤의 정리를 만족한다. 이때 $f'(x)=2x-2$이므로 $f'(c)=2c-2=0$을 만족하는 $c=1$이 구간 $(-1, 3)$에 존재한다. $c=1$에서 접선은 [그림 6-7(a)]와 같다.

(b) (i) $f(x)=x^2-2x-1$은 구간 $[-1, 2]$에서 연속이다.
(ii) 구간 $(-1, 2)$에서 미분가능하다.

따라서 함수 $f(x)$는 평균값 정리를 만족한다. 또한 $f(-1)=2$, $f(2)=-1$이므로 곡선 위의 양 끝점을 지나는 직선의 기울기는 다음과 같다.

$$\frac{f(2)-f(-1)}{2-(-1)}=-1$$

$f'(c)=2c-2$이므로 $f'(c)=-1$, 즉 $2c-2=-1$을 만족하는 $c=\frac{1}{2}$이 구간 $(-1, 2)$에 존재한다. $c=\frac{1}{2}$에서 접선은 [그림 6-7(b)]와 같다.

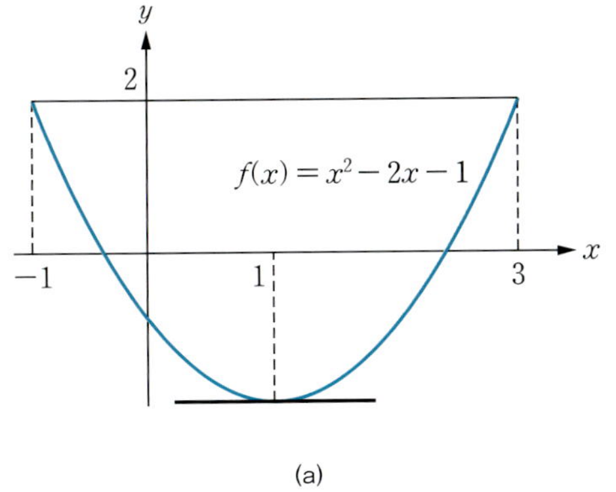

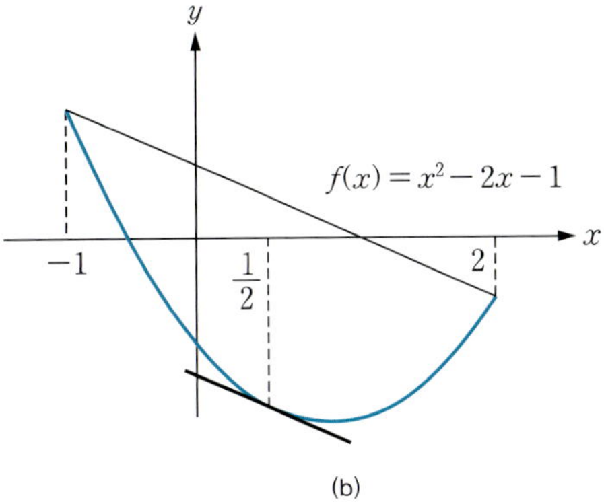

[그림 6-7] 함수 $f(x)=x^2-2x-1$에 대한 롤의 정리와 평균값 정리

평균값 정리의 응용

지금까지 평균값 정리를 학습하였다. 이를 이용하면 근삿값을 구할 수 있다. 또한 미분할 때 많이 사용하는 로피탈의 정리를 살펴볼 것이다. $\frac{0}{0}$ 형태, $\frac{\infty}{\infty}$ 형태 등과 같은 특수한 형태의 극한을 구할 수 있다.

■ 근삿값

평균값 정리를 이용하여 근삿값을 구하는 방법에 대하여 살펴보자. 함수 $f(x)$가 구간 $[a, b]$에서 연속이고 구간 (a, b)에서 미분가능하면, 평균값 정리가 성립한다.

$$f(b)-f(a)=f'(c)(b-a) \quad \Rightarrow \quad f(b)=f(a)+f'(c)(b-a)$$

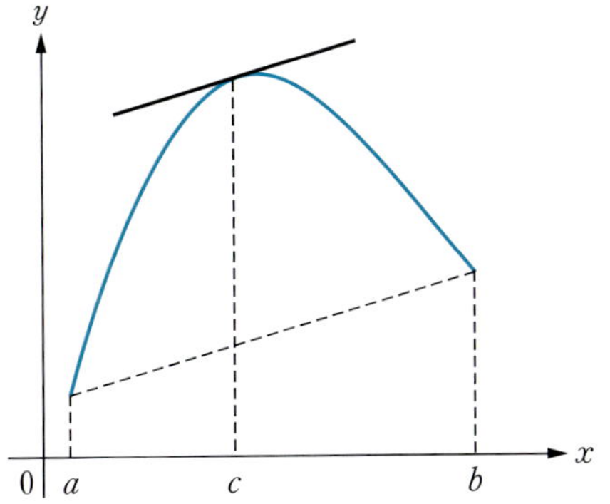

[그림 6-8] 평균값 정리

위의 식을 만족하는 c가 구간 $(a,\ b)$ 안에 적어도 하나 존재한다. 이때 $b=a+h$, $\theta=\dfrac{c-a}{b-a}$라고 하자. 그러면 $b-a=h$이고, $c=a+\theta h$가 된다. 이를 위의 식에 대입하면 다음과 같다.

$$f(a+h)=f(a)+hf'(a+\theta h)$$

특히 $h \fallingdotseq 0$이면 $0<\theta<1$이므로 $a+\theta h \fallingdotseq a$가 된다. 따라서 $f(a+h)$의 근삿값은 다음과 같다.

$$f(a+h) \fallingdotseq f(a)+hf'(a)$$

예를 들어, $f(x)=(1+x)^n$은 구간 $[0,\ x]$, $x>0$에서 연속이고 구간 $(0,\ x)$에서 미분가능하다. 이때 $f'(x)=n(1+x)^{n-1}$이므로 $f'(0)=n$이고, 따라서 $x \fallingdotseq 0$에 대해 다음 근삿값을 얻는다.

$$f(x)=f(0+x) \fallingdotseq f(0)+xf'(0)=1+nx$$

같은 방법에 의해 $x \fallingdotseq 0$일 때 기본적인 함수에 대한 근삿값은 다음과 같이 계산할 수 있다.

정리 6-13 기본적인 함수에 대한 근삿값

$x \fallingdotseq 0$ 일 때, 다음 근사식이 성립한다.

(1) $(1+x)^n \fallingdotseq 1+nx$

(2) $\sin x \fallingdotseq x$

(3) $\cos x \fallingdotseq 1$

(4) $\tan^{-1} x \fallingdotseq x$

(5) $\ln(1+x) \fallingdotseq x$

(6) $e^x \fallingdotseq 1+x$

예제 6-22

$\sqrt{4.01}$ 의 근삿값을 구하라.

풀이

함수 $f(x)=\sqrt{x}$ 에 대하여 $a=4$, $h=0.01$이라 하자.

$$\sqrt{4.01}=f(4+0.01) \fallingdotseq f(4)+(0.01)f'(4)$$

함수 $f(x)=\sqrt{x}$ 의 도함수는 $f'(x)=\dfrac{1}{2\sqrt{x}}$ 이므로 $f'(4)=\dfrac{1}{2\sqrt{4}}$ 이다. 따라서 $\sqrt{4.01}$ 의 근삿값은 다음과 같다.

$$\sqrt{4.01} \fallingdotseq \sqrt{4}+(0.01)\frac{1}{2\sqrt{4}}=2+\frac{0.01}{4}=2.0025$$

■ 로피탈의 정리

두 함수 $f(x)$, $g(x)$에 대하여 $\lim_{x \to a} f(x)=0$, $\lim_{x \to a} g(x)=0$이라고 하자. 그러면 $\lim_{x \to a} \dfrac{f(x)}{g(x)}$는 $\dfrac{0}{0}$ **형태의 부정형**indeterminate form이라 한다. 또한 $\lim_{x \to a} f(x)=\infty$, $\lim_{x \to a} g(x)=\infty$라고 하자. 그러면 $\lim_{x \to a} \dfrac{f(x)}{g(x)}$는 $\dfrac{\infty}{\infty}$ **형태의 부정형**이라 한다. 이와 같은 부정형의 극한을 쉽게 구하기 위해 **로피탈의 정리**L'Hospital's theorem를 사용한다. 다음 로피탈의 정리는 평균값 정리를 일반화하면 얻을 수 있다. 여기서는 증명을 생략한다.

정리 6-14 로피탈의 정리

함수 $f(x)$와 $g(x)$가 a를 포함하는 개구간 I에서 미분가능하고 $g'(a) \neq 0$이라고 하자. (1) 또는 (2)일 때, $\lim_{x \to a} \dfrac{f'(x)}{g'(x)}$가 존재하면 $\lim_{x \to a} \dfrac{f(x)}{g(x)} = \lim_{x \to a} \dfrac{f'(x)}{g'(x)}$가 성립한다.

(1) $\lim_{x \to a} f(x)=0$, $\lim_{x \to a} g(x)=0$

(2) $\lim_{x \to a} f(x)=\infty$ (또는 $-\infty$), $\lim_{x \to a} g(x)=\infty$ (또는 $-\infty$)

예제 6-23

다음 극한을 구하라.

(a) $\lim_{x \to 1} \dfrac{\ln x}{x-1}$

(b) $\lim_{x \to \infty} \dfrac{x^2+x}{x^3-1}$

풀이

(a) $f(x)=\ln x$와 $g(x)=x-1$이라고 하자. 이들은 $x=1$에서 미분가능하고, $f'(x)=\dfrac{1}{x}$, $g'(x)=1$이므로 로피탈의 정리를 사용하면 다음과 같다.

$$\lim_{x \to 1} \frac{\ln x}{x-1} = \lim_{x \to 1} \frac{\frac{1}{x}}{1} = \lim_{x \to 1} \frac{1}{x} = 1$$

(b) $f(x)=x^2+x$와 $g(x)=x^3-1$이라고 하자. 이들은 모든 실수에서 미분가능하고, $f'(x)=2x+1$, $g'(x)=3x^2$이므로 로피탈의 정리를 사용하면 다음과 같다.

$$\lim_{x \to \infty} \frac{x^2+x}{x^3-1} = \lim_{x \to \infty} \frac{2x+1}{3x^2}$$

이때 우변의 극한도 $\frac{\infty}{\infty}$ 형태의 부정형이 된다. 다시 $f(x)=2x+1$과 $g(x)=3x^2$이라면 $f'(x)=2$, $g'(x)=6x$다. 따라서 로피탈의 정리를 한 번 더 사용하면 다음이 성립한다.

$$\lim_{x\to\infty}\frac{2x+1}{3x^2}=\lim_{x\to\infty}\frac{2}{6x}=\frac{1}{3}\lim_{x\to\infty}\frac{1}{x}=0$$

그러므로 구하고자 하는 극한은 다음과 같다.

$$\lim_{x\to\infty}\frac{x^2+x}{x^3-1}=\lim_{x\to\infty}\frac{2x+1}{3x^2}=\frac{1}{3}\lim_{x\to\infty}\frac{1}{x}=0$$

Section 6.4 확인문제

1. 함수 $f(x)=x^3-3x^2+4$에 대해 구간 $[-1, 2]$에서 롤의 정리를 만족하는 c를 구하라.

2. 함수 $f(x)=x^3-3x^2+4$에 대해 구간 $[-1, 3]$에서 평균값 정리를 만족하는 c를 구하라.

3. 다음 식의 근삿값을 구하라.

(a) $\sqrt[3]{28}$ (b) $\frac{1}{1+1.01^2}$

(c) $\ln(1.04)$ (d) $e^{0.2}$

Hint 근삿값을 구하기 위해 함수를 정의한다.

4. 로피탈의 정리를 이용하여 다음 부정형의 극한을 구하라.

(a) $\lim_{x\to 0}\frac{\sin x}{x}$ (b) $\lim_{x\to 0}\frac{1-\cos 2x}{2x^2}$

(c) $\lim_{x\to\infty}x^{\frac{1}{x}}$ (d) $\lim_{x\to 0^+}x^x$

5. 함수 $f(x)=x^2-3x+2$가 두 x 절편 사이의 어떤 점에서 $f'(x)=0$임을 보여라.

6.5 함수의 극대와 극소

이 절에서는 도함수를 이용하여 함수 $f(x)$의 극댓값과 극솟값을 구하고, 이를 이용하여 그래프를 그려 보고자 한다. 또한 사회과학이나 공학에서 도함수가 어떻게 응용되는지 간단히 살펴보자.

함수의 증가와 감소

함수 $f(x)$가 [그림 6-9(a)]와 같이 어떤 구간 I에 속하는 임의의 두 점 x_1, x_2에 대하여 $x_1 < x_2$일 때, $f(x_1) < f(x_2)$이면 함수 $f(x)$는 구간 I에서 **증가한다**increasing고 한다. 그리고 [그림 6-9(b)]와 같이 $x_1 < x_2$일 때, $f(x_1) > f(x_2)$이면 함수 $f(x)$는 구간 I에서 **감소한다**decreasing고 한다.

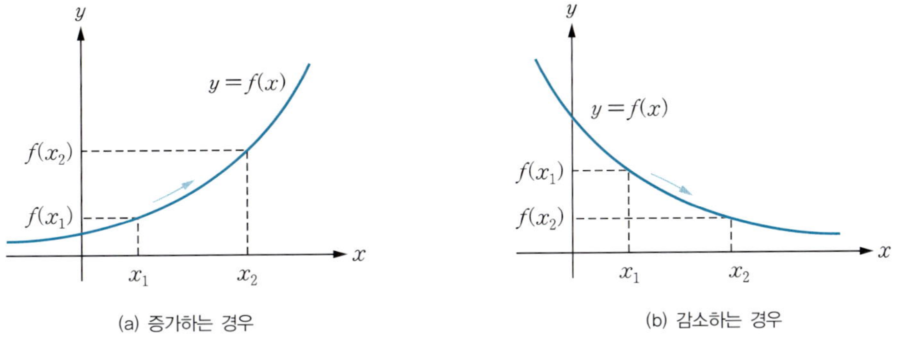

[그림 6-9] 함수의 증가와 감소

또한 [그림 6-10(a)]와 같이 함수 $f(x)$가 $x = a$에서 정의되고 충분히 작은 양수 h에 대하여 $f(a-h) < f(a) < f(a+h)$이면 함수 $f(x)$는 $x = a$에서 **증가 상태**increasing state에 있다고 한다. 그리고 [그림 6-10(b)]와 같이 $f(a-h) > f(a) > f(a+h)$이면 함수 $f(x)$는 $x = a$에서 **감소 상태**decreasing state에 있다고 한다.

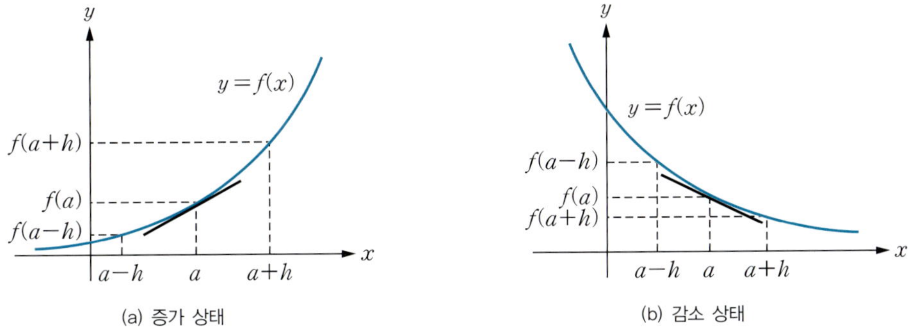

[그림 6-10] 함수의 증가 상태와 감소 상태

함수 $f(x)$가 $x=a$에서 증가 상태에 있으면 그 점에서 접선의 기울기가 양수이고([그림 6-10(a)]), 감소 상태에 있으면 그 점에서 접선의 기울기가 음수이다([그림 6-10(b)]). [정리 6-15]는 한 점 $x=a$에서 함수 $f(x)$의 증감 상태와 접선의 기울기를 나타내는 도함수 사이의 관계를 나타낸다.

정리 6-15 증감 판정법

함수 $f(x)$가 $x=a$에서 미분가능할 때 도함수의 부호에 따라 증감 상태는 다음과 같다.

(1) $f'(a)>0$이면, $f(x)$는 $x=a$에서 증가 상태다.

(2) $f'(a)<0$이면, $f(x)$는 $x=a$에서 감소 상태다.

예제 6-24

다음 함수가 증가할 때와 감소할 때 x값의 범위를 구하라.

(a) $f(x)=x^2-2x-3$

(b) $f(x)=-x^2+2x+1$

풀이

(a) $f'(x)=2x-2$이므로 $f'(1)=0$이다. 이때 [그림 6-11(a)]와 같이 $x<1$이면 $f'(x)<0$이므로 $f(x)$는 감소한다. 또한 $x>1$이면 $f'(x)>0$이므로 $f(x)$는 증가한다. 그러므로 $f(x)$가 감소하는 범위는 $x<1$이고, 증가하는 범위는 $x>1$이다.

(b) $f'(x)=-2x+2$이므로 $f'(1)=0$이다. 이때 [그림 6-11(b)]와 같이 $x<1$이면 $f'(x)>0$이므로 $f(x)$는 증가한다. 또한 $x>1$이면 $f'(x)<0$이므로 $f(x)$는 감소한다. 그러므로 $f(x)$가 감소하는 범위는 $x>1$이고, 증가하는 범위는 $x<1$이다.

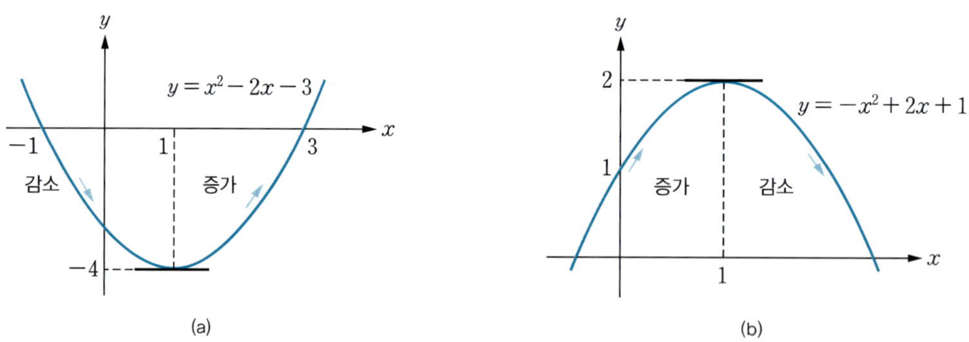

[그림 6-11] 함수 $y=x^2-2x-3$과 $y=-x^2+2x+1$의 그래프의 증가와 감소

함수의 극대와 극소

[그림 6-11(a)]를 보면 함수 $f(x)=x^2-2x-3$은 $x=1$ 부근에서 $x=1$을 기준으로 감소하다가 증가하는 모양이다. 그리고 이 구간의 모든 x에 대하여 $f(x)\geq f(1)=-4$이다. 이와 같이 $x=a$를 기준으로 함수 $f(x)$가 감소 상태에서 증가 상태로 바뀌면 $f(x)\geq f(a)$이다. 이때 함수 $f(x)$는 $x=a$에서 **극소**minimal라고 하고 $f(a)$를 **극솟값**relative minimum value이라 한다.

또한 [그림 6-11(b)]를 보면 함수 $f(x)=-x^2+2x+1$은 $x=1$ 부근에서 $x=1$을 기준으로 증가하다가 감소하는 모양이다. 이 구간의 모든 x에 대하여 $f(x)\leq f(1)=2$이다. 이와 같이 $x=a$를 기준으로 함수 $f(x)$가 증가 상태에서 감소 상태로 바뀌면 $f(x)\leq f(a)$이다. 이때 $f(x)$는 $x=a$에서 **극대**maximal라 하고 $f(a)$를 **극댓값**relative maximum value이라 한다. 그리고 극댓값과 극솟값을 통틀어 **극값**extreme value이라 한다.

$f(x)=|x|$는 모든 실수 x에 대해 $|x|\geq 0$이고, $f(0)=0$이므로 $f(x)=|x|$는 $x=0$에서 극솟값(동시에 최솟값)을 갖는다. 그러나 이 함수는 $x=0$에서 미분 불가능하다. [그림 6-12]는 함수 $y=f(x)$가 극댓값과 극솟값을 갖는 경우를 각각 나타낸 그래프이다.

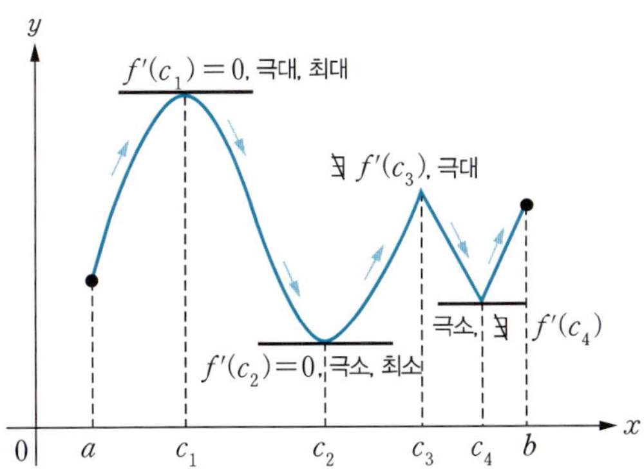

[그림 6-12] **함수의 극대·극소와 최대·최소**

[그림 6-12]는 함수 $y=f(x)$의 그래프에서 극댓값과 극솟값을 나타낸 그래프이다. [그림 6-12]와 같이 구간 $[a, b]$에서 연속인 함수 $y=f(x)$를 생각해보자. 그러면 $y=f(x)$는 이 구간에서 최댓값과 최솟값을 갖는다(5.5절 [정리 5-5]). 특히 $x=c_1$에서 $f'(c_1)=0$이므로 $f(c_1)$은 극댓값이면서 동시에 최댓값이다. 그리고 $x=c_2$에서 $f'(c_2)=0$이므로 $f(c_2)$는 극솟값이면서 동시에 최솟값이다. 따라서 극값을 갖는 점에 대해 다음 정리가 성립한다.

정리 6-16 페르마의 정리 Fermat's theorem

함수 $f(x)$가 개구간 I에서 연속이고 이 구간의 한 점 $x=a$에서 극값을 갖는다면, $f'(a)=0$이거나 $f'(a)$가 존재하지 않는다.

■ 임계점과 극값

함수 $f(x)$가 정의역의 한 점 $x=a$에서 $f'(a)=0$이거나 $f'(a)$가 존재하지 않을 때, 점 $x=a$를 함수 $f(x)$의 **임계점**critical point이라 한다. 따라서 [정리 6-16]에 의해 함수 $f(x)$가 $x=a$에서 극값을 갖는다면, $x=a$는 함수 $f(x)$의 임계점이다. 그러나 역은 항상 성립하는 것은 아니다. 즉, $x=a$가 함수 $f(x)$의 임계점이라 해서 $x=a$에서 항상 극값을 갖는 것은 아니다.

예를 들어, $f(x)=x^3$은 $f'(x)=3x^2$이므로 $x=0$에서 $f'(0)=0$, 즉 $x=0$은 $f(x)=x^3$의 임계점이다. 그러나 $x=0$의 좌우에서 $f'(x)=3x^2>0$이므로, $x=0$ 부근에서 함숫값이 계속 증가하고 극값을 갖지 않는다. 따라서 임계점을 구했을 때, 이 임계점을 기준으로 함수의 증감 상태를 조사하면 임계점에서 함수 $f(x)$가 극값을 갖는지 알 수 있다. 다음 정리는 어떠한 임계점에서 극값을 갖는지를 보여준다.

정리 6-17 1계 도함수의 극값 판정법

함수 $f(x)$가 임계점 $x=a$를 포함하는 적당한 구간에서 미분가능하다고 하자.
(이때 $f'(a)$가 존재하지 않아도 무방하다.)

(1) a의 좌우에서 $f'(x)$가 양의 부호(+)에서 음의 부호(−)로 변하면 $f(a)$는 극댓값이다.
(2) a의 좌우에서 $f'(x)$가 음의 부호(−)에서 양의 부호(+)로 변하면 $f(a)$는 극솟값이다.
(3) a의 좌우에서 $f'(x)$의 부호가 변하지 않으면 $f(a)$는 극값을 갖지 않는다.

예제 6-25

함수 $f(x)=2x^3-9x^2+12x-1$에 대해 다음을 구하라.

(a) 증가하는 구간, 감소하는 구간　　(b) 극댓값과 극솟값

풀이

(a) $f'(x)=6x^2-18x+12=6(x-1)(x-2)$이므로 다음과 같이 $f'(x)$가 0이 되는 임계점을 구할 수 있다.

$$f'(x)=6(x-1)(x-2)=0$$
$$x=1,\ x=2$$

따라서 $x=1$과 $x=2$를 기준으로 증감표를 작성해보면 다음과 같다.

x	$\cdots$	1	$\cdots$	2	$\cdots$
$f'(x)$	+	0	−	0	+
$f(x)$	↗	극대 4	↘	극소 3	↗

따라서 증가하는 구간은 $(-\infty,1)$, $(2,\infty)$이고 감소하는 구간은 $(1,2)$이다.

(b) $x=1$에서 극댓값이 4이고, $x=2$에서 극솟값이 3이다.

함수의 볼록성

[그림 6-13(a)]와 같이 어떤 구간 $[a,b]$에서 두 점 A와 B를 잇는 선분 AB가 $y=f(x)$의 그래프보다 위쪽에 놓이게 되면, 곡선 $y=f(x)$는 **아래로 볼록**convex downward 또는 **위로 오목**concave upward이라 한다. 이때 접선의 기울기는 음수에서 양수로 증가하는 것을 볼 수 있다. 따라서 접선의 기울기인 $f'(x)$가 증가하므로 이 도함수 $f'(x)$의 도함수인 2계 도함수 $f''(x)$는 양수이다.

반대로, [그림 6-13(b)]와 같이 선분 AB가 $y=f(x)$의 그래프보다 아래쪽에 놓이게 되면, 곡선 $y=f(x)$는 **위로 볼록**convex upward 또는 **아래로 오목**concave downward이라 한다. 곡선이 위로 볼록인 경우에는 접선의 기울기 $f'(x)$가 양수에서 음수로 감소하는 것을 볼 수 있다. 따라서 $f'(x)$가 감소하므로 2계 도함수 $f''(x)$는 음수이다.

그리고 [그림 6-13(c)]와 같이 곡선 $y=f(x)$ 위의 한 점 $P(c,\ f(c))$의 좌우에서 곡선의 볼록성이 변할 때, 점 P를 곡선 $y=f(x)$의 **변곡점**inflection point이라고 한다. 그러면 이 변곡점에서는 선분 AB가 $y=f(x)$의 그래프를 가로지르는 것을 확인할 수 있다.

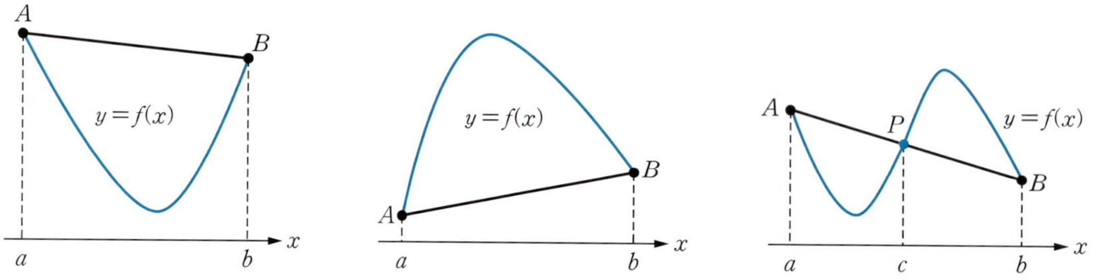

(a) 아래로 볼록 (b) 위로 볼록 (c) 변곡점 P

[그림 6-13] 곡선의 볼록성과 변곡점

곡선의 볼록성과 함수 $y=f(x)$의 2계 도함수 사이에는 다음과 같은 관계가 성립한다.

정리 6-18 볼록성과 2계 도함수의 관계

어떤 구간 I에서 함수 $y=f(x)$의 2계 도함수 $f''(x)$가 존재할 때 다음이 성립한다.

(1) $f''(x)>0$이면 함수 $y=f(x)$가 구간 I에서 아래로 볼록이다.

(2) $f''(x)<0$이면 함수 $y=f(x)$가 구간 I에서 위로 볼록이다.

(3) $x=a$에서 변곡점을 갖는다면 $f''(a)$는 0이거나 존재하지 않는다.

한편 함수 $y=f(x)$가 $x=a$에서 극값을 갖고 a를 포함하는 어떤 구간에서 $f''(x)<0$이라 하자. $f(x)$의 그래프는 극점 부근에서 위로 볼록하므로 $f(a)$는 극댓값이다. 반대로 $f''(x)>0$이라 하면 극점 부근에서 아래로 볼록이므로 $f(a)$는 극솟값이다. 따라서 다음과 같이 $y=f(x)$의 2계 도함수를 이용하여 극값을 판정할 수 있다.

정리 6-19 2계 도함수의 극값 판정법

함수 $y=f(x)$에 대하여 $f'(a)=0$이고 a를 포함하는 적당한 개구간에서 $f''(x)$가 존재한다고 하자.

(1) $f''(a)<0$이면 $f(x)$는 $x=a$에서 극댓값 $f(a)$를 갖는다.

(2) $f''(a)>0$이면 $f(x)$는 $x=a$에서 극솟값 $f(a)$를 갖는다.

예제 6-26

함수 $f(x)=x^5-5x$에 대해 다음을 구하라.

(a) 변곡점

(b) 위로 볼록인 구간

(c) 아래로 볼록인 구간

(d) 극값

풀이

(a) 변곡점을 구하기 위하여 2계 도함수를 먼저 구한다.

$$f'(x)=5x^4-5=5(x-1)(x+1)(x^2+1)$$

$$f''(x)=20x^3$$

$f''(x)=20x^3=0$을 만족하는 $x=0$이므로 변곡점은 $(0,\ 0)$이다.

x	$\cdots$	0	$\cdots$
$f''(x)$	$-$	0	$+$

(b) $f''(x)<0$일 때 그래프가 위로 볼록이다. 따라서 위로 볼록인 구간은 $(-\infty,0)$이다.

(c) $f''(x)>0$일 때 그래프가 아래로 볼록이다. 따라서 아래로 볼록인 구간 $(0,\ \infty)$이다.

(d) 임계점은 $f'(x)=5(x-1)(x+1)(x^2+1)=0$을 만족하는 $x=-1,\ 1$이다. 이 두 점에서 각각 $f''(-1)=-20<0,\ f''(1)=20>0$이므로 극댓값은 $f(-1)=4$이고 극솟값은 $f(1)=-4$이다.

■ 함수의 최대와 최소

5장에서 살펴본 것과 같이 함수 $y=f(x)$가 구간 $[a, b]$에서 연속이면, $[a, b]$에서 $f(x)$의 최댓값과 최솟값이 존재한다. 구간 $[a, b]$에서 함수 $f(x)$의 극댓값과 경계값 $f(a)$, $f(b)$ 중에서 가장 큰 값이 $f(x)$의 최댓값, 구간 $[a, b]$에서 함수 $f(x)$의 극솟값과 경계값 $f(a)$, $f(b)$ 중에서 가장 작은 값이 $f(x)$의 최솟값이다.

예제 6-27

구간 $[-1, 2]$에서 함수 $f(x)=\ln(x^2+1)$의 최댓값과 최솟값을 구하라.

풀이

우선 극값을 구한다. $f'(x)=\dfrac{2x}{1+x^2}$이므로 임계점은 $x=0$ 이고, $f''(x)=-\dfrac{2(x^2-1)}{(x^2+1)^2}$이다.

$$f''(0)=2>0$$

$f''(x)>0$이므로 $x=0$에서 극솟값 $f(0)=0$을 갖는다. 그리고 양 끝점에서 함숫값은 각각 다음과 같다.

$$f(-1)=\ln 2, \qquad f(2)=\ln 5$$

따라서 최댓값은 $\ln 5$이고 최솟값은 0이다.

함수의 그래프

지금까지 살펴본 함수의 극한, 함수의 증가와 감소, 임계점과 변곡점 그리고 함수의 극값과 볼록성 등을 이용하면 함수 $y=f(x)$의 그래프를 쉽고 정확하게 그릴 수 있다. 함수의 그래프를 그리는 방법은 다음과 같다.

❶ 정의역을 조사한다.

❷ 절편을 확인한다. $f(0)=k$이면 y절편은 k이고, $f(c)=0$이면 x절편은 c다.

❸ 대칭성을 조사한다. 만일 $f(-x,\ y)=f(x,\ y)$이면 함수는 y축에 관하여 대칭이고, $f(x,\ -y)=f(x,\ y)$이면 x축에 관하여 대칭이다. 또한 $f(-x,\ -y)=f(x,\ y)$이면 원점에 관하여 대칭이다.

❹ $f'(c)=0$ 또는 $f'(c)$가 존재하지 않는 임계점을 구한다.

❺ 임계점을 기준으로 함수의 증가·감소 범위를 구한다.

❻ 1계 도함수 또는 2계 도함수 판정법으로 극값을 구한다.

❼ $f''(c)=0$ 또는 $f''(c)$가 존재하지 않는 변곡점을 구하고, 볼록성을 조사한다.

❽ 수직·수평점근선과 경사점근선을 구한다. 만일 $\lim\limits_{x\to a^-} f(x)=\pm\infty$ 또는 $\lim\limits_{x\to a^+} f(x)=\pm\infty$ 이면 $x=a$가 수직점근선이고, $\lim\limits_{x\to\pm\infty} f(x)=k$이면 $y=k$가 수평점근선이다. 또한 $\lim\limits_{x\to\pm\infty} g(x)=0$이 되는 함수 $g(x)$에 대하여 $f(x)=ax+b+g(x)$로 표현할 수 있으면 $y=ax+b$가 경사점근선이다.

예제 6-28

함수 $f(x)=\dfrac{x^2-2x+2}{x+1}$ 의 그래프를 그려라.

풀이

함수 $y=f(x)=x-3+\dfrac{5}{x+1}$ 의 정의역은 $x\neq-1$ 인 모든 실수들의 집합이다. $f(0)=2$이므로 y절편은 2이고, 모든 실수에 대하여 $x^2-2x+2=(x-1)^2+1>0$이므로 x절편은 없다. 또한 1계 도함수와 2계 도함수는 각각 다음과 같다.

$$f'(x)=1-\frac{5}{(x+1)^2}$$
$$f''(x)=\frac{10}{(x+1)^3}$$

$f'(x)=0$인 임계점은 $x=-1-\sqrt{5}$, $x=-1+\sqrt{5}$ 이고, $f''(x)=0$인 변곡점은 없다. 이제 $f'(x)$와 $f''(x)$의 부호, 함수 f의 증가 · 감소와 극값, 볼록성을 조사하면 다음 표와 같다.

x	$\cdots$	$-1-\sqrt{5}$	$\cdots$	-1	$\cdots$	$-1+\sqrt{5}$	$\cdots$
$f'(x)$	$+$	0	$-$		$-$	0	$+$
$f''(x)$	$-$	$-$	$-$		$+$	$+$	$+$
$f(x)$	↗	극대	↘		↘	극소	↗
	↷	$-2(2+\sqrt{5})$	↷		↶	$-2(2-\sqrt{5})$	↶

이때 $\lim\limits_{x\to-1^-}\dfrac{x^2-2x+2}{x+1}=-\infty$, $\lim\limits_{x\to-1^+}\dfrac{x^2-2x+2}{x+1}=\infty$ 이므로 수직점근선은 $x=-1$ 이고, $\lim\limits_{x\to\infty}\dfrac{5}{x+1}=0$, $\lim\limits_{x\to-\infty}\dfrac{5}{x+1}=0$이므로 경사점근선은 $y=x-3$이다.

이와 같은 사실을 종합하여 그래프를 그리면 다음과 같다.

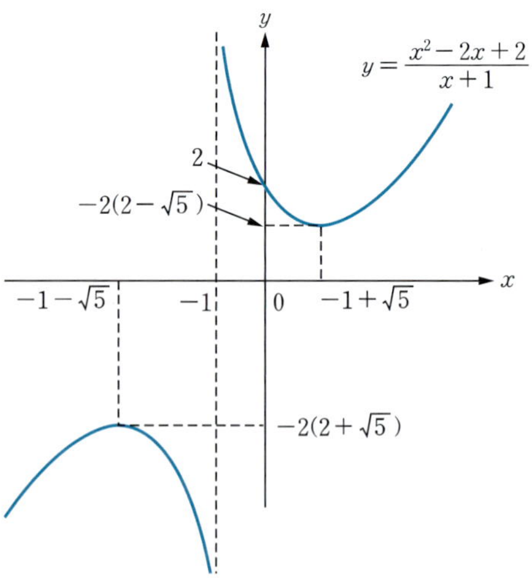

극대와 극소의 응용

이제 극대와 극소를 응용하는 간단한 문제를 몇 가지 살펴보자.

예제 6-29

길이가 10 cm 인 실을 두 부분으로 잘라서 하나로는 정사각형을 만들고 다른 하나로는 원을 만들려고 한다. 이 원과 정사각형의 넓이의 합을 S라고 할 때, S의 최솟값을 구하라.

풀이

길이 10 cm 인 실을 x cm 와 y cm 로 잘라서 x cm 로 정사각형을 만들고 y cm 로 원을 만든다고 하자. 그러면 정사각형의 한 변의 길이는 $\frac{x}{4}$cm 이고, 원 둘레의 길이가 y cm 이므로 원의 반지름은 $r = \frac{y}{2\pi}$다. 따라서 사각형의 넓이와 원의 넓이의 합은 다음과 같다.

$$S = \left(\frac{x}{4}\right)^2 + \pi\left(\frac{y}{2\pi}\right)^2 = \frac{x^2}{16} + \frac{y^2}{4\pi}$$

한편 $x + y = 10$이므로 $y = 10 - x$ (단, $0 < x < 10$)이고 다음이 성립한다.

$$S = \frac{x^2}{16} + \frac{(10-x)^2}{4\pi} = \frac{1}{16\pi}\{(4+\pi)x^2 - 80x + 400\} \quad (\text{단, } 0 < x < 10)$$

이제 S가 최소가 되는 x를 찾기 위해 S의 극값을 구해보자.

$$\frac{dS}{dx} = \frac{(4+\pi)x - 40}{8\pi}$$

$(4+\pi)x - 40 = 0$으로부터 임계점 $x = \frac{40}{4+\pi}$을 얻는다. 한편 $0 < x < 10$이므로 $x = \frac{40}{4+\pi}$ 부근에서 S의 증감표를 작성하면 다음과 같다.

x	0	$\cdots$	$\frac{40}{4+\pi}$	$\cdots$	10
S'	╳	$-$	0	$+$	╳
S	╳	↘	극소 $\frac{25}{4+\pi}$	↗	╳

따라서 $x = \frac{40}{4+\pi}$ cm 에서 S의 최솟값(동시에 극솟값)은 $\frac{25}{4+\pi}$ cm^{2}이다.

예제 6-30

유명 연예인에 대한 소문은 다음 식과 같은 속도로 퍼져나간다고 한다. 여기서 $f(x)$는 $[0, x]$ 시간에서 그 소문을 알고 있는 네티즌의 비율이다.

$$f(x)=\frac{1}{1+ae^{-kx}} \quad (\text{단, } a\text{와 } k\text{는 양수})$$

(a) $\lim_{x\to\infty} f(x)$를 구하라.

(b) 소문의 확산 속도를 구하라.

(c) $a=1$, $k=1$일 때, $f(x)$의 그래프를 그려라.

(d) $a=1$, $k=1$일 때, 네티즌의 80%가 그 소문을 듣기까지 걸린 시간을 구하라.

풀이

(a) $\lim_{x\to\infty} f(x)=\lim_{x\to\infty}\frac{1}{1+ae^{-kx}}=1$

(b) 소문의 확산 속도는 $f'(x)$이고 $f'(x)=\frac{kae^{-kx}}{(1+ae^{-kx})^2}$이다.

(c) $x>0$에 대하여 $f'(x)=\frac{e^{-x}}{(1+e^{-x})^2}$이고 e^{2x}를 분모와 분자에 곱하면 $f'(x)=\frac{e^x}{(1+e^x)^2}>0$ 이므로 $f(x)$는 증가함수다.

또한 $f''(x)=-\frac{e^x(e^x-1)}{(1+e^x)^3}$ 이므로 $x>0$에서 $f''(x)<0$이다. 따라서 $f(x)$는 위로 볼록이다.

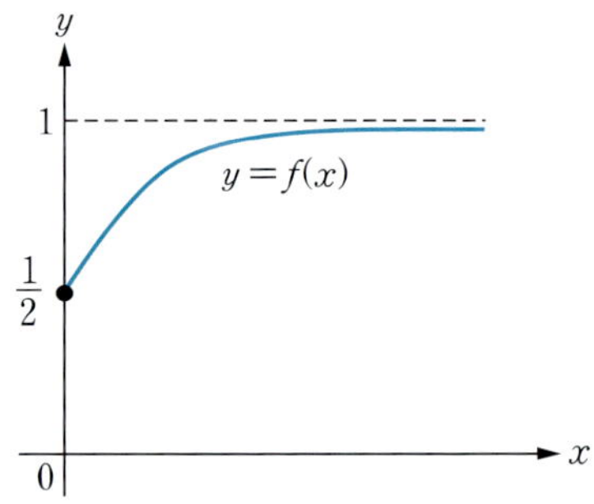

특히 $f(0)=\frac{1}{2}$ 이므로 (a)에 의하여 $f(x)$의 그래프는 오른쪽 그림과 같다.

(d) 네티즌의 80%가 그 소문을 듣기까지 걸린 시간은 다음과 같다.

$$\frac{1}{1+e^{-x}}=\frac{8}{10}$$

$$e^{-x}=\frac{1}{4}$$

$$-x=\ln\frac{1}{4}=-2\ln 2$$

$$x=2\ln 2=1.39(\text{시간})$$

Section 6.5 확인문제

1. 다음 함수가 증가할 때와 감소할 때 x값의 범위를 각각 구하라.

(a) $f(x)=x^4-2x^2+2$

(b) $f(x)=\dfrac{1}{2}x-\sin x,\ 0<x<2\pi$

(c) $f(x)=x-\ln x$

(d) $f(x)=x^2+\dfrac{16}{x}$

2. 이차함수 $f(x)=ax^2+bx+c\,(a\neq 0)$가 증가할 때와 감소할 때 x값의 범위를 각각 구하라.

Hint a의 부호에 따라 다르다.

3. 다음 함수의 극값을 구하라.

(a) $f(x)=x^4-4x^3+3x^2$

(b) $f(x)=\sin x+\cos x\ ,\ 0<x<2\pi$

(c) $f(x)=x\sqrt{4-x^2}$

(d) $f(x)=x\ln x$

4. 다음 함수의 주어진 구간에서 극값, 최댓값 또는 최솟값을 구하라.

(a) $f(x)=x^3+3x^2,\ [-3,\ 1]$

(b) $f(x)=\dfrac{x^2-3}{x-2},\ [0,\ 5]$

(c) $f(x)=x\ln x,\ (0,\ 2]$

(d) $f(x)=x^2\sqrt{4-x}\ ,\ [-2,\ 4]$

(e) $f(x)=xe^x,\ [-2,\ 0]$

(f) $f(x)=\sin x+\cos x,\ [0,\ 2\pi]$

5. 다음 함수가 위로 볼록일 때와 아래로 볼록일 때의 x값의 범위를 각각 구하라.

(a) $f(x)=-x^6+x^4$

(b) $f(x)=x+\dfrac{1}{x}$

(c) $f(x)=x-\ln x$

(d) $f(x)=x^2e^x$

6. 2계 도함수의 극값 판정법을 이용하여 $0\leq x\leq 2\pi$에서 $f(x)=e^{-x}\sin x$의 극값을 구하라.

7. 다음 함수의 그래프를 그려라.

(a) $f(x)=\dfrac{x}{x^2-1}$

(b) $f(x)=\dfrac{x}{(x+1)^2}$

(c) $f(x)=e^{-\frac{x^2}{2}}$

(d) $f(x)=x^2\log_2 x$

8. 한 변의 길이가 12cm인 정사각형 모양 판자의 네 귀퉁이를 동일한 정사각형으로 잘라내어 뚜껑이 없는 상자를 만들려고 한다. 이 상자의 부피를 V라고 할 때, V의 최댓값을 구하라.

9. 한쪽 끝이 고정된 용수철에 매달려 있다. 이때 지면을 기준으로 물체의 높이를 y(cm), 시간을 x(초)라고 하자. x초에서 물체의 높이가 $y=\frac{1}{3}\cos 12x-\frac{1}{4}\sin 12x$ 일 때 다음을 구하라.

(a) $x=\frac{\pi}{8}$초일 때, 이 물체의 높이와 속도

(b) 이 물체의 최대 높이

Hint 속도는 높이의 도함수이다.

Chapter 06 연습문제

※ 도함수의 정의를 이용하여 다음 함수의 도함수를 구하라.

6.1 $f(x)=(2x+3)^2$

6.2 $f(x)=\dfrac{x}{2x+1}$

※ $x=0$에서 다음 함수의 미분계수를 구하라.

6.3 $f(x)=x^2|x|$

6.4 $f(x)=x+|x|$

6.5 미분가능한 함수 f와 g가 $\lim\limits_{x\to0}\dfrac{f(x)}{x}=1$이고 $f(1)=0$, $f'(1)=4$, $g(1)=1$, $g'(1)=1$을 만족할 때, 다음 극한을 구하라.

(a) $\lim\limits_{x\to1}\dfrac{f(x-1)+g(x)-1}{x^2-1}$

(b) $\lim\limits_{x\to1}\dfrac{f(x)+g(x)-1}{x^2-1}$

Hint 연속과 미분계수의 정의를 이용한다.

※ 다음 함수의 도함수를 구하라.

6.6 $f(x)=\dfrac{x+2}{x^2-1}$

6.7 $f(x)=\sqrt{x+\sqrt{x}}$

6.8 $f(x)=|x|\sin x$

6.9 $f(x)=\tan(x+\sin 2x)$

6.10 타원 $\dfrac{x^2}{a^2}+\dfrac{y^2}{b^2}=1$ 위의 점 $(x_0,\ y_0)$에서 접선의 방정식을 구하라.

※ 다음 함수에 대하여 $(f^{-1})'(c)$를 구하라.

6.11 $f(x)=x+\sqrt{x}$, $c=6$

6.12 $f(x)=\dfrac{3x+2}{2x-11}$, $c=-\dfrac{8}{7}$

※ 다음 극한을 구하라.

6.13 $\lim_{x \to \infty} x \sin \frac{1}{x}$

6.14 $\lim_{x \to \infty} (\ln(4x-1) - \ln(x+1))$

6.15 $\lim_{x \to 0+} x^{-1/\ln x}$

6.16 $\lim_{x \to \frac{\pi}{2}} (\sec x - \tan x)$

※ 다음 함수의 그래프를 그려라.

6.17 $f(x) = \frac{1}{x^3 - 1}$

6.18 $f(x) = e^x \sin x,\ \ 0 \le x \le 2\pi$

6.19 잔잔한 호수에 조약돌이 떨어지면 동심원 형태의 잔물결이 일어난다. 바깥쪽 물결의 반지름 r은 1초에 30cm씩 일정한 비율로 커진다. 반지름의 길이가 90cm인 순간에 물결에 의한 원의 넓이의 변화율을 구하라.

Hint 반지름을 r이라 하면 반지름이 1초에 30cm씩 일정한 비율로 커지므로 $\frac{dr}{dt} = 30$이다.

6.20 다음 그림과 같이 정사각형 바닥면과 4개의 옆면의 넓이의 합이 $300\,\text{cm}^2$이 되는 뚜껑이 없는 직육면체를 만들려고 한다. 이때 최대 부피를 갖는 직육면체를 만들기 위한, 바닥면의 한 변의 길이와 높이를 구하라.

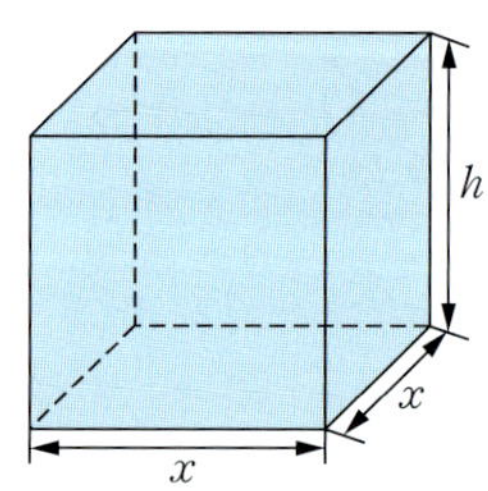

6.21 직선 궤도 위를 일정한 가속도 $-3\,\text{m/s}^2$으로 달리는 전동차가 제동을 걸기 시작하여 완전히 멈출 때까지 걸린 시간과 움직인 거리를 구하라. 단, $150\,\text{m/s}$의 속도에서 제동을 걸기 시작하였다.

Hint 전동차의 속도는 $v(t) = 150 - 3t$이고 멈출 때까지 움직인 거리는 $x(t) = \frac{1}{2}(-3)t^2 + 150t$이다.

6.22 일직선인 고속도로 위에서 자동차가 $100\,\text{km/h}$의 속도로 달리고 있다. 운전자가 휴게소 안내판을 발견하고 일정한 가속도 $5\,\text{km/h}^2$으로 속도를 줄여서 멈추려고 한다. 휴게소 안내판을 지나는 순간부터 정지하는 순간까지의 시간과 움직인 거리를 구하라.

Hint 자동차의 속도는 $v(t) = 100 - 5t$이고 정지할 때까지 움직인 거리는 $x(t) = \frac{1}{2}(-5)t^2 + 100t$이다.

Chapter

07

적분법

Integration

학습목표

- 부정적분의 정의를 정확히 알고, 미분과 적분의 관계를 이해할 수 있다.
- 정적분의 의미를 이해하고, 정적분 문제를 해결할 수 있다.
- 부정적분과 정적분을 쉽게 구하는 적분법을 이용하여 다양한 문제를 풀 수 있다.
- 정적분을 이용하여 다양한 응용문제를 풀 수 있다.

역도함수로서의 적분은 낙하하는 물체의 속도, 이상기체의 압력과 부피 사이의 관계를 비롯한 여러 가지 물리학적·공학적인 문제를 해결하는 매우 중요한 도구이다. 또한 확률밀도함수를 포함한 다양한 확률 문제에서도 필수적인 도구로 사용되고 있다. 이 장에서는 부정적분과 정적분의 개념을 정확히 이해하고, 다양한 적분 방법을 습득하기 위하여 유형별로 적분법을 소개한다. 그리고 소개된 적분법을 이용하여 다양한 형태의 응용문제를 해결하도록 한다.

7.1 부정적분

6장에서 배운 미분법을 사용하면 함수 $F(x)=x^2$의 도함수는 $F'(x)=2x$이다. 그러면 미분한 결과가 $2x$인 함수는 x^2 뿐일까? 어떤 함수가 주어지면 그 함수의 도함수를 구할 수 있듯이, 어떤 함수 $F(x)$의 도함수 $f(x)$를 알 때도 도함수 $f(x)$를 이용하여 미분하기 전의 함수 $F(x)$를 구할 수 있다. 이 절에서는 미분하여 $f(x)$가 되는 원래의 함수 $F(x)$를 구하는 방법에 대하여 살펴본다.

부정적분의 정의

연속함수 $f(x)$의 정의역 D에 있는 모든 x에 대하여, 어떤 함수 $F(x)$를 미분하여 $f(x)$가 될 때를 살펴보자. 이때 함수 $F(x)$를 $f(x)$의 **원시함수**primitive function라 하고 다음과 같이 나타낸다.

$$F(x)=\int f(x)dx$$

예를 들어, $F(x)=x^2$을 미분하면 $F'(x)=2x$이므로 함수 x^2은 $2x$의 원시함수다. 뿐만 아니라 함수 x^2+1과 x^2-2도 미분하면 $2x$가 되므로, 이 함수들도 $2x$의 원시함수다. 일반적으로 임의의 상수 C에 대하여 x^2+C를 미분하면 $2x$가 되므로 x^2+C가 $2x$의 원시함수이고, 이를 다음과 같이 나타낸다.

$$\int 2x dx=x^2+C \quad (\text{단, } C\text{는 임의의 상수})$$

이와 같이 어떤 함수 $f(x)$의 원시함수는 무수히 많으며, 각각의 원시함수는 상수만 다르게 나타난다. 즉, $F(x)$와 $G(x)$를 $f(x)$의 서로 다른 두 원시함수라 하면 다음이 성립한다.

$$G(x)-F(x)=C \qquad \text{또는} \qquad G(x)=F(x)+C$$

따라서 함수 $f(x)$의 특정한 원시함수를 $F(x)$라 하면 다음과 같이 표현할 수 있으며, 이를 $f(x)$의 **부정적분**indefinite integral이라 한다.

$$\int f(x)dx=F(x)+C$$

그리고 임의의 상수 C를 **적분상수**integration constant, 기호 $\int$를 **적분기호**symbol of integral, $f(x)$를 **피적분함수**integrand, x를 **적분변수**variable of integration라 한다. 부정적분 $F(x)$와 피적분함수 $f(x)$ 사이에는 다음 관계가 성립한다.

$$F(x)=\int f(x)dx \quad \Leftrightarrow \quad F'(x)=f(x)$$

즉, 부정적분은 미분의 역연산임을 알 수 있다. 따라서 미분과 부정적분 사이의 관계를 정리하면 다음과 같다.

$$\frac{d}{dx}\left(\int f(x)\,dx\right)=f(x) \qquad \text{: 미분은 적분의 역연산이다.}$$

$$\int\left(\frac{d}{dx}f(x)\right)dx=f(x)+C \qquad \text{: 적분은 미분의 역연산이다.}$$

예제 7-1

다음 부정적분 또는 도함수를 구하라.

(a) $\displaystyle\int\left(\frac{d}{dx}(x^2+e^x)\right)dx$ (b) $\displaystyle\frac{d}{dx}\left(\int \ln(x-1)\,dx\right)$

풀이

(a) $\displaystyle\int\left(\frac{d}{dx}(x^2+e^x)\right)dx=x^2+e^x+C$

(b) $\displaystyle\frac{d}{dx}\left(\int \ln(x-1)\,dx\right)=\ln(x-1)$

기본 적분법

부정적분은 미분의 역연산이므로 6장에서 살펴본 지수가 실수인 함수의 도함수에서 다음 적분 공식을 얻는다.

[표 7-1] 지수가 실수인 함수의 도함수와 부정적분

도함수	부정적분
$\dfrac{d}{dx}\left(\dfrac{x^{a+1}}{a+1}\right)=x^a$ (단, $a\neq -1$인 실수)	$\displaystyle\int x^a\,dx=\dfrac{x^{a+1}}{a+1}+C$ (단, $a\neq -1$인 실수)

또한 $F(x)=\displaystyle\int f(x)\,dx$, $G(x)=\displaystyle\int g(x)dx$ 이고 a, b가 임의의 상수일 때 다음이 성립한다.

$$\frac{d}{dx}[aF(x)+bG(x)]=a\frac{d}{dx}F(x)+b\frac{d}{dx}G(x)=af(x)+bg(x)$$

$$\int[af(x)+bg(x)]\,dx=a\int f(x)dx+b\int g(x)dx$$

이러한 성질을 부정적분의 **선형성**linear property이라 한다. 따라서 부정적분은 미분하는 방법과 유사하게 다음과 같은 순서로 구한다.

주어진 적분: $\displaystyle\int 2x\,dx$ → 적분의 변형: $2\displaystyle\int x\,dx$ → 적분: $2\left(\dfrac{1}{2}x^2+C_1\right)$ → 간단히 하기: x^2+C

[그림 7-1] 부정적분을 구하는 순서

예제 7-2

다음 부정적분을 구하라.

(a) $\displaystyle\int(x^3+3x^2-x+1)\,dx$ (b) $\displaystyle\int(x^2-1)(x+1)\,dx$

풀이

(a) $$\int(x^3+3x^2-x+1)\,dx=\int x^3\,dx+3\int x^2\,dx-\int x\,dx+\int 1\,dx$$
$$=\left(\frac{1}{4}x^4+C_1\right)+3\left(\frac{x^3}{3}+C_2\right)-\left(\frac{x^2}{2}+C_3\right)+(x+C_4)$$

여기서 $C_1+3C_2-C_3+C_4$를 적분상수 C로 표기하자.

$$\int(x^3+3x^2-x+1)\,dx=\frac{1}{4}x^4+x^3-\frac{1}{2}x^2+x+C$$

(b) $\int (x^2-1)(x+1)\,dx = \int (x^3+x^2-x-1)\,dx$

$$= \int x^3\,dx + \int x^2 dx - \int x\,dx - \int 1\,dx$$

$$= \left(\frac{1}{4}x^4 + C_1\right) + \left(\frac{1}{3}x^3 + C_2\right) - \left(\frac{1}{2}x^2 + C_3\right) - (x + C_4)$$

여기서 $C_1+C_2-C_3-C_4$를 적분상수 C로 표기하자.

$$\int (x^2-1)(x+1)\,dx = \frac{1}{4}x^4 + \frac{1}{3}x^3 - \frac{1}{2}x^2 - x + C$$

■ 삼각함수와 역삼각함수의 부정적분

삼각함수와 역삼각함수의 도함수로부터 다음 적분 공식을 얻는다.

[표 7-2] 삼각함수의 도함수와 부정적분

도함수	부정적분
$(\sin x)' = \cos x$	$\int \cos x\,dx = \sin x + C$
$(\cos x)' = -\sin x$	$\int \sin x\,dx = -\cos x + C$
$(\tan x)' = \sec^2 x$	$\int \sec^2 x = \tan x + C$
$(\cot x)' = -\mathrm{cosec}^2 x$	$\int \csc^2 x\,dx = -\cot x + C$
$(\sec x)' = \sec x \tan x$	$\int \sec x \tan x\,dx = \sec x + C$
$(\mathrm{cosec}\, x)' = -\mathrm{cosec}\, x \cot x$	$\int \mathrm{cosec}\, x \cot x\,dx = -\mathrm{cosec}\, x + C$

[표 7-3] 역삼각함수의 도함수와 부정적분

도함수	부정적분
$(\sin^{-1}x)' = \frac{1}{\sqrt{1-x^2}}$	$\int \frac{1}{\sqrt{1-x^2}}dx = \sin^{-1}x + C$
$(\cos^{-1}x)' = -\frac{1}{\sqrt{1-x^2}}$	$\int \frac{1}{\sqrt{1-x^2}}dx = -\cos^{-1}x + C$
$(\tan^{-1}x)' = \frac{1}{1+x^2}$	$\int \frac{1}{1+x^2}dx = \tan^{-1}x + C$

[표 7-3]으로부터 $\dfrac{1}{1+x^2}$ 형태인 유리함수와 $\dfrac{1}{\sqrt{1-x^2}}$ 형태인 무리함수의 부정적분을 구할 수 있다.

예제 7-3

다음 부정적분을 구하라.

(a) $\displaystyle\int (2x-3\sin x)\,dx$

(b) $\displaystyle\int \sec x\,(\sec x+\tan x)\,dx$

(c) $\displaystyle\int \frac{x^3+x+1}{1+x^2}dx$

(d) $\displaystyle\int\left(3\sqrt{x}+\frac{2}{\sqrt{1-x^2}}\right)dx$

풀이

(a)
$$\int (2x-3\sin x)\,dx=2\int x\,dx-3\int \sin x\,dx$$
$$=2\left(\frac{1}{2}x^2\right)-3(-\cos x)+C=x^2+3\cos x+C$$

(b)
$$\int \sec x\,(\sec x+\tan x)\,dx=\int (\sec^2 x+\sec x\tan x)\,dx$$
$$=\int \sec^2 x\,dx+\int \sec x\tan x\,dx=\tan x+\sec x+C$$

(c)
$$\int \frac{x^3+x+1}{1+x^2}dx=\int \frac{x(x^2+1)+1}{1+x^2}dx=\int\left(x+\frac{1}{1+x^2}\right)dx$$
$$=\int x\,dx+\int \frac{1}{1+x^2}dx=\frac{1}{2}x^2+\tan^{-1}x+C$$

(d)
$$\int\left(3\sqrt{x}+\frac{2}{\sqrt{1-x^2}}\right)dx=\int\left(3x^{\frac{1}{2}}+\frac{2}{\sqrt{1-x^2}}\right)dx$$
$$=3\int x^{\frac{1}{2}}dx+2\int \frac{1}{\sqrt{1-x^2}}dx$$
$$=3\left(\frac{2}{3}x^{\frac{3}{2}}\right)+2\sin^{-1}x+C=2x\sqrt{x}+2\sin^{-1}x+C$$

■ 지수 · 로그함수의 부정적분

6장에서 지수함수와 로그함수의 도함수를 살펴봤다. 따라서 이 함수들의 도함수에 대한 역연산을 구하면 다음 [표 7-4]를 얻는다.

[표 7-4] 지수 · 로그함수의 도함수와 부정적분

도함수	부정적분
$(a^x)' = a^x \ln a$ (단, $a > 0$, $a \neq 1$)	$\int a^x\,dx = \frac{1}{\ln a}a^x + C$ (단, $a > 0$, $a \neq 1$)
$(e^x)' = e^x$	$\int e^x\,dx = e^x + C$
$(\ln x)' = \frac{1}{x}$	$\int \frac{1}{x}\,dx = \ln\lvert x\rvert + C$

특히 로그함수의 정의역은 $\{x \mid x > 0\}$ 이므로 $\frac{1}{x}$ 의 원시함수는 $\ln\lvert x\rvert$ 이다.

예제 7-4

다음 부정적분을 구하라.

(a) $\int (3^x + e^{x-1})\,dx$　　　(b) $\int \frac{x^3+1}{x}\,dx$

풀이

(a) $$\int (3^x + e^{x-1})\,dx = \int 3^x\,dx + \int \frac{1}{e}e^x\,dx = \int 3^x\,dx + \frac{1}{e}\int e^x\,dx$$
$$= \frac{1}{\ln 3}3^x + \frac{1}{e}e^x + C = \frac{3^x}{\ln 3} + e^{x-1} + C$$

(b) $$\int \frac{x^3+1}{x}\,dx = \int \left(x^2 + \frac{1}{x}\right)dx = \int x^2\,dx + \int \frac{1}{x}\,dx$$
$$= \frac{1}{3}x^3 + \ln\lvert x\rvert + C$$

예제 7-5

어떤 곡선 $y=f(x)$ 위의 점 (x, y)에서 접선의 기울기가 $x-\frac{1}{x}$이다. 이 곡선이 점 $(e, -1)$을 지날 때, 이 곡선의 방정식을 구하라.

풀이

곡선 $y=f(x)$ 위의 점 (x, y)에서 접선의 기울기가 $f'(x)=x-\frac{1}{x}$이므로 $f(x)$를 구하면 다음과 같다.

$$f(x)=\int\left(x-\frac{1}{x}\right)dx=\frac{x^2}{2}-\ln|x|+C$$

또한 이 함수가 점 $(e, -1)$을 지난다는 것으로, C를 구할 수 있다.

$$f(e)=\frac{e^2}{2}-1+C=-1$$

$$C=-\frac{e^2}{2}$$

따라서 구하고자 하는 함수는 $f(x)=\frac{x^2}{2}-\ln|x|-\frac{e^2}{2}$이다.

■ 쌍곡선함수의 부정적분

쌍곡선함수의 도함수로부터 다음 적분 공식을 얻는다.

[표 7-5] 쌍곡선함수의 도함수와 부정적분

도함수	부정적분
$(\sinh x)'=\cosh x$	$\int \cosh x\,dx=\sinh x+C$
$(\cosh x)'=\sinh x$	$\int \sinh x\,dx=\cosh x+C$
$(\tanh x)'=\operatorname{sech}^2 x$	$\int \operatorname{sech}^2 x\,dx=\tanh x+C$

예제 7-6

다음 부정적분을 구하라.

(a) $\int (\cos x + \sinh x)\, dx$

(b) $\int \tanh^2 x\, dx$

풀이

(a) $\int (\cos x + \sinh x)\, dx = \int \cos x\, dx + \int \sinh x\, dx = \sin x + \cosh x + C$

(b) $\int \tanh^2 x\, dx = \int (1 - \operatorname{sech}^2 x)\, dx = \int 1\, dx - \int \operatorname{sech}^2 x\, dx$

$= x - \tanh x + C$

Section 7.1 확인문제

1. 다음 부정적분 또는 도함수를 구하라.

(a) $\int \left(\dfrac{d}{dx}(x + x^2) \right) dx$

(b) $\int \left(\dfrac{d}{dx}(x - x^2 + \sin x) \right) dx$

(c) $\dfrac{d}{dx}\left(\int \dfrac{x^2 - 1}{x}\, dx \right)$

(d) $\dfrac{d}{dx}\left(\int (\tan x + \ln(2x + 1))\, dx \right)$

2. 다음 부정적분을 구하라.

(a) $\int (x + 2)\, dx$

(b) $\int (2x^2 + 3x - 1)\, dx$

(c) $\int \dfrac{2x^2 - x + 1}{x}\, dx$

(d) $\int \dfrac{x^2 - 1}{1 + x^2}\, dx$

(e) $\int \dfrac{(\sqrt{x} - 1)^2}{x}\, dx$

(f) $\int \dfrac{2}{\sqrt{1 - x^2}}\, dx$

(g) $\int (1 + \sin x - 2\cos x)\, dx$

(h) $\int (\sec^2 x - \operatorname{cosec}^2 x)\, dx$

(i) $\int (2^x + 3e^x)\, dx$

(j) $\int (e^{3x} + \sin x)\, dx$

(k) $\int (\sinh x + 2\cosh x)\, dx$

(l) $\int (2\operatorname{sech}^2 x + 3\operatorname{cosech}^2 x)\, dx$

3. 그래프 위의 각 점에서 접선의 기울기가 $f'(x)=1+\sqrt{x}$ 이고 점 $(9,\ 25)$를 지나는 곡선 $y=f(x)$를 구하라.

Hint 접선의 기울기로부터 $f(x)$를 구한다.

4. 다음 조건을 만족하는 함수 $f(x)$를 구하라.

(a) $f'(x)=1+\sin x,\ f(\pi)=\pi-1$

(b) $f'(x)=\dfrac{2x^2-3}{x},\ f(1)=2$

5. $f(1)=1$이고 $\displaystyle\int f(x)dx=xf(x)+2x-1$을 만족하는 함수 $f(x)$를 구하라.

Hint 양변을 x로 미분한다.

6. $f(x)=\displaystyle\int(x^3+2x-1)dx$일 때, 다음 극한을 구하라.

(a) $\displaystyle\lim_{h\to0}\frac{f(1-2h)-f(1)}{h}$

(b) $\displaystyle\lim_{h\to0}\frac{f(2+2h)-f(2)}{3h}$

Hint 구하고자 하는 극한을 도함수의 정의로 표현한다.

7. $f'(x)=x^2+ax-1$이 다음 조건을 만족할 때, 상수 a와 $f(x)$를 구하라.

(a) $\displaystyle\lim_{h\to0}\frac{f(2-2h)-f(2)}{h}=2,\ f(2)=0$

(b) $\displaystyle\lim_{h\to0}\frac{f(1+2h)-f(1)}{h}=-2,\ f(1)=-1$

7.2 치환적분법과 부분적분법

지금까지 살펴본 적분 공식을 이용하여 $\displaystyle\int 2x(x^2+1)^{10}dx$를 구하면, 피적분함수를 전개하여 각 항별로 부정적분을 여러 번 구해야 하는 번거로움이 발생한다. 또한 $\displaystyle\int e^{2x}\sin x\,dx$와 같이 피적분함수를 초월함수끼리 곱한 경우에는 부정적분을 구하는 것이 쉽지 않다. 이 절에서는 이와 같이 복잡한 적분을 쉽게 구할 수 있는 치환적분법과 부분적분법을 소개한다.

치환적분법

함수 $y=F(u)$가 $f(u)$의 원시함수이면, $F(u)=\int f(u)\,du$이다. 두 함수 $y=F(u)$와 $u=g(x)$가 미분가능한 함수이면 합성함수의 미분법에 의하여 $y=F(g(x))$의 도함수는 다음과 같다.

$$\frac{d}{dx}F(g(x))=\frac{dy}{du}\cdot\frac{du}{dx}=f(g(x))g'(x)$$

따라서 $F(g(x))$는 $f(g(x))g'(x)$의 원시함수이고 다음이 성립한다.

$$\int f(g(x))\,g'(x)\,dx=F(g(x))+C=F(u)+C$$

이때 $F(u)=\int f(u)\,du$이므로 다음과 같다.

$$\int f(g(x))\,g'(x)\,dx=F(u)+C=\int f(u)\,du$$

결과적으로 피적분함수 $f(g(x))\,g'(x)$에 대하여 $u=g(x)$라 하면 함수 u의 미분은 $du=g'(x)\,dx$다. 따라서 $f(g(x))\,g'(x)$에 대한 부정적분은 $f(u)$에 대한 부정적분으로 변형된다. 다음과 같이 피적분함수 $f(g(x))\,g'(x)$에 대하여 $u=g(x)$로 치환하여 적분하는 것을 **치환적분법**integration by substitution이라 한다.

$$\int f(g(x))\,g'(x)\,dx=\int f(u)\,du=F(u)+C=F(g(x))+C$$

치환적분법을 이용하면, 다음 적분 공식을 얻는다.

[표 7-6] **치환적분 공식**

$\int [f(x)]^n f'(x)\,dx=\frac{1}{n+1}[f(x)]^{n+1}+C$ (단, $n\neq-1$)
$\int \frac{f'(x)}{f(x)}\,dx=\ln\lvert f(x)\rvert+C$

예제 7-7

다음 부정적분을 구하라.

(a) $\int 2x(x^2+1)^{10}dx$

(b) $\int \frac{2x}{x^2+1}dx$

(c) $\int \tan x\,dx$

(d) $\int \sec x\,dx$

풀이

(a) $u=x^2+1$이라 하면, $du=2x\,dx$다. 따라서 구하고자 하는 적분은 다음과 같다.

$$\int 2x(x^2+1)^{10}dx=\int u^{10}du=\frac{1}{11}u^{11}+C=\frac{1}{11}(x^2+1)^{11}+C$$

(b) $u=x^2+1$이라 하면, $du=2x\,dx$다. 따라서 구하고자 하는 적분은 다음과 같다.

$$\int \frac{2x}{x^2+1}dx=\int \frac{1}{u}du=\ln|u|+C=\ln(x^2+1)+C$$

(c) $\tan x=\frac{\sin x}{\cos x}$이므로 $u=\cos x$라 하면, $du=-\sin x\,dx$다. 따라서 구하고자 하는 적분은 다음과 같다.

$$\int \tan x\,dx=\int \frac{\sin x}{\cos x}dx=(-1)\int \frac{1}{u}du=-\ln|u|+C=-\ln|\cos x|+C=\ln|\sec x|+C$$

(d) $\sec x$에 대한 식을 다시 써보자.

$$\int \sec x\,dx=\int \frac{\sec x(\sec x+\tan x)}{\sec x+\tan x}dx=\int \frac{\sec^2 x+\sec x\tan x}{\sec x+\tan x}dx$$

여기서 $u=\sec x+\tan x$라 하면 다음 미분이 성립한다.

$$\frac{du}{dx}=\frac{d}{dx}(\sec x+\tan x)=\sec x\tan x+\sec^2 x$$

함수 u와 $du=(\sec x\tan x+\sec^2 x)dx$를 사용해 적분을 구하면 다음과 같다.

$$\int \sec x\,dx=\int \frac{\sec^2 x+\sec x\tan x}{\sec x+\tan x}dx=\int \frac{1}{u}du$$
$$=\ln|u|+C=\ln|\sec x+\tan x|+C$$

[예제 7-7(c)], [예제 7-7(d)]와 동일한 방법을 이용하면 다음을 얻는다.

$$\int \cot x\,dx=\ln|\sin x|+C$$

$$\int \operatorname{cosec} x\,dx=-\ln|\operatorname{cosec} x+\cot x|+C$$

부분적분법

두 함수 $u=f(x)$, $v=g(x)$의 곱에 대한 미분법은 다음과 같다.

$$\frac{d}{dx}f(x)g(x)=f'(x)g(x)+f(x)g'(x)$$

따라서 $f(x)g(x)$는 $f'(x)g(x)+f(x)g'(x)$의 원시함수이므로 다음이 성립한다.

$$\begin{aligned}\int [f'(x)g(x)+f(x)g'(x)]\,dx &= f(x)g(x)\\ \int f'(x)g(x)\,dx+\int f(x)g'(x)\,dx &= f(x)g(x)\end{aligned}$$

이제 $f(x)g'(x)$의 적분에 대해 정리하면 다음을 얻는다.

$$\int f(x)g'(x)\,dx=f(x)g(x)-\int f'(x)g(x)\,dx$$

즉 $\int uv'dx=uv-\int u'v\,dx$를 얻는다. 이와 같은 방법으로 부정적분을 구하는 방법을 **부분적분법** integration by parts이라 한다. 부분적분법을 사용할 때 유의할 점은 우변의 피적분함수 $f'(x)g(x)$가 좌변의 피적분함수 $f(x)g'(x)$보다 간단한 형태가 되도록 유도하는 것이다. 특히 좌변의 피적분함수가 다항함수와 초월함수의 곱인 경우에 다항함수는 미분할 함수 u로 놓고, 초월함수는 적분할 함수 v'으로 놓는 것이 좋다.

예제 7-8

다음 부정적분을 구하라.

(a) $\int xe^x\,dx$

(b) $\int x^2\sin x\,dx$

(c) $\int \sec^3 x\,dx$

(d) $\int e^x\sin x\,dx$

풀이

(a) $u=x$, $v'=e^x$이라 하면 $u'=1$, $v=e^x$이므로 다음을 얻는다.

$$\int xe^x\,dx=xe^x-\int e^x\,dx=xe^x-e^x+C=(x-1)e^x+C$$

(b) $u=x^2$, $v'=\sin x$라 하면 $u'=2x$, $v=-\cos x$이므로 다음을 얻는다.

$$\int x^2\sin x\,dx = x^2(-\cos x) - \int 2x(-\cos x)\,dx = -x^2\cos x + 2\int x\cos x\,dx$$

이때 $\int x\cos x\,dx$를 구하기 위하여 부분적분법을 반복하여 적용한다.

$u=x$, $v'=\cos x$라 하면 $u'=1$, $v=\sin x$이므로 다음을 얻는다.

$$\int x\cos x\,dx = x\sin x - \int \sin x\,dx = x\sin x + \cos x + C_1$$

그러므로 구하고자 하는 부정적분은 다음과 같다.

$$\begin{aligned}\int x^2\sin x\,dx &= -x^2\cos x + 2(x\sin x + \cos x + C_1)\\ &= (2-x^2)\cos x + 2x\sin x + C\end{aligned}$$

(c) $u=\sec x$, $v'=\sec^2 x$라 하면 $u'=\sec x\tan x$, $v=\tan x$이므로 다음을 얻는다.

$$\begin{aligned}\int \sec^3 x\,dx &= \sec x\tan x - \int (\sec x\tan x)\tan x\,dx\\ &= \sec x\tan x - \int \sec x\tan^2 x\,dx\\ &= \sec x\tan x - \int \sec x\,(\sec^2 x - 1)\,dx\\ &= \sec x\tan x - \int \sec^3 x\,dx + \int \sec x\,dx\end{aligned}$$

이제 좌변과 우변을 정리하면 다음과 같다.

$$2\int \sec^3 x\,dx = \sec x\tan x + \int \sec x\,dx$$

[예제 7-7(d)]의 결과에 따라 $\int \sec x\,dx = \ln|\sec x + \tan x| + C_1$이므로 구하고자 하는 부정적분은 다음과 같다.

$$\int \sec^3 x\,dx = \frac{1}{2}\sec x\tan x + \frac{1}{2}\ln|\sec x + \tan x| + C$$

(d) $u=e^x$, $v'=\sin x$라 하면 $u'=e^x$, $v=-\cos x$이므로 다음을 얻는다.

$$\begin{aligned}\int e^x\sin x\,dx &= -e^x\cos x - \int e^x(-\cos x)\,dx\\ &= -e^x\cos x + \int e^x\cos x\,dx\end{aligned}$$

우변의 적분에서 다시 $u=e^x$, $v'=\cos x$라 하면 $u'=e^x$, $v=\sin x$이므로 다음과 같다.

$$\int e^x\cos x\,dx = e^x\sin x - \int e^x\sin x\,dx$$

따라서 다음 결과를 얻는다.

$$\int e^x \sin x\, dx = -e^x \cos x + e^x \sin x - \int e^x \sin x\, dx$$

$$2\int e^x \sin x\, dx = e^x (\sin x - \cos x)$$

$$\int e^x \sin x\, dx = \frac{1}{2} e^x (\sin x - \cos x) + C$$

[예제 7-8(b)]의 적분을 살펴보면 다항함수 $u = x^2$을 반복하여 미분한 것을 알 수 있다. 이와 같이 다항함수와 초월함수의 곱에 대한 적분은 [그림 7-2]와 같이 간단한 방법으로 구할 수 있다. 이때 다항함수 x^2은 0이 될 때까지 반복하여 미분하고 $\sin x$는 반복하여 적분한다. 그리고 (↘)방향으로 곱한 결과에 +와 −부호를 반복하여 부여한 함수들 $-x^2 \cos x$, $-(-2x\sin x)$, $2\cos x$를 모두 더한다.

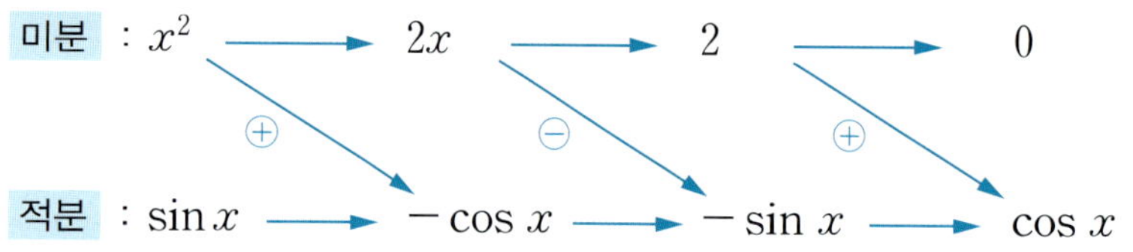

[그림 7-2] 다항함수와 초월함수의 곱에 대한 부분적분법

그러면 구하고자 하는 부정적분을 다음과 같이 얻을 수 있다.

$$\int x^2 \sin x\, dx = -x^2 \cos x + 2x \sin x + 2\cos x + C$$

이러한 방법은 다항함수와 초월함수의 곱뿐만 아니라 초월함수와 초월함수의 곱에도 적용할 수 있다. 예를 들어, [예제 7-8(d)]의 적분은 [그림 7-3]과 같이 e^x은 반복하여 미분하고 $\sin x$는 반복하여 적분한다. 이 과정을 반복하다보면 처음과 동일한 형태인 e^x과 $\sin x$가 나타난다. 그러면 미분과 적분하는 과정을 멈추고, 앞에서와 같은 방법으로 부호를 부여한다. 그리고 마지막 결과는 서로 곱하여 적분한다.

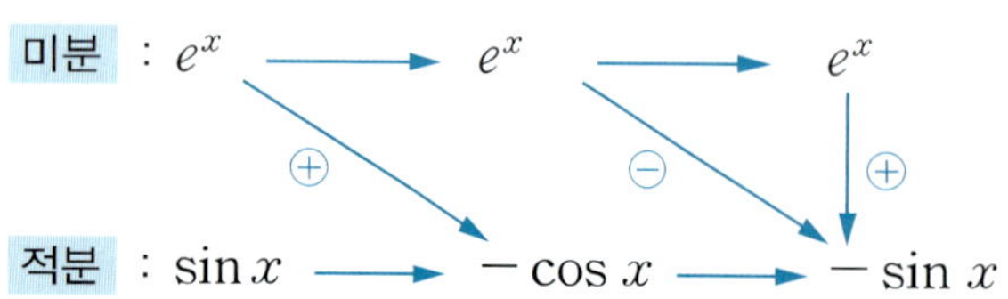

[그림 7-3] 초월함수 간의 곱에 대한 부분적분법

그러면 결과적으로 다음의 관계를 얻는다.

$$\int e^x \sin x\,dx = -e^x \cos x + e^x \sin x - \int e^x \sin x\,dx + C_1$$

$$2\int e^x \sin x\,dx = e^x(\sin x - \cos x) + C_1$$

$$\int e^x \sin x\,dx = \frac{1}{2}e^x(\sin x - \cos x) + C$$

이와 같은 부분적분법을 이용하면 [예제 7-9]와 같은 자연로그함수, 역삼각함수 등의 부정적분을 쉽게 구할 수 있다.

예제 7-9

다음 부정적분을 구하라.

(a) $\int \ln x\,dx$ (b) $\int \tan^{-1} x\,dx$

풀이

(a) $u = \ln x$, $v' = 1$이라 하면 $u' = \frac{1}{x}$, $v = x$이므로 구하고자 하는 부정적분은 다음과 같다.

$$\int \ln x\,dx = \int 1 \cdot \ln x\,dx = (\ln|x|) \cdot x - \int x \cdot \frac{1}{x}\,dx$$
$$= x\ln|x| - x + C$$

(b) $u = \tan^{-1} x$, $v' = 1$이라 하면 $u' = \frac{1}{1+x^2}$, $v = x$이므로 다음이 성립한다.

$$\int \tan^{-1} x\,dx = x\tan^{-1} x - \int \frac{x}{1+x^2}\,dx$$

이제 우변의 적분을 구하기 위하여 $u = 1 + x^2$으로 치환하면 $du = 2x\,dx$이므로 $x\,dx = \frac{1}{2}du$이고

$$\int \frac{x}{1+x^2}\,dx = \frac{1}{2}\int \frac{1}{u}\,du = \frac{1}{2}\ln|u| + C = \frac{1}{2}\ln(1+x^2) + C$$

이다. 따라서 구하고자 하는 적분은 다음과 같다.

$$\int \tan^{-1} x\,dx = x\tan^{-1} x - \frac{1}{2}\ln(1+x^2) + C$$

Section 7.2 확인문제

1. 다음 부정적분을 구하라.

(a) $\int 2x(x^2-1)\,dx$

(b) $\int 3x^2(x^3+3)^3\,dx$

(c) $\int x\sqrt{x^2-2}\,dx$

(d) $\int 4x\sqrt{1+2x^2}\,dx$

(e) $\int \frac{x}{\sqrt{1-x^2}}\,dx$

(f) $\int \frac{1}{\sqrt{1-4x^2}}\,dx$

(g) $\int \frac{1}{x\ln x}\,dx$

(h) $\int \frac{(\ln x)^2}{x}\,dx$

(i) $\int \cot x\,dx$

(j) $\int \operatorname{cosec} x\,dx$

(k) $\int (\sin x+\cos x)^2\,dx$

(l) $\int \cos x\sin^2 x\,dx$

2. 다음 부정적분을 구하라.

(a) $\int x^2e^{-x}\,dx$

(b) $\int (x^2+x+1)e^x\,dx$

(c) $\int x\cos x\,dx$

(d) $\int x^2\sin x\,dx$

(e) $\int x\ln x\,dx$

(f) $\int x^2\ln x\,dx$

(g) $\int e^x\cos x\,dx$

(h) $\int e^{-x}\sin x\,dx$

(i) $\int \sin^{-1}x\,dx$

(j) $\int \cos^{-1}x\,dx$

(k) $\int x\tan^{-1}x\,dx$

(l) $\int x^2\tan^{-1}x\,dx$

3. 다음 부정적분을 구하라.

(a) $\int e^{ax}\sin bx\,dx$

(b) $\int e^{-2x}\sin 3x\,dx$

7.3 정적분

일반적으로 삼각형의 넓이는 $\frac{(\text{밑변})\times(\text{높이})}{2}$이다. 사각형을 비롯한 다각형의 넓이는 [그림 7-4]와 같이 여러 개의 삼각형으로 분할하여 구할 수 있다.

[그림 7-4] **다각형의 넓이 구하기**

또한 [그림 7-5]와 같이 원의 중심을 꼭짓점으로 하고 반지름 r을 동일한 두 변의 길이로 갖는 이등변삼각형들의 넓이를 합하면 원의 넓이를 근사적으로 구할 수 있다. 이때 이등변삼각형의 개수가 많을수록 이등변삼각형들의 넓이를 합한 값이 원의 넓이 πr^2에 가까워진다. 즉 다음 식이 성립한다.

$$\sum_{n=1}^{\infty} S_n = \lim_{n\to\infty}\sum_{k=1}^{n} S_k = \pi r^2$$

이와 동일한 방법으로 도형의 넓이를 구하는 방법을 **구분구적법**mensuration by parts이라 한다.

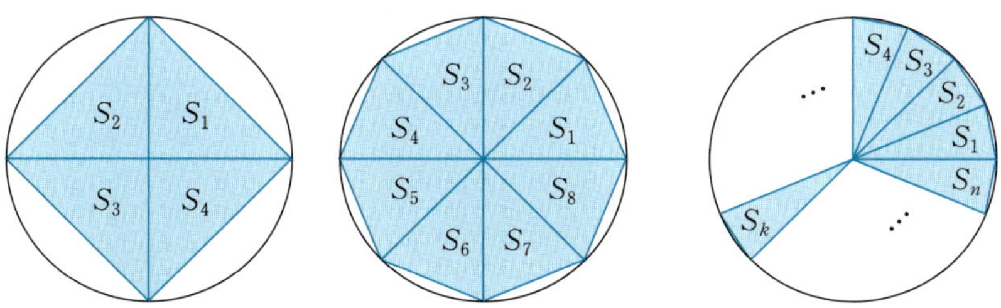

[그림 7-5] **원의 넓이 구하기**

정적분의 정의

구분구적법을 함수에 적용하여 함수 $y=f(x)$와 직선 $x=a$, $x=b$, x축으로 둘러싸인 부분의 넓이를 구할 수 있다. 이때 함수 $y=f(x)$는 구간 $[a,\ b]$에서 연속이고, 이 구간에서 $f(x)\geq 0$이라고 하자. 그리고 $y=f(x)$와 직선 $x=a$, $x=b$, x축으로 둘러싸인 부분의 넓이를 I라 하자. 이제 넓이

I를 구하기 위해 구간 $[a, b]$를 n등분하여 분할된 각각의 x좌표를 다음과 같이 나타내자.

$$a = x_0 < x_1 < x_2 < \cdots < x_{n-1} < x_n = b$$

그리고 n등분으로 분할된 소구간의 길이를 Δx라 하면, $\Delta x = \dfrac{b-a}{n}$ 이다. 이제 분할된 소구간 $[x_{k-1}, x_k]$ 안의 오른쪽 끝점 x_k에서의 함숫값 $f(x_k)$가 높이, Δx가 밑변의 길이인 직사각형들의 넓이의 합 S_n을 구한다. 그러면 [그림 7-6(f)]와 같이 작은 구간으로 나눌수록 사각형들의 넓이의 합은 I에 근사하는 것을 알 수 있다.

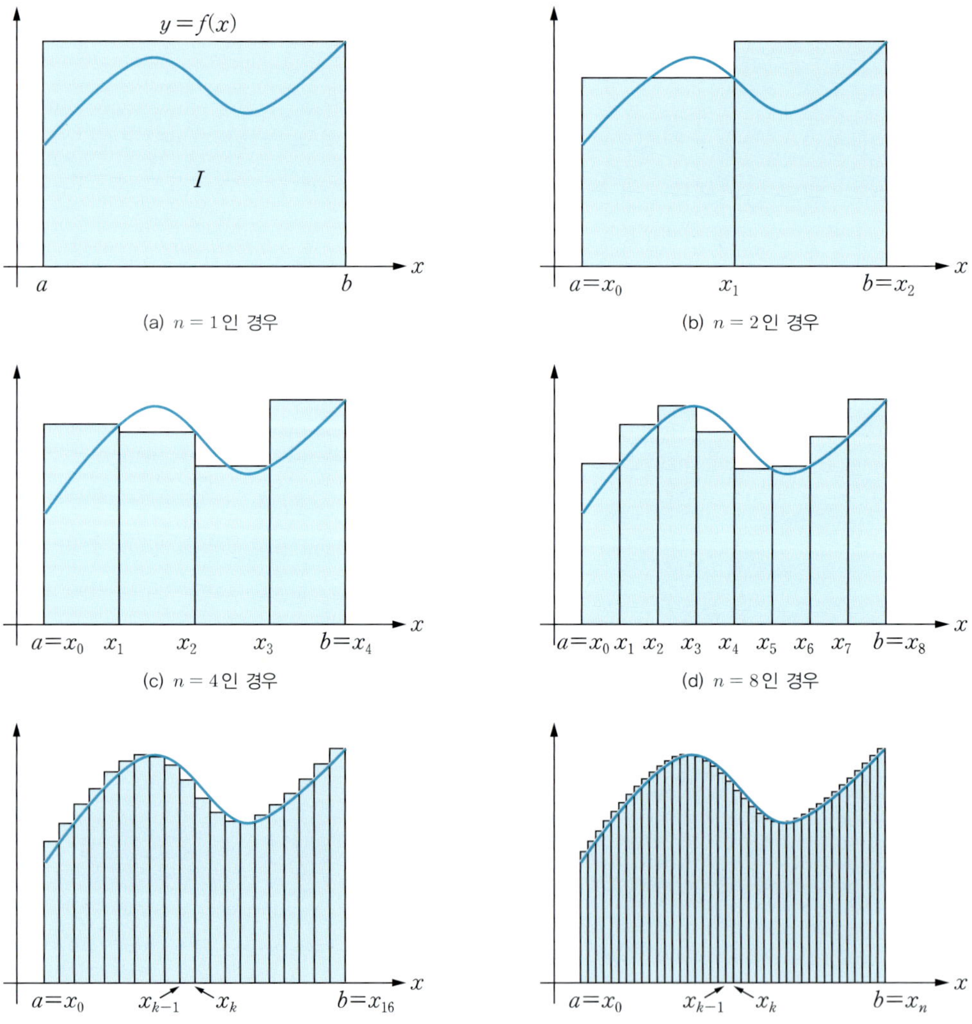

[그림 7-6] **구분구적법에 의한 넓이**

구간 $[x_{k-1}, x_k]$이 밑변이고 오른쪽 끝점에서의 함숫값 $f(x_k)$가 높이인 직사각형의 넓이는 다음과 같다.

$$f(x_k)\Delta x = f(x_k)(x_k - x_{k-1})$$

따라서 n개의 직사각형의 넓이의 합 S_n은 다음과 같다.

$$S_n = \sum_{k=1}^{n} f(x_k)\Delta x = \sum_{k=1}^{n} f(x_k)(x_k - x_{k-1})$$

[그림 7-6(f)]와 같이 소구간의 개수가 많을수록(즉, $n \to \infty$) 직사각형들의 넓이의 합은 곡선 $y = f(x)$와 직선 $x = a$, $x = b$, x축으로 둘러싸인 부분의 넓이 I에 더욱 더 가까워지므로 다음과 같이 나타낼 수 있다.

$$I = \lim_{n \to \infty} S_n = \lim_{n \to \infty} \sum_{k=1}^{n} f(x_k)\Delta x$$

이와 같은 사실은 소구간 $[x_{k-1}, x_k]$이 밑변이고 왼쪽 끝점에서의 함숫값 $f(x_{k-1})$이 높이인 직사각형의 넓이 $f(x_{k-1})\Delta x = f(x_{k-1})(x_k - x_{k-1})$를 이용해도 동일한 결과를 얻는다. 좀 더 일반적으로 소구간 $[x_{k-1}, x_k]$ 안의 임의의 점 x_k^*, 즉 $x_{k-1} \le x_k^* \le x_k$를 만족하는 x_k^*에서의 함숫값 $f(x_k^*)$를 높이로 하는 직사각형의 넓이의 합을 이용해도 다음과 같이 동일한 결과를 얻는다.

$$I = \lim_{n \to \infty} \sum_{k=1}^{n} f(x_k^*)\Delta x$$

이와 같이 우변의 극한이 I로 수렴할 때, 극한 I를 구간 $[a, b]$에서 함수 $f(x)$의 **정적분**definite integral이라 하고, 정적분 I를 다음과 같이 나타낸다.

$$I = \int_a^b f(x)\,dx$$

그리고 정적분 I가 존재할 때 $f(x)$는 구간 $[a, b]$에서 **적분 가능**integrable하다고 한다. 따라서 구간 $[a, b]$에서 적분 가능한 함수 $f(x)$의 정적분을 다음과 같이 정의한다.

$$\lim_{n \to \infty} \sum_{k=1}^{n} f(x_k^*)\Delta x = \int_a^b f(x)\,dx$$

이때 a를 **적분하한**lower limit of integration, b를 **적분상한**upper limit of integration이라 한다. 구분구적법과 정적분 사이의 관계는 [그림 7-7]과 같다.

$\lim_{n\to\infty}\sum_{k=1}^{n}$	$f(x_k^*)$	Δx
↕	↕	↕
$\int_a^b$	$f(x)$	dx

[그림 7-7] 구분구적법과 정적분의 관계

예제 7-10

정적분의 정의를 이용하여 $\int_a^b k\,dx$를 구하라. 이때 k는 양의 상수다.

풀이

상수함수 $f(x)=k$는 구간 $[a, b]$ 안의 모든 x에서 일정한 함숫값 k를 갖는다. 구간 $[a, b]$를 n등분하여 각 소구간 $[x_{i-1}, x_i]$ 안의 임의의 점을 x_i^*라 하면 $f(x_i^*)=k$다. 또한 모든 소구간의 길이는 $\Delta x=\dfrac{b-a}{n}$이므로 다음이 성립한다.

$$\begin{aligned}\int_a^b k\,dx &= \lim_{n\to\infty}\sum_{i=1}^{n} f(x_i^*)\Delta x = \lim_{n\to\infty}\sum_{i=1}^{n} k\,\frac{b-a}{n}\\ &= k\lim_{n\to\infty}\frac{b-a}{n}\sum_{i=1}^{n}1 = k\lim_{n\to\infty}\frac{(b-a)}{n}\cdot n = k\lim_{n\to\infty}(b-a)\\ &= k(b-a)\end{aligned}$$

예제 7-11

정적분의 정의를 이용하여 $\int_0^b x^2\,dx$를 구하라. 이때 $b>0$이다.

(a) 구간 $[x_{k-1}, x_k]$ 안의 임의의 점 x_k^*가 $x_k^*=x_{k-1}$인 경우

(b) 구간 $[x_{k-1}, x_k]$ 안의 임의의 점 x_k^*가 $x_k^*=x_k$인 경우

풀이

(a) [그림 7-8(a)]와 같이 구간 $[0, b]$를 n등분한 각 소구간 안의 임의의 점 x_k^*를 소구간의 왼쪽 끝점이라 하자. 왼쪽 끝점은 각각 다음과 같다.

$$0,\ \frac{b}{n},\ \frac{2b}{n},\ \frac{3b}{n},\ \cdots,\ \frac{(n-1)b}{n}$$

그러면 모든 소구간의 길이는 $\Delta x = \dfrac{b}{n}$ 이므로 각 왼쪽 끝점에서의 함숫값이 높이인 직사각형들의 넓이의 합 S_n은 다음과 같다.

$$\begin{aligned} S_n &= f(0)\,\Delta x + f\left(\frac{b}{n}\right)\Delta x + f\left(\frac{2b}{n}\right)\Delta x + \cdots + f\left(\frac{(n-1)b}{n}\right)\Delta x \\ &= \sum_{k=0}^{n-1} f\left(\frac{kb}{n}\right)\Delta x = \sum_{k=1}^{n-1}\left(\frac{kb}{n}\right)^2 \frac{b}{n} = \frac{b^3}{n^3}\sum_{k=1}^{n-1} k^2 \\ &= \frac{b^3}{n^3}\,\frac{(n-1)\,n\,(2n-1)}{6} \end{aligned}$$

그러므로 정적분의 정의에 의해 구하고자 하는 정적분은 다음과 같다.

$$\int_0^b x^2\,dx = \lim_{n\to\infty} S_n = \lim_{n\to\infty} \frac{b^3}{n^3}\,\frac{(n-1)\,n\,(2n-1)}{6} = \frac{b^3}{3}$$

(b) [그림 7-8(b)]와 같이 구간 $[0,\ b]$를 n등분한 각 소구간 안의 임의의 점 x_k^*를 소구간의 오른쪽 끝점이라 하자. 오른쪽 끝점은 각각 다음과 같다.

$$\frac{b}{n},\ \frac{2b}{n},\ \frac{3b}{n},\ \cdots,\ \frac{nb}{n}$$

그러면 모든 소구간의 길이는 $\Delta x = \dfrac{b}{n}$ 이므로 각 오른쪽 끝점에서의 함숫값이 높이인 직사각형들의 넓이의 합은 다음과 같다.

$$\begin{aligned} S_n &= f\left(\frac{b}{n}\right)\Delta x + f\left(\frac{2b}{n}\right)\Delta x + \cdots + f\left(\frac{nb}{n}\right)\Delta x \\ &= \sum_{k=0}^{n} f\left(\frac{kb}{n}\right)\Delta x = \sum_{k=1}^{n}\left(\frac{kb}{n}\right)^2 \frac{b}{n} = \frac{b^3}{n^3}\sum_{k=1}^{n} k^2 \\ &= \frac{b^3}{n^3}\,\frac{n\,(n+1)\,(2n+1)}{6} \end{aligned}$$

그러므로 정적분의 정의에 의해 구하고자 하는 정적분은 다음과 같다.

$$\int_0^b x^2\,dx = \lim_{n\to\infty} S_n = \lim_{n\to\infty} \frac{b^3}{n^3}\,\frac{n\,(n+1)\,(2n+1)}{6} = \frac{b^3}{3}$$

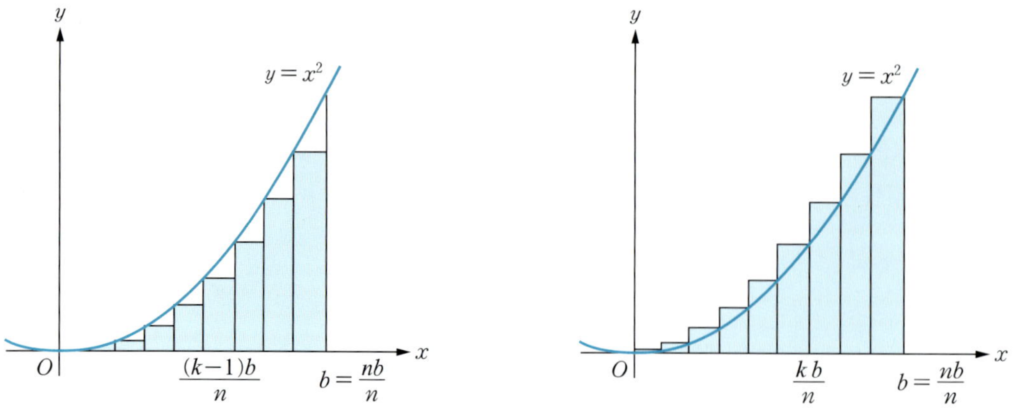

(a) $x_k^* = x_{k-1}$인 경우　　(b) $x_k^* = x_k$인 경우

[그림 7-8] 구간 $[0,\ b]$에서 $f(x) = x^2$의 정적분

한편 함수 $f(x) = x^2$에 대하여 구간 $[0,\ b]$를 n등분한 각 소구간 $[x_{k-1},\ x_k]$ 안의 임의의 점 x_k^*를 선택하면 이 소구간에서 $f(x_{k-1}) \le f(x_k^*) \le f(x_k)$이다. 소구간이 Δx로 동일하므로 다음이 성립한다.

$$f(x_k)\Delta x \le f(x_k^*)\Delta x \le f(x_{k+1})\Delta x$$

따라서, $k = 1,\ 2,\ \cdots,\ n$에 대하여 다음이 성립한다.

$$\sum_{k=1}^{n} f(x_{k-1})\Delta x \le \sum_{k=1}^{n} f(x_k^*)\Delta x \le \sum_{k=1}^{n} f(x_k)\Delta x$$

이때 [예제 7-11]에서 왼쪽 끝점을 기준으로 구한 정적분과 오른쪽 끝점을 기준으로 구한 정적분이 서로 같음을 확인하였다.

$$\lim_{n \to \infty} \sum_{k=0}^{n-1} f(x_k)\,\Delta x = \frac{b^3}{3},\quad \lim_{n \to \infty} \sum_{k=1}^{n} f(x_k)\,\Delta x = \frac{b^3}{3}$$

따라서, 5.2절에서 살펴본 압축정리에 의하여 다음이 성립한다.

$$\lim_{n \to \infty} \sum_{k=1}^{n} f(x_k^*)\,\Delta x = \frac{b^3}{3}$$

그러므로 각 소구간 안에서 임의의 점 x_k^* 를 어떻게 선택하더라도 [예제 7-11]의 결과와 동일하다. 이것은 함수 $f(x)=x^2$ 이 구간 $[0,\ b]$ 에서 연속이기 때문이다. 따라서 $f(x)$ 가 구간 $[a,\ b]$ 에서 연속이면 $f(x)$ 는 적분 가능하고 $I=\int_a^b f(x)\,dx$ 가 존재한다.

정적분의 성질

구간 $[a,\ b]$ 에서 적분 가능한 함수 $f(x)$, $g(x)$ 에 대하여 다음과 같은 성질이 성립한다.

정리 7-1 정적분의 기본 성질

(1) $\int_b^a f(x)\,dx=-\int_a^b f(x)\,dx$ (단, $a<b$)

(2) $\int_a^a f(x)\,dx=0$

(3) $\int_a^b k\,dx=k(b-a)$

(4) $\int_a^b [\alpha f(x)+\beta g(x)]\,dx=\alpha\int_a^b f(x)\,dx+\beta\int_a^b g(x)\,dx$

(5) $\int_a^b f(x)dx=\int_a^c f(x)dx+\int_c^b f(x)dx$

[정리 7-1]의 성질 (1)은 적분상한과 적분하한을 교환하면 정적분 결과는 절댓값이 같고 부호가 서로 반대임을, 성질 (2)는 한 점에서의 정적분은 0임을 의미한다. 성질 (3)은 $k>0$일 때 적분 결과는 직사각형의 넓이이고([예제 7-10] 참고), 성질 (4)는 정적분도 부정적분과 같이 선형성이 성립함을 의미한다. 한편 성질 (5)는 $a<c<b$인 임의의 한 점 c에 대하여 구간 $[a,\ b]$를 $[a,\ c]$와 $[c,\ b]$로 분할하면, 구간 $[a,\ b]$에서 $f(x)$의 정적분을 두 소구간에서의 정적분의 합으로 나타낼 수 있음을 의미한다. 그러나 성질 (1)에 의하여 $c>b$이거나 $c<a$인 경우에도 성질 (5)가 성립한다.

예제 7-12

[예제 7-10]과 [예제 7-11]을 이용하여 다음 정적분을 구하라.

(a) $\int_2^0 x^2 dx$ (b) $\int_0^3 (3x^2-3)\,dx$

풀이

(a) $\int_2^0 x^2 dx = -\int_0^2 x^2 dx = -\frac{2^3}{3} = -\frac{8}{3}$

(b) $\int_0^3 (3x^2-3)\,dx = 3\int_0^3 x^2 dx - \int_0^3 3\,dx = 3\cdot\frac{3^3}{3} - 3\cdot 3 = 18$

■ 정적분의 대소관계

구간 $[a, b]$에서 적분 가능한 두 함수 $f(x)$, $g(x)$의 대소관계에 따라 다음과 같이 정적분 값의 크기를 비교할 수 있다.

정리 7-2 정적분의 대소관계

(1) $f(x) \ge 0$이면, $\int_a^b f(x)dx \ge 0$

(2) $f(x) \ge g(x)$이면, $\int_a^b f(x)dx \ge \int_a^b g(x)dx$

(3) $m \le f(x) \le M$이면, $m(b-a) \le \int_a^b f(x)dx \le M(b-a)$

[정리 7-2]의 성질 (1)은 구간 $[a, b]$에서 $f(x) \ge 0$이면 정적분 $\int_a^b f(x)dx$가 넓이이므로 정적분 값이 음이 아님을 의미한다. 성질 (2)는 구간 $[a, b]$에서 함숫값이 더 큰 함수의 정적분이 작은 함수의 정적분보다 더 크다는 것을 나타낸다. 성질 (3)은 구간 $[a, b]$에서 $f(x)$가 연속이면 이 구간에서 $f(x)$는 최댓값 M과 최솟값 m이 존재하는 경우에 대한 내용이다. 구간 $[a, b]$에서 함수 $f(x)$의 정적분은 밑변의 길이가 $b-a$이고 높이가 M인 사각형의 넓이보다는 작지만, 밑변의 길이가 $b-a$이고 높이가 m인 사각형의 넓이보다는 크다는 사실을 의미한다.

■ 적분의 평균값 정리

[그림 7-9]와 같이 구간 $[a,\ b]$에서 $f(x) \geq 0$인 함수에 대하여 $f(x)$와 $x=a$, $x=b$, x축으로 둘러싸인 부분의 넓이를 생각해보자. 밑변의 길이가 $b-a$이고 높이가 $f(c)$인 사각형의 넓이와 같게 되는 점 c가 $(a,\ b)$에 적어도 하나 존재하는 성질을 **적분의 평균값 정리**mean value theorem for integrals라고 한다.

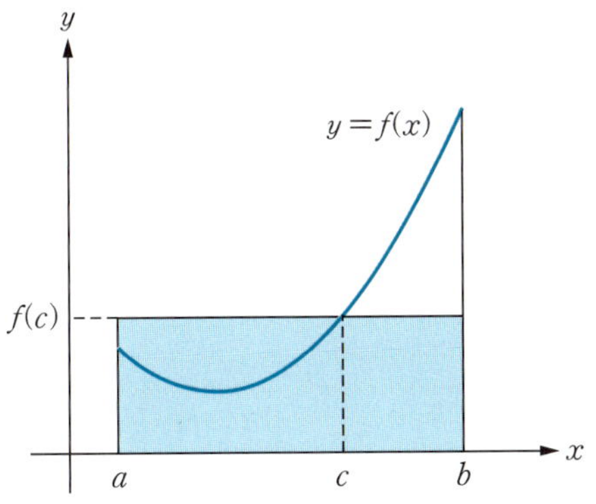

[그림 7-9] 적분의 평균값 정리

정리 7-3 적분의 평균값 정리

함수 $f(x)$가 구간 $[a,\ b]$에서 연속이면 $\int_a^b f(x)\,dx = f(c)(b-a)$를 만족하는 c가 구간 $(a,\ b)$ 안에 적어도 하나 존재한다.

예제 7-13

구간 $[0,\ 3]$에서 $f(x)=3x^2-3$에 대하여 적분의 평균값 정리를 만족하는 c를 구하라.

풀이

[예제 7-12(b)]에서 $\int_0^3 (3x^2-3)\,dx = 18$이고, $f(c)=3c^2-3$이므로 적분의 평균값 정리를 만족하는 c는 다음과 같다.

$$\int_0^3 (3x^2-3)\,dx = 3(3c^2-3) = 18$$

$$c^2-1=2$$

$$c^2=3$$

$$c=-\sqrt{3} \quad \text{또는} \quad \sqrt{3}$$

이때 함수 $f(x)$는 구간 $[0,\ 3]$에서 정의되므로 $c=\sqrt{3}$이다.

■ 우함수와 기함수의 정적분

이제 우함수와 기함수의 정적분에 대하여 살펴보자. 구간 $[-1,\ 1]$에서 함수 $f(x)=x^2$의 정적분 $\int_{-1}^{1} x^2\,dx$를 생각해보자. 함수 $f(x)=x^2$은 y축에 관하여 대칭이므로 구간 $[0,\ 1]$의 소구간 $[x_k,\ x_{k+1}]$ 안의 임의의 점 x^*에 대하여 $f(-x^*)=f(x^*)$이다. 그러므로 [그림 7-10(a)]와 같이 구간 $[0,\ 1]$에서 함수 $f(x)$와 직선 $x=1$ 그리고 x축으로 둘러싸인 부분과 구간 $[-1,\ 0]$에서 함수 $f(x)$, 직선 $x=-1$, x축으로 둘러싸인 부분의 넓이는 동일하다. 즉 다음과 같다.

$$\int_{-1}^{0} x^2\,dx = \int_{0}^{1} x^2\,dx$$

그리고 [정리 7-1]의 성질 (5)에 의하여 다음이 성립한다.

$$\int_{-1}^{1} f(x)\,dx = \int_{-1}^{0} f(x)\,dx + \int_{0}^{1} f(x)\,dx = 2\int_{0}^{1} f(x)\,dx$$

이번에는 구간 $[-1,\ 1]$에서 함수 $f(x)=x^3$의 정적분 $\int_{-1}^{1} x^3\,dx$를 생각해보자. 함수 $f(x)=x^3$은 원점 O에 관하여 대칭이므로 구간 $[0,\ 1]$의 소구간 $[x_k,\ x_{k+1}]$ 안의 임의의 점 x^*에 대하여 $f(-x^*)=-f(x^*)$ 이다. 그러므로 [그림 7-10(b)]와 같이 다음이 성립한다.

$$\int_{-1}^{0} x^3\,dx = -\int_{0}^{1} x^3\,dx$$

그리고 [정리 7-1]의 성질 (5)에 의하여 다음이 성립한다.

$$\int_{-1}^{1} f(x)\,dx = \int_{-1}^{0} f(x)\,dx + \int_{0}^{1} f(x)\,dx = 0$$

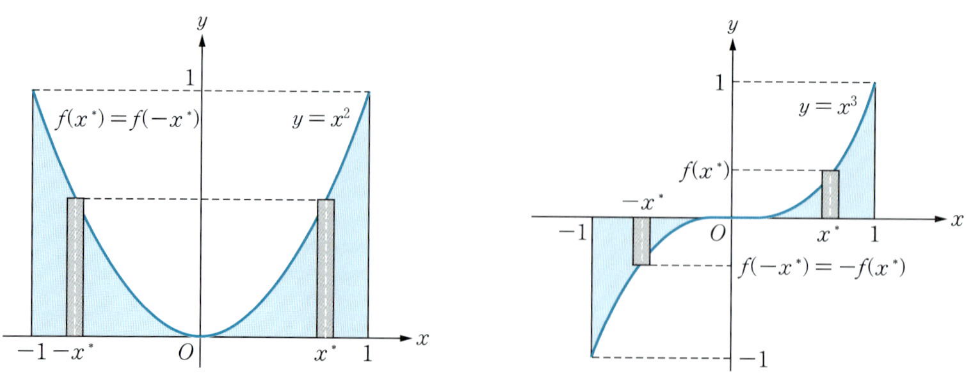

(a) 우함수 (b) 기함수

[그림 7-10] 우함수와 기함수의 정적분

따라서 구간 $[-a, a]$, $a>0$에서 우함수와 기함수의 정적분은 다음과 같은 성질을 갖는다.

정리 7-4 우함수와 기함수의 정적분

(1) 구간 $[-a, a]$, $a>0$에서 $f(x)$가 우함수이면 $\int_{-a}^{a} f(x)\,dx = 2\int_{0}^{a} f(x)\,dx$ 다.

(2) 구간 $[-a, a]$, $a>0$에서 $f(x)$가 기함수이면 $\int_{-a}^{a} f(x)\,dx = 0$ 이다.

예제 7-14

다음 정적분을 구하라.

(a) $\int_{-1}^{1} (x^3 - x)\,dx$

(b) $\int_{-1}^{1} (-x^2 + 2)\,dx$

(c) $\int_{-1}^{1} (x^3 + 2x + 3)\,dx$

(d) $\int_{-1}^{1} (x^3 - x^2 - 2x + 3)\,dx$

풀이

(a) $f(x) = x^3 - x$ 는 기함수이므로 $\int_{-1}^{1} (x^3 - x)\,dx = 0$ 이다.

(b) $f(x) = -x^2 + 2$ 는 우함수이므로 $\int_{-1}^{1} (-x^2 + 2)\,dx = 2\int_{0}^{1} (-x^2 + 2)\,dx$ 다. $\int_{0}^{1} (-x^2 + 2)\,dx$ 를 구해 보자.

$$\int_{0}^{1} (-x^2 + 2)\,dx = (-1)\int_{0}^{1} x^2\,dx + \int_{0}^{1} 2\,dx = (-1)\cdot\frac{1^3}{3} + 2\cdot(1-0) = \frac{5}{3}$$

따라서 $\int_{-1}^{1} (-x^2 + 2)\,dx = 2\cdot\frac{5}{3} = \frac{10}{3}$ 이다.

(c) $$\begin{aligned}\int_{-1}^{1} (x^3 + 2x + 3)\,dx &= \int_{-1}^{1} (x^3 + 2x)\,dx + \int_{-1}^{1} 3\,dx \\ &= \int_{-1}^{1} 3\,dx = 2\int_{0}^{1} 3\,dx = 2\cdot 3\cdot(1-0) = 6\end{aligned}$$

(d) $$\begin{aligned}\int_{-1}^{1} (x^3 - x^2 - 2x + 3)\,dx &= \int_{-1}^{1} (x^3 - 2x)\,dx + \int_{-1}^{1} (-x^2 + 3)\,dx \\ &= (-1)\int_{-1}^{1} x^2\,dx + \int_{-1}^{1} 3\,dx \\ &= (-2)\int_{0}^{1} x^2\,dx + 2\int_{0}^{1} 3\,dx \\ &= (-2)\cdot\frac{1^3}{3} + 2\cdot 3\cdot(1-0) = \frac{16}{3}\end{aligned}$$

■ 미적분학의 기본 정리

정적분의 정의와 여러 가지 성질만으로 정적분을 구하면, 직사각형들의 합에 대한 극한을 구해야 하므로 계산이 매우 어렵거나 불가능할 수도 있다. 따라서 정적분을 구하기 위해 일반적으로 [정리 7-5]와 같은 미적분학의 기본 정리를 이용한다.

정리 7-5 미적분학의 기본 정리

$f(x)$가 구간 $[a, b]$에서 연속이면 다음이 성립한다.

(1) $a \le x \le b$에 대하여 $G(x) = \int_a^x f(t)\,dt$는 구간 (a, b)에서 미분가능하고, $G'(x) = f(x)$이다.

(2) $F(x)$가 구간 $[a, b]$에서 $f(x)$의 원시함수이면, 다음이 성립한다.

$$\int_a^b f(x)\,dx = F(b) - F(a) \left(= F(x)\Big|_a^b\right)$$

예제 7-15

$0 \le x \le 3$에 대하여 $G(x) = \int_0^x 3(t^2-1)\,dt$라 할 때, 다음 물음에 답하라.

(a) $G'(x)$를 구하라.

(b) $G(3) = \int_0^3 3(t^2-1)\,dt$를 구하라.

(c) [예제 7-12(b)]에서 구한 $\int_0^3 3(x^2-1)\,dx$와 비교하라.

풀이

(a) [정리 7-5]의 (1)에 의하여 $G'(x) = \frac{d}{dx}\int_a^x f(t)\,dt = f(x)$ 이므로 다음과 같다.

$$G'(x) = \frac{d}{dx}\int_0^x 3(t^2-1)\,dt = 3(x^2-1)$$

(b) 함수 $3(x^2-1)$의 원시함수를 $F(x)$라 하면 $F(x) = \int 3(x^2-1)\,dx = x^3 - 3x$ 이므로 다음이 성립한다.

$$\int_0^3 3(x^2-1)\,dx = \left(x^3 - 3x\right)\Big|_0^3 = (3^3 - 3\times 3) - 0 = 18$$

(c) [예제 7-12(b)]에서 구한 정적분과 동일하다.

예제 7-16

다음 정적분을 구하라.

(a) $\displaystyle\int_{1}^{2}(3x+4)dx$ (b) $\displaystyle\int_{-\pi/4}^{\pi/4}(\cos x-\sin x)^2dx$

풀이

(a) $F(x)=\displaystyle\int(3x+4)\,dx=\frac{3}{2}x^2+4x$ 이므로 다음이 성립한다.

$$\int_{1}^{2}(3x+4)dx=\left(\frac{3}{2}x^2+4x\right)\Big|_1^2=(6+8)-\left(\frac{3}{2}+4\right)=\frac{17}{2}$$

(b) $F(x)=\displaystyle\int(\cos x-\sin x)^2dx=\int(1-2\sin x\cos x)\,dx$

$=\displaystyle\int(1-\sin 2x)\,dx=x+\frac{\cos 2x}{2}$

따라서, 다음과 같이 식을 다시 쓸 수 있다.

$$\int_{-\pi/4}^{\pi/4}(\cos x-\sin x)^2dx=\left(x+\frac{\cos 2x}{2}\right)\Big|_{-\pi/4}^{\pi/4}=\frac{\pi}{4}-\left(-\frac{\pi}{4}\right)=\frac{\pi}{2}$$

■ 적분함수의 도함수

함수 $g(x)$는 미분가능하고 $F(x)$는 $f(x)$의 원시함수라 하면 다음을 얻는다.

$$\int_{a}^{g(x)}f(t)\,dt=F(t)\Big|_a^{g(x)}=F(g(x))-F(a)$$

위 식의 양변을 x에 관하여 미분하면 합성함수의 미분법에 의하여 다음이 성립한다.

$$\frac{d}{dx}\int_{a}^{g(x)}f(t)\,dt=\frac{d}{dx}\{F(g(x))-F(a)\}=f(g(x))\,g'(x)$$

동일한 방법으로 적분하한이 미분가능한 함수 $h(x)$이면 다음을 얻는다.

$$\int_{h(x)}^{g(x)}f(t)\,dt=F(t)\Big|_{h(x)}^{g(x)}=F(g(x))-F(h(x))$$

따라서 다음이 성립한다.

$$\frac{d}{dx}\int_{h(x)}^{g(x)} f(t)\,dt = \frac{d}{dx}\{F(g(x)) - F(h(x))\} = f(g(x))g'(x) - f(h(x))h'(x)$$

따라서 [정리 7-5]의 미적분학 기본 정리 (1)을 이용하여 적분상한과 적분하한이 함수로 주어지는 정적분의 도함수를 다음과 같이 구할 수 있다.

정리 7-6 적분함수의 도함수

함수 $g(x)$와 $h(x)$가 미분가능할 때, 연속함수 $f(x)$에 대하여 다음이 성립한다.

(1) $\dfrac{d}{dx}\displaystyle\int_{a}^{g(x)} f(t)\,dt = f(g(x))g'(x)$

(2) $\dfrac{d}{dx}\displaystyle\int_{h(x)}^{g(x)} f(t)\,dt = f(g(x))g'(x) - f(h(x))h'(x)$

예제 7-17

다음 도함수를 구하라.

(a) $\dfrac{d}{dx}\displaystyle\int_{1}^{x^2-1} (t^2+4)\,dt$　　(b) $\dfrac{d}{dx}\displaystyle\int_{2x}^{x^2} (\cos^2 t - \sin t)^2\,dt$

풀이

(a) $g(x) = x^2-1$이라 하면 $g'(x) = 2x$이므로 다음과 같다.

$$\begin{aligned}\frac{d}{dx}\int_{1}^{x^2-1} (t^2+4)\,dt &= \{(x^2-1)^2+4\}\cdot(2x)\\ &= 2x(x^4-2x^2+5)\end{aligned}$$

(b) $g(x) = x^2$, $h(x) = 2x$라 하면 $g'(x) = 2x$, $h'(x) = 2$이므로 다음과 같다.

$$\begin{aligned}\frac{d}{dx}\int_{2x}^{x^2} (\cos^2 t - \sin t)^2\,dt &= \{\cos^2(x^2) - \sin(x^2)\}^2\cdot(2x) - \{\cos^2(2x) - \sin(2x)\}^2\cdot(2)\\ &= 2x\{\cos^2(x^2) - \sin(x^2)\}^2 - 2\{\cos^2(2x) - \sin(2x)\}^2\end{aligned}$$

■ 정적분의 치환적분법

부정적분의 치환적분법을 [정리 7-7]과 같이 정적분에 적용할 수 있다. 이때 원래 주어진 적분 구간이 치환된 변수의 적분 구간으로 변경되는 것을 주의해야 한다.

정리 7-7 정적분의 치환적분법

$g'(x)$가 구간 $[a, b]$에서 연속이고 $f(x)$가 $g(x)$의 치역에서 연속이면 다음이 성립한다.

$$\int_a^b f(g(x))g'(x)\,dx = \int_{g(a)}^{g(b)} f(u)\,du$$

예제 7-18

다음 정적분을 구하라.

(a) $\int_1^2 (2x+1)^3\,dx$ (b) $\int_0^{\pi/2} (\sin^2 x+\sin x)\cos x\,dx$

풀이

(a) $u=2x+1$이라 하면 $du=2\,dx$이므로 $dx=\frac{1}{2}du$다. 이때 $x=1$이면 $u=3$이고, $x=2$이면 $u=5$이므로 다음이 성립한다.

$$\int_1^2 (2x+1)^3\,dx = \int_3^5 u^3\cdot\left(\frac{1}{2}\right)du = \frac{1}{2}\left(\frac{1}{4}u^4\right)\Big|_3^5$$
$$= \frac{625}{8} - \frac{81}{8} = 68$$

(b) $u=\sin x$ 라 하면 $du=\cos x\,dx$다. 이때 $x=0$이면 $u=0$이고, $x=\frac{\pi}{2}$이면 $u=1$이므로 다음이 성립한다.

$$\int_0^{\pi/2} (\sin^2 x+\sin x)\cos x\,dx = \int_0^1 (u^2+u)\,du = \left(\frac{1}{3}u^3+\frac{1}{2}u^2\right)\Big|_0^1$$
$$= \frac{1}{3}+\frac{1}{2} = \frac{5}{6}$$

■ 정적분의 부분적분법

부정적분의 부분적분법을 정적분에도 적용할 수 있다. 두 함수 $f(x)$와 $g(x)$에 대하여 다음 정리가 성립한다.

정리 7-8 정적분의 부분적분법

$f(x)$가 구간 $[a, b]$에서 연속이고 $g(x)$가 구간 (a, b)에서 미분가능하면 다음이 성립한다.

$$\int_a^b f(x)g'(x)\,dx = f(x)g(x)\Big|_a^b - \int_a^b f'(x)g(x)\,dx$$

예제 7-19

다음 정적분을 구하라.

(a) $\int_0^{\frac{\pi}{2}} e^x \sin x\,dx$　　(b) $\int_1^e \ln x\,dx$

풀이

7.2절의 [예제 7-8]과 [예제 7-9]에서 부분적분법으로 구한 결과를 이용한다.

(a) $\int_0^{\frac{\pi}{2}} e^x \sin x\,dx = \frac{1}{2}e^x(\sin x - \cos x)\Big|_0^{\frac{\pi}{2}} = \frac{e^{\pi/2}}{2} - \left(-\frac{1}{2}\right) = \frac{1}{2}(e^{\pi/2} + 1)$

(b) $\int_1^e \ln x\,dx = x(-1 + \ln x)\Big|_1^e = 0 - (-1) = 1$

Section 7.3 확인문제

1. 다음 정적분을 구하라.

(a) $\int_1^2 (2x - x^2)\,dx$　　(b) $\int_1^4 \frac{1}{x}\,dx$

(c) $\int_0^1 \sqrt{x}\,dx$　　(d) $\int_0^2 |x-1|\,dx$

(e) $\int_1^2 \frac{1}{x(1+\ln x)^2}dx$

(f) $\int_0^{\ln 2} x e^x dx$

(g) $\int_0^{\pi/2} x \sin x \, dx$

(h) $\int_0^{\pi/2} e^x \sin x \, dx$

(i) $\int_0^1 \sin^{-1} x \, dx$

(j) $\int_0^1 x \tan^{-1} x \, dx$

2. 정적분의 정의를 이용하여 $\int_0^1 x^3 dx$를 구하라.

Hint $\sum_{k=1}^{n} k^3 = \left\{\frac{n(n+1)}{2}\right\}^2$이다.

3. 다음 주어진 함수와 구간에 대하여 적분의 평균값 정리를 만족하는 상수 c를 구하라.

(a) $f(x) = x+1$, $[0, 4]$

(b) $f(x) = x^2 - 1$, $[0, 2]$

4. 정적분 $\int_1^0 (1-x)^3 dx + \int_0^1 (x+1)^3 dx$ 를 구하라.

5. $\int_0^1 f(x)\,dx = 3$을 만족하는 우함수 $f(x)$에 대하여, $\int_{-1}^1 (x^5 + x^3 + 1) f(x)\,dx$를 구하라.

6. 다항함수 $f(x)$가 $f(x) = x^3 + x\int_0^1 f(x)\,dx$ 를 만족할 때, $f(1)$을 구하라.

Hint $\int_0^1 f(x)\,dx = k$라 놓고 먼저 k를 구한다.

7. $1 \le x \le 5$에 대하여 $F(x) = \int_1^x (3u^2 - 2u)\,du$라 할 때, 다음을 구하라.

(a) $F'(x)$

(b) $\int_1^5 (3x^2 - 2x)\,dx$

8. $\int_1^x f(u)\,du = x^4 - x^3 + ax - 1$을 만족하는 함수 $f(x)$와 상수 a를 구하라.

9. 다음을 구하라.

(a) $\frac{d}{dx}\int_1^x (t^2+1)\,dt$

(b) $\frac{d}{dx}\int_x^{\sqrt{x}} \sqrt{t+1}\,dt$

7.4 유리함수의 적분법

7.1절에서 특수한 유리함수에 대한 적분 결과가 다음과 같았다.

$$\int \frac{1}{x}\,dx = \ln|x| + C$$

$$\int \frac{1}{1+x^2}\,dx = \tan^{-1} x + C$$

일반적으로 두 다항식 $f(x)$와 $g(x)$에 대하여 $\dfrac{f(x)}{g(x)}$로 정의되는 유리함수의 적분은 $g(x)$의 인수에 따라 다음과 같이 부분분수로 분해한다.

유형 1 분모가 1차 인수 $(ax+b)^k$을 갖는 경우

$\dfrac{f(x)}{g(x)}$를 다음과 같이 쓴 다음, 미정계수 $a_i(i=1,\ 2,\ \cdots,\ k)$를 구하여 적분한다.

$$\frac{f(x)}{g(x)} = \frac{a_1}{ax+b} + \frac{a_2}{(ax+b)^2} + \cdots + \frac{a_k}{(ax+b)^k} + \frac{f_1(x)}{g_1(x)}$$

유형 2 분모가 2차 인수 $(ax^2+bx+c)^k$을 갖는 경우

$\dfrac{f(x)}{g(x)}$를 다음과 같이 쓴 다음, 미정계수 $c_i,\ d_i(i=1,\ 2,\ \cdots,\ k)$를 구하여 적분한다.

$$\frac{f(x)}{g(x)} = \frac{c_1x+d_1}{ax^2+bx+c} + \cdots + \frac{c_kx+d_k}{(ax^2+bx+c)^k} + \frac{f_1(x)}{g_1(x)}$$

유형 3 분모가 1차 인수 $(ax+b)^n$과 2차 인수 $(ax^2+bx+c)^m$을 갖는 경우

1차 인수에 대해 [유형 1]을 사용하고 2차 인수에 대해 [유형 2]를 사용하여 부분분수로 분해한 후, 미정계수를 구하여 적분한다.

예제 7-20

다음 적분을 구하라.

(a) $\displaystyle\int \frac{x^3-3}{x^2-1}dx$　　　　(b) $\displaystyle\int_0^1 \frac{x^2+1}{(x+1)^3}dx$

풀이

(a) $\dfrac{x^3-3}{x^2-1}=x+\dfrac{x-3}{(x-1)(x+1)}=x+\dfrac{A}{x-1}+\dfrac{B}{x+1}$라 놓고 미정계수 A, B를 구하기 위해 우변을 통분하면 다음 항등식을 얻는다.

$$(x+1)A+(x-1)B=x-3$$

$$(A+B)x+(A-B)=x-3$$

$A+B=1$, $A-B=-3$이므로 $A=-1$, $B=2$이다. 그러므로 피적분함수의 부정적분은 다음과 같다.

$$\begin{aligned}\int \frac{x^3-3}{x^2-1}dx &= \int\left(x-\frac{1}{x-1}+\frac{2}{x+1}\right)dx \\ &= \frac{1}{2}x^2-\ln|x-1|+2\ln|x+1|+C \\ &= \frac{1}{2}x^2+\ln\left|\frac{(x+1)^2}{x-1}\right|+C\end{aligned}$$

(b) $\dfrac{x^2+1}{(x+1)^3}=\dfrac{A}{x+1}+\dfrac{B}{(x+1)^2}+\dfrac{C}{(x+1)^3}$라 놓고 미정계수 A, B, C를 구하기 위해 우변을 통분하면 다음 항등식을 얻는다.

$$(x+1)^2A+(x+1)B+C=x^2+1$$

$$Ax^2+(2A+B)x+(A+B+C)=x^2+1$$

따라서 $A=1$, $2A+B=0$, $A+B+C=1$ 이므로 $A=1$, $B=-2$, $C=2$이고, 주어진 부정적분은 다음과 같다.

$$\int \frac{x^2+1}{(x+1)^3}dx=\int\left\{\frac{1}{x+1}-\frac{2}{(x+1)^2}+\frac{2}{(x+1)^3}\right\}dx$$

이제 $u=x+1$이라 하면, $du=dx$이므로 피적분함수의 부정적분은 다음과 같다.

$$\int \frac{x^2+1}{(x+1)^3}dx = \int \left(\frac{1}{u} - 2u^{-2} + 2u^{-3}\right)du$$
$$= \ln|u| + 2u^{-1} - u^{-2}$$
$$= \ln|x+1| + \frac{2x+1}{(x+1)^2} + C$$

그러므로 구하고자 하는 정적분은 다음과 같다.

$$\int_0^1 \frac{x^2+1}{(x+1)^3}dx = \ln|x+1| + \frac{2x+1}{(x+1)^2}\Big|_0^1$$

$$= \left(\ln 2 + \frac{3}{4}\right) - 1 = \ln 2 - \frac{1}{4}$$

예제 7-21

다음 부정적분을 구하라.

(a) $\int \frac{x^3+x-1}{x^2+1}dx$　　　　(b) $\int \frac{x^2+x+1}{x^4-1}dx$

풀이

(a) $\frac{x^3+x-1}{x^2+1} = x - \frac{1}{x^2+1}$ 이므로 구하고자 하는 적분은 다음과 같다.

$$\int \frac{x^3+x-1}{x^2+1}dx = \int \left(x - \frac{1}{x^2+1}\right)dx = \frac{x^2}{2} - \tan^{-1}x + C$$

(b) $\frac{x^2+x+1}{x^4-1} = \frac{x^2+x+1}{(x-1)(x+1)(x^2+1)} = \frac{A}{x-1} + \frac{B}{x+1} + \frac{Cx+D}{x^2+1}$라 놓고 미정계수 A, B, C, D를 구하기 위해 우변을 통분하면 다음 항등식을 얻는다.

$$(x+1)(x^2+1)A + (x-1)(x^2+1)B + (x-1)(x+1)(Cx+D) = x^2+x+1$$

$$(A+B+C)x^3 + (A-B+D)x^2 + (A+B-C)x + (A-B-D) = x^2+x+1$$

따라서 $A+B+C=0$, $A-B+D=1$, $A+B-C=1$, $A-B-D=1$이므로 $A=\frac{3}{4}$, $B=-\frac{1}{4}$, $C=-\frac{1}{2}$, $D=0$이다. 그러므로 적분상수 E에 대해 구하고자 하는 적분은 다음과 같다.

$$\int \frac{x^2+x+1}{x^4-1}dx = \int \left(\frac{3}{4}\frac{1}{x-1} - \frac{1}{4}\frac{1}{x+1} - \frac{1}{2}\frac{x}{x^2+1}\right)dx$$

$$= \frac{3}{4}\ln|x-1| - \frac{1}{4}\ln|x+1| - \frac{1}{4}\int \frac{2x}{x^2+1}dx$$

$$= \frac{3}{4}\ln|x-1| - \frac{1}{4}\ln|x+1| - \frac{1}{4}\ln(x^2+1) + E$$

$$= \frac{1}{4}\ln\left|\frac{(x-1)^3}{(x+1)(x^2+1)}\right| + E$$

Section 7.4 확인문제

1. 다음 부정적분을 구하라.

(a) $\int \frac{x^3-1}{x-1}dx$

(b) $\int \frac{1}{x^2-1}dx$

(c) $\int \frac{2x+1}{x^3-x}dx$

(d) $\int \frac{x^2}{(x-1)^3}dx$

(e) $\int \frac{1}{(x+1)(x+2)}dx$

(f) $\int \frac{x^3+x-1}{x^2-1}dx$

(g) $\int \frac{1}{x^3+x}dx$

(h) $\int \frac{1}{x(x+1)^2}dx$

(i) $\int \frac{x^2-x+1}{(x-1)^3}dx$

(j) $\int \frac{x+4}{x^3-2x^2}dx$

(k) $\int \frac{x+1}{(x-2)^3}dx$

(l) $\int \frac{2x^2+x-1}{x(x+1)(x-1)}dx$

2. 다음 부정적분을 구하라.

(a) $\displaystyle\int \frac{dx}{x^2+4}$

(b) $\displaystyle\int \frac{dx}{4x^2+1}$

(c) $\displaystyle\int \frac{x^3+x-1}{x^2+1}dx$

(d) $\displaystyle\int \frac{2x+1}{x^3+x}dx$

(e) $\displaystyle\int \frac{x^3+1}{x^4-1}dx$

(f) $\displaystyle\int \frac{x^3-2x+3}{(x^2+x)(x^2+1)}dx$

(g) $\displaystyle\int \frac{x^3+x}{(x^2+2)^2}dx$

(h) $\displaystyle\int \frac{x^3-x^2-x-1}{(x^2+1)^2}dx$

3. 다음 정적분을 구하라.

(a) $\displaystyle\int_2^3 \frac{x+1}{(x-1)(x+2)}dx$

(b) $\displaystyle\int_3^4 \frac{1}{x^2-2x}dx$

(c) $\displaystyle\int_1^2 \frac{2x^2-1}{x(x+1)(x+2)}dx$

(d) $\displaystyle\int_0^2 \frac{1}{x^2-4x+13}dx$

(e) $\displaystyle\int_{-1/2}^{1/2} \frac{x^5+x^3+x}{x^4-1}dx$

(f) $\displaystyle\int_0^1 \frac{x^2}{(x+1)(x^2+1)}dx$

4. $f'(x)=\dfrac{1}{x^2-3x+2}$ 이고 $f(0)=1$ 을 만족하는 함수 $y=f(x)$를 구하라.

7.5 삼각함수의 적분법

삼각함수의 적분은 피적분함수의 유형에 따라 적분하는 방법이 다르다. 이 절에서는 피적분함수를 유형별로 구분하여 적분하는 방법을 살펴본다.

유형 1 피적분함수가 $\sin^n x$ 또는 $\cos^n x$인 경우

❶ 지수 n이 홀수이면 $\sin x$ 또는 $\cos x$를 하나씩 빼내고, 항등식 $\sin^2 x+\cos^2 x=1$을 이용하여 치환한다.

❷ 지수 n이 짝수이면 다음과 같이 반각공식을 이용한다.

$$\sin^2 x=\frac{1-\cos 2x}{2}, \quad \cos^2 x=\frac{1+\cos 2x}{2}$$

예제 7-22

다음 부정적분을 구하라.

(a) $\int \cos^5 x\,dx$ (b) $\int \sin^4 x\,dx$

풀이

(a) $\int \cos^5 x\,dx=\int \cos^4 x\cos x\,dx=\int (\cos^2 x)^2\cos x\,dx=\int (1-\sin^2 x)^2\cos x\,dx$

이제 $u=\sin x$라 하면 $du=\cos x\,dx$이므로 주어진 부정적분은 다음과 같이 다시 쓴다.

$$\begin{aligned}\int \cos^5 x\,dx&=\int (1-u^2)^2\,du=\int (u^4-2u^2+1)\,du\\&=\frac{1}{5}u^5-\frac{2}{3}u^3+u+C\\&=\frac{1}{5}\sin^5 x-\frac{2}{3}\sin^3 x+\sin x+C\end{aligned}$$

(b) $$\begin{aligned}\int \sin^4 x\,dx&=\int (\sin^2 x)^2\,dx=\int \left(\frac{1-\cos 2x}{2}\right)^2 dx\\&=\frac{1}{4}\int (1-2\cos 2x+\cos^2 2x)\,dx\\&=\frac{1}{4}\int \left(1-2\cos 2x+\frac{1+\cos 4x}{2}\right)dx\\&=\frac{1}{4}\int \left(\frac{3}{2}-2\cos 2x+\frac{1}{2}\cos 4x\right)dx\\&=\frac{1}{4}\int \frac{3}{2}\,dx-\frac{1}{2}\int \cos 2x\,dx+\frac{1}{8}\int \cos 4x\,dx\end{aligned}$$

이제 $u=2x$, $v=4x$라 하면 $du=2dx$, $dv=4dx$ 즉 $dx=\frac{1}{2}du$, $dx=\frac{1}{4}dv$이므로 다음이 성립한다.

$$\int \cos 2x\,dx=\frac{1}{2}\int \cos u\,du=\frac{1}{2}\sin u+C_1=\frac{1}{2}\sin 2x+C_1$$

$$\int \cos 4x\,dx=\frac{1}{4}\int \cos v\,dv=\frac{1}{4}\sin v+C_2=\frac{1}{4}\sin 4x+C_2$$

그러므로 주어진 부정적분은 다음과 같다.

$$\int \sin^4 x\,dx=\frac{3x}{8}-\frac{1}{4}\sin 2x+\frac{1}{32}\sin 4x+C$$

유형 2 피적분함수가 $\sin^m x\cos^n x$인 경우

[유형 1]과 동일하게 지수 n 또는 m이 홀수이면 $\sin x$ 또는 $\cos x$를 하나씩 빼내어 항등식 $\sin^2 x+\cos^2 x=1$을 이용하고, 지수 n과 m이 모두 짝수이면 반각공식을 이용한다.

예제 7-23

다음 부정적분을 구하라.

(a) $\int \sin^2 x\cos^3 x\,dx$ (b) $\int \sin^2 x\cos^2 x\,dx$

풀이

(a) $\int \sin^2 x\cos^3 x\,dx=\int \sin^2 x\cos^2 x\cos x\,dx=\int \sin^2 x(1-\sin^2 x)\cos x\,dx$

이제 $u=\sin x$라 하면 $du=\cos x\,dx$이므로 주어진 부정적분은 다음과 같다.

$$\begin{aligned}\int \sin^2 x\cos^3 x\,dx&=\int \sin^2 x(1-\sin^2 x)\cos x\,dx\\&=\int u^2(1-u^2)\,du=\int (u^2-u^4)\,du\\&=\frac{1}{3}u^3-\frac{1}{5}u^5+C=\frac{1}{3}\sin^3 x-\frac{1}{5}\sin^5 x+C\end{aligned}$$

(b)
$$\begin{aligned}\int \sin^2 x\cos^2 x\,dx&=\int \frac{1-\cos 2x}{2}\cdot\frac{1+\cos 2x}{2}dx=\frac{1}{4}\int (1-\cos^2 2x)\,dx\\&=\frac{1}{4}\int\left(1-\frac{1+\cos 4x}{2}\right)dx=\frac{1}{8}\int (1-\cos 4x)\,dx\end{aligned}$$

이제 $u=4x$라 하면 $du=4dx$, 즉 $dx=\frac{1}{4}du$이므로 주어진 부정적분은 다음과 같다.

$$\begin{aligned}\int \sin^2 x\cos^2 x\,dx &= \frac{1}{8}x-\frac{1}{8}\int \cos u\left(\frac{1}{4}\right)du\\ &= \frac{1}{8}x-\frac{1}{32}\sin u+C=\frac{1}{8}x-\frac{1}{32}\sin 4x+C\end{aligned}$$

유형 3 피적분함수가 $\tan^n x$ 또는 $\cot^n x\,(n\geq 2)$인 경우

다음을 이용하여 $\tan x$ 또는 $\cot x$를 변수 u로 치환한다.

$$1+\tan^2 x=\sec^2 x \quad \text{또는}\ 1+\cot^2 x=\operatorname{cosec}^2 x$$

그러면 다음 관계식을 얻는다.

$$\begin{aligned}T_n &= \int \tan^n x\,dx=\int \tan^{n-2}x\tan^2 x\,dx\\ &= \int \tan^{n-2}x(\sec^2 x-1)\,dx\\ &= \int \tan^{n-2}x\sec^2 x\,dx-\int \tan^{n-2}x\,dx\\ &= \int u^{n-2}du-T_{n-2} \qquad (u=\tan x \ \Rightarrow\ du=\sec^2 x\,dx)\\ &= \frac{1}{n-1}\tan^{n-1}x-T_{n-2}\end{aligned}$$

이제 T_{n-2}에 동일한 방법을 반복적으로 적용하여 피적분함수가 $\tan^2 x$ 또는 $\tan x$가 되도록 한다.

❶ 피적분함수가 $\tan^2 x$가 되는 경우

$\tan^2 x=\sec^2 x-1$로 변경하면, 다음과 같이 적분할 수 있다.

$$\int \tan^2 x\,dx=\int (\sec^2 x-1)\,dx=-x+\tan x+C$$

❷ 피적분함수가 $\tan x$가 되는 경우

7.2절에서 살펴본 바와 같이 다음과 같이 적분할 수 있다.

$$\int \tan x\,dx=-\ln|\cos x|+C$$

피적분함수가 $\cot^n x$ 인 경우에도 동일한 방법을 적용하여, 마지막 피적분함수가 $\cot^2 x$ 또는 $\cot x$ 가 되도록 한다. 이때 마지막 피적분함수에 대한 적분 결과는 다음과 같다.

❸ 피적분함수가 $\cot^2 x$ 가 되는 경우

$\cot^2 x = \operatorname{cosec}^2 x - 1$로 변경하면, 다음과 같이 적분할 수 있다.

$$\int \cot^2 x\,dx = \int (\operatorname{cosec}^2 x - 1)\,dx = -x - \cot x + C$$

❹ 피적분함수가 $\cot x$ 가 되는 경우

$$\int \cot x\,dx = \ln|\sin x| + C$$

예제 7-24

다음 부정적분을 구하라.

(a) $\int \tan^3 x\,dx$

(b) $\int \cot^4 x\,dx$

풀이

(a)
$$\begin{aligned}\int \tan^3 x\,dx &= \int \tan x \tan^2 x\,dx = \int \tan x\,(\sec^2 x - 1)\,dx \\ &= \int \tan x \sec^2 x\,dx - \int \tan x\,dx \\ &= \int \tan x \sec^2 x\,dx + \ln|\cos x|\end{aligned}$$

이제 $u = \tan x$라 하면 $\dfrac{du}{dx} = \sec^2 x$, 즉 $du = \sec^2 x\,dx$이므로 다음을 얻는다.

$$\int \tan x \sec^2 x\,dx = \int u\,du = \frac{1}{2}u^2 + C = \frac{1}{2}\tan^2 x + C$$

따라서 구하고자 하는 부정적분은 다음과 같다.

$$\int \tan^3 x\,dx = \frac{1}{2}\tan^2 x + \ln|\cos x| + C$$

(b)
$$\begin{aligned}\int \cot^4 x\,dx &= \int \cot^2 x \cot^2 x\,dx = \int \cot^2 x\,(\operatorname{cosec}^2 x - 1)\,dx \\ &= \int \cot^2 x \operatorname{cosec}^2 x\,dx - \int \cot^2 x\,dx \\ &= \int \cot^2 x \operatorname{cosec}^2 x\,dx - \int (\operatorname{cosec}^2 x - 1)\,dx \\ &= \int \cot^2 x \operatorname{cosec}^2 x\,dx - (-x - \cot x)\end{aligned}$$

이제 $u=\cot x$라 하면 $\dfrac{du}{dx}=-\operatorname{cosec}^2 x$, 즉 $\operatorname{cosec}^2 x\,dx=-du$이므로 다음을 얻는다.

$$\int \cot^2 x \operatorname{cosec}^2 x\,dx=\int u^2(-1)\,du=-\frac{1}{3}u^3+C=-\frac{1}{3}\cot^3 x+C$$

따라서 구하고자 하는 부정적분은 다음과 같다.

$$\int \cot^4 x\,dx=x+\cot x-\frac{1}{3}\cot^3 x+C$$

유형 4 피적분함수가 $\tan^m x\sec^n x$ 또는 $\cot^m x\operatorname{cosec}^n x$인 경우

❶ 지수 n이 짝수이고 m이 임의의 실수이면, $\sec^2 x$ 또는 $\operatorname{cosec}^2 x$를 빼내고 공식 $1+\tan^2 x=\sec^2 x$ 또는 $1+\cot^2 x=\operatorname{cosec}^2 x$와 치환적분법을 이용한다.

❷ 지수 m이 홀수이고 n이 임의의 실수이면, $\tan x\sec x$ 또는 $\cot x\operatorname{cosec} x$를 빼내어 $\sec x$ 또는 $\operatorname{cosec} x$를 치환한다.

예제 7-25

다음 부정적분을 구하라.

(a) $\displaystyle\int \tan x\sec^4 x\,dx$　　(b) $\displaystyle\int \cot^3 x\operatorname{cosec}^3 x\,dx$

풀이

(a) $\displaystyle\int \tan x\sec^4 x\,dx=\int \tan x\sec^2 x\sec^2 x\,dx=\int \tan x\,(1+\tan^2 x)\sec^2 x\,dx$

이제 $u=\tan x$라 하면 $du=\sec^2 x\,dx$다. 따라서 구하고자 하는 부정적분은 다음과 같다.

$$\begin{aligned}\int \tan x\sec^4 x\,dx&=\int u(1+u^2)\,du=\int (u+u^3)\,du\\&=\frac{1}{2}u^2+\frac{1}{4}u^4+C=\frac{1}{2}\tan^2 x+\frac{1}{4}\tan^4 x+C\end{aligned}$$

(b) $$\begin{aligned}\int \cot^3 x\operatorname{cosec}^3 x\,dx&=\int \cot^2 x\operatorname{cosec}^2 x\cot x\operatorname{cosec} x\,dx\\&=\int (\operatorname{cosec}^2 x-1)\operatorname{cosec}^2 x\cot x\operatorname{cosec} x\,dx\end{aligned}$$

이제 $u=\operatorname{cosec} x$라 하면 $\dfrac{du}{dx}=-\cot x\operatorname{cosec} x$, 즉 $-du=\cot x\operatorname{cosec} x\,dx$다. 따라서 구하고자 하는 부정적분은 다음과 같다.

$$\begin{aligned}\int \cot^3 x\operatorname{cosec}^3 x\,dx&=\int (u^2-1)u^2(-1)\,du=(-1)\int (u^4-u^2)\,du\\&=-\left(\frac{1}{5}u^5-\frac{1}{3}u^3\right)+C=-\frac{1}{5}\operatorname{cosec}^5 x+\frac{1}{3}\operatorname{cosec}^3 x+C\end{aligned}$$

유형 5 **피적분함수가 $\sin mx\cos nx$ 또는 $\sin mx\sin nx$, $\cos mx\cos nx$인 경우**

삼각함수의 곱을 합으로 변형시키는 다음 공식을 이용한다(4.2절 [정리 4-9] 참고).

$$\sin mx\cos nx = \frac{1}{2}\{\sin(m+n)x + \sin(m-n)x\}$$

$$\cos mx\cos nx = \frac{1}{2}\{\cos(m+n)x + \cos(m-n)x\}$$

$$\sin mx\sin nx = -\frac{1}{2}\{\cos(m+n)x - \cos(m-n)x\}$$

예제 7-26

다음 부정적분을 구하라.

(a) $\displaystyle\int \cos 4x\cos 2x\,dx$　　(b) $\displaystyle\int \sin x\cos 2x\,dx$

풀이

(a) $$\begin{aligned}\int \cos 4x\cos 2x\,dx &= \frac{1}{2}\int(\cos 6x + \cos 2x)\,dx\\ &= \frac{1}{2}\left(\frac{1}{6}\sin 6x + \frac{1}{2}\sin 2x\right) + C\\ &= \frac{1}{12}(\sin 6x + 3\sin 2x) + C\end{aligned}$$

(b) $$\begin{aligned}\int \sin x\cos 2x\,dx &= \frac{1}{2}\int\{\sin 3x + \sin(-x)\}\,dx\\ &= \frac{1}{2}\int(\sin 3x - \sin x)\,dx\\ &= \frac{1}{2}\left(-\frac{1}{3}\cos 3x + \cos x\right) + C\\ &= \frac{1}{6}(3\cos x - \cos 3x) + C\end{aligned}$$

Section 7.5 확인문제

1. 다음 부정적분을 구하라.

(a) $\int \sin^2 x\,dx$ (b) $\int \cos^2 x\,dx$

(c) $\int \sin^4 x\,dx$ (d) $\int \cos^3 x\,dx$

(e) $\int \sin^5 x\,dx$ (f) $\int \cos^4 x\,dx$

2. 다음 부정적분을 구하라.

(a) $\int \sin^3 x \cos^2 x\,dx$ (b) $\int \sin^2 x \cos^5 x\,dx$

(c) $\int \sin^3 x \cos^3 x\,dx$ (d) $\int \dfrac{\cos^3 x}{1+\sin^2 x}dx$

(e) $\int \sin^2 x \cos^4 x\,dx$ (f) $\int \sin^2 2x \cos^2 2x\,dx$

(g) $\int \dfrac{\cos^5 x}{\sqrt{\sin x}}dx$ (h) $\int \dfrac{\sin^7 x}{\sqrt{\cos x}}dx$

Hint (d), (g) $\cos x$를 빼내고 $u=\sin x$로 치환한다.

3. 다음 부정적분을 구하라.

(a) $\int \tan^5 x\,dx$ (b) $\int \tan^6 x\,dx$

(c) $\int \cot^5 x\,dx$ (d) $\int \cot^6 x\,dx$

(e) $\int \tan^3 x \sec^4 x\,dx$ (f) $\int \tan^3 x \sec^3 x\,dx$

(g) $\int \cot^3 x\,\mathrm{cosec}^5 x\,dx$ (h) $\int \cot^2 x\,\mathrm{cosec}^4 x\,dx$

(i) $\int \dfrac{\sec^4 x}{1+\tan x}dx$ (j) $\int \dfrac{\sec^4 x}{1-\tan^2 x}dx$

Hint (i) $\sec^2 x$를 빼내고 $u=\tan x$로 치환한다.

4. 다음 부정적분을 구하라.

(a) $\int \sin 2x \cos x\,dx$ (b) $\int \sin 3x \cos 4x\,dx$

(c) $\int \sin 2x \cos 3x \cos 5x\,dx$ (d) $\int \cos x \cos 2x \cos 3x\,dx$

Hint (c), (d) 먼저 두 삼각함수의 곱을 합으로 고친다.

5. 다음 정적분을 구하라.

(a) $\int_0^{\pi/4} \sin 2x\,dx$

(b) $\int_0^{\sqrt{\pi}/2} x\cos(x^2)\,dx$

(c) $\int_{-\pi/4}^{\pi/4} \sin^3 x\cos x\,dx$

(d) $\int_0^{\pi/2} \sin^4 x\cos^3 x\,dx$

(e) $\int_0^{\pi/4} \sec^4 x\,dx$

(f) $\int_0^{\pi/4} \tan^4 x\,dx$

(g) $\int_0^{\pi/4} \tan^5 x\sec^3 x\,dx$

(h) $\int_0^{\pi/4} \frac{\sec^4 x}{(1+\tan x)^2}\,dx$

7.6 무리함수의 적분법

7.1절의 [표 7-3]에서 다음과 같은 무리함수의 적분 결과를 알았다.

$$\int \frac{1}{\sqrt{1-x^2}}\,dx = \sin^{-1}x + C$$

무리함수의 적분은 피적분함수의 유형에 따라 적분 방법이 매우 다양하다. 따라서 이 절에서는 피적분함수를 유형별로 구분하여 적분하는 방법을 살펴본다.

유형 1 피적분함수가 $\sqrt[n]{ax+b}$ 를 포함하는 경우

$\sqrt[n]{ax+b} = t$ 라 하면 $x = \frac{1}{a}(t^n - b)$, $dx = \frac{n}{a}t^{n-1}dt$ 이므로 피적분함수는 유리함수로 변형된다.

예제 7-27

다음 적분을 구하라.

(a) $\int_0^3 \frac{x}{\sqrt{x+1}}\,dx$

(b) $\int \frac{x}{(x-1)\sqrt{2-x}}\,dx$

풀이

(a) $\sqrt{x+1}=t$ 라 하면 $x=t^2-1$, $dx=2t\,dt$이므로 다음을 얻는다.

$$\int \frac{x}{\sqrt{x+1}}dx=\int \frac{t^2-1}{t}(2t)dt=2\int (t^2-1)dt$$
$$=2\left(\frac{1}{3}t^3-t\right)+C=\frac{2}{3}(x-2)\sqrt{x+1}+C$$

따라서 구하고자 하는 정적분은 다음과 같다.

$$\int_0^3 \frac{x}{\sqrt{x+1}}dx=\frac{2}{3}(x-2)\sqrt{x+1}\bigg|_0^3=\frac{4}{3}-\left(-\frac{4}{3}\right)=\frac{8}{3}$$

(b) $\sqrt{2-x}=t$ 라 하면 $x=2-t^2$, $dx=-2t\,dt$ 이고 $x-1=1-t^2$이므로 다음과 같다.

$$\int \frac{x}{(x-1)\sqrt{2-x}}dx=\int \frac{2-t^2}{t(1-t^2)}(-2t)\,dt=(-2)\int \frac{2-t^2}{1-t^2}dt$$
$$=(-2)\int\left\{1+\frac{1}{(1-t)(1+t)}\right\}dt$$
$$=(-2)\int\left(1+\frac{1}{2}\frac{1}{1-t}+\frac{1}{2}\frac{1}{1+t}\right)dt$$
$$=(-2)\left(t-\frac{1}{2}\ln|1-t|+\frac{1}{2}\ln|1+t|\right)+C$$
$$=-2t+\ln\left|\frac{1-t}{1+t}\right|+C$$
$$=-2\sqrt{2-x}+\ln\left|\frac{1-\sqrt{2-x}}{1+\sqrt{2-x}}\right|+C$$

유형 2 삼각치환법

$a>0$에 대하여 피적분함수가 $\sqrt{a^2-x^2}$, $\sqrt{a^2+x^2}$, $\sqrt{x^2-a^2}$ 을 포함하는 경우에는 다음과 같이 삼각함수로 치환하여 적분할 수 있다.

❶ $\sqrt{a^2-x^2}$ 을 포함하는 경우 : $x=a\sin\theta$, $-\frac{\pi}{2}\le\theta\le\frac{\pi}{2}$ 로 치환한다.

$$dx=a\cos\theta\,d\theta,\ \sqrt{a^2-x^2}=\sqrt{a^2-a^2\sin^2\theta}=a\sqrt{1-\sin^2\theta}=a\cos\theta$$

❷ $\sqrt{a^2+x^2}$ 을 포함하는 경우 : $x = a\tan\theta,\ -\frac{\pi}{2} < \theta < \frac{\pi}{2}$ 로 치환한다.

$$dx = a\sec^2\theta\, d\theta,\ \sqrt{a^2+x^2} = \sqrt{a^2+a^2\tan^2\theta} = a\sqrt{1+\tan^2\theta} = a\sec\theta$$

❸ $\sqrt{x^2-a^2}$ 을 포함하는 경우 : $x = a\sec\theta,\ 0 \le \theta < \frac{\pi}{2}$ 또는 $\pi \le \theta < \frac{3\pi}{2}$ 로 치환한다.

$$dx = a\sec\theta\tan\theta\, d\theta,\ \sqrt{x^2-a^2} = \sqrt{a^2\sec^2\theta - a^2} = a\sqrt{\sec^2\theta - 1} = a\tan\theta$$

예제 7-28

다음 부정적분을 구하라.

(a) $\int \sqrt{4-x^2}\, dx$

(b) $\int \frac{x\, dx}{\sqrt{4+x^2}}$

(c) $\int \frac{x^2\, dx}{\sqrt{x^2-1}}$

(d) $\int \frac{dx}{\sqrt{x^2-2x+2}}$

풀이

(a) $x = 2\sin\theta$라 하면, $dx = 2\cos\theta\, d\theta,\ \sqrt{4-x^2} = 2\cos\theta$ 이므로 다음을 얻는다.

$$\begin{aligned}\int \sqrt{4-x^2}\, dx &= \int 4\cos^2\theta\, d\theta = 2\int (1+\cos 2\theta)\, d\theta \\ &= 2\left(\theta + \frac{1}{2}\sin 2\theta\right) = 2(\theta + \sin\theta\cos\theta) + C\end{aligned}$$

한편 $x = 2\sin\theta$이므로 [그림 7-11(a)]와 같이 $\sin\theta = \frac{x}{2},\ \cos\theta = \frac{\sqrt{4-x^2}}{2},\ \theta = \sin^{-1}\left(\frac{x}{2}\right)$이다. 따라서 구하고자 하는 부정적분은 다음과 같다.

$$\begin{aligned}\int \sqrt{4-x^2}\, dx &= 2\left\{\frac{x}{2}\cdot\frac{\sqrt{4-x^2}}{2} + \sin^{-1}\left(\frac{x}{2}\right)\right\} + C \\ &= \frac{1}{2}x\sqrt{4-x^2} + 2\sin^{-1}\left(\frac{x}{2}\right) + C\end{aligned}$$

(b) $x = 2\tan\theta$라 하면, $dx = 2\sec^2\theta\, d\theta,\ \sqrt{4+x^2} = 2\sec\theta$ 이므로 다음을 얻는다.

$$\begin{aligned}\int \frac{x\, dx}{\sqrt{4+x^2}} &= \int \frac{2\tan\theta}{2\sec\theta}(2\sec^2\theta)\, d\theta = 2\int \tan\theta\sec\theta\, d\theta \\ &= 2\sec\theta + C\end{aligned}$$

한편 $x = 2\tan\theta$이므로 [그림 7-11(b)]와 같이 $\tan\theta = \frac{x}{2},\ \cos\theta = \frac{2}{\sqrt{4+x^2}},\ \sec\theta = \frac{\sqrt{4+x^2}}{2}$이다.

따라서 구하고자 하는 부정적분은 다음과 같다.

$$\int \frac{x\,dx}{\sqrt{4+x^2}} = 2\sec\theta + C = \sqrt{4+x^2} + C$$

(c) $x=\sec\theta$라 하면, $dx=\sec\theta\tan\theta\,d\theta$, $\sqrt{x^2-1}=\tan\theta$이므로 다음을 얻는다.

$$\int \frac{x^2\,dx}{\sqrt{x^2-1}} = \int \frac{\sec^2\theta}{\tan\theta}\sec\theta\tan\theta\,d\theta = \int \sec^3\theta\,d\theta$$

한편 7.2절의 [예제 7-9]에서 구한 $\sec^3 x$의 부정적분을 이용하면 다음을 얻는다.

$$\int \frac{x^2\,dx}{\sqrt{x^2-1}} = \int \sec^3\theta\,d\theta = \frac{1}{2}\sec\theta\tan\theta + \frac{1}{2}\ln|\sec\theta+\tan\theta| + C$$

한편 $x=\sec\theta$이므로 [그림 7-11(c)]와 같이 $\tan\theta=\sqrt{x^2-1}$ 이다. 따라서 구하고자 하는 부정적분은 다음과 같다.

$$\int \frac{x^2\,dx}{\sqrt{x^2-1}} = \frac{1}{2}\left(x\sqrt{x^2-1} + \ln\left|x+\sqrt{x^2-1}\right|\right) + C$$

(d) $x^2-2x+2=(x-1)^2+1$이므로 $x-1=\tan\theta$라 하면 $dx=\sec^2\theta\,d\theta$, $\sqrt{x^2-2x+2}=\sec\theta$ 이다. 따라서 다음이 성립한다.

$$\int \frac{dx}{\sqrt{x^2-2x+2}} = \int \frac{\sec^2\theta}{\sec\theta}d\theta = \int \sec\theta\,d\theta$$

한편 7.2절의 [예제 7-8]에서 구한 $\sec x$의 부정적분을 이용하면 다음을 얻는다.

$$\int \frac{dx}{\sqrt{x^2-2x+2}} = \ln|\sec\theta+\tan\theta| + C$$

한편 $x-1=\tan\theta$이므로 [그림 7-11(d)]와 같이 $\sec\theta=\sqrt{x^2-2x+2}$ 이다. 따라서 구하고자 하는 부정적분은 다음과 같다.

$$\int \frac{dx}{\sqrt{x^2-2x+2}} = \ln\left|x-1+\sqrt{x^2-2x+2}\right| + C$$

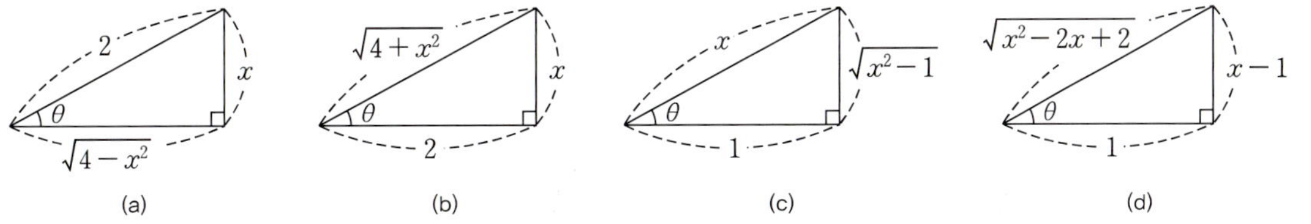

[그림 7-11] 각 θ에 따른 직각삼각형의 삼각비

Section 7.6 확인문제

1. 다음 부정적분을 구하라.

(a) $\int \sqrt{x-4}\, dx$

(b) $\int \frac{dx}{\sqrt{x+2}}$

(c) $\int \frac{1}{x\sqrt{4-x}}dx$

(d) $\int \sqrt[4]{1-2x}\, dx$

(e) $\int \frac{x}{\sqrt{3-x}}dx$

(f) $\int \frac{1}{\sqrt{x}\,(x+1)}dx$

(g) $\int \frac{x}{\sqrt[3]{1-x}}dx$

(h) $\int \frac{1+x}{\sqrt{1-x}}dx$

(i) $\int \frac{x\,dx}{1+\sqrt[3]{x}}$

(j) $\int \frac{1+x}{\sqrt{x}-1}dx$

2. 다음 부정적분을 구하라.

(a) $\int \frac{dx}{\sqrt{4-x^2}}$

(b) $\int \frac{dx}{\sqrt{x^2-4}}$

(c) $\int \frac{1}{\sqrt{3-x^2-2x}}\, dx$

(d) $\int \frac{1}{\sqrt{x^2-4x+5}}dx$

(e) $\int \frac{dx}{x\sqrt{4-x^2}}$

(f) $\int \frac{1}{x^2\sqrt{4-x^2}}dx$

(g) $\int \frac{\sqrt{x^2-1}}{x}dx$

(h) $\int x\sqrt{x^2+9}\, dx$

3. 다음 정적분을 구하라.

(a) $\int_0^{1/\sqrt{2}} \frac{dx}{\sqrt{1-x^2}}$

(b) $\int_0^1 \frac{x^2\,dx}{\sqrt{4-x^2}}$

(c) $\int_1^2 \frac{1}{x\sqrt{x^2+3x}}\, dx$

(d) $\int_0^1 \frac{dx}{\sqrt{4-x^2}}$

(e) $\int_0^1 x^2\sqrt{4-x^2}\, dx$

(f) $\int_1^2 \frac{dx}{x^2\sqrt{1+x^2}}$

4. $\int x\sin^{-1}x\, dx$ 를 계산하라.

Hint 부분적분법과 삼각치환법을 이용한다.

7.7 정적분의 응용

이 절에서는 정적분을 이용하여 영역의 넓이, 회전체의 부피와 겉넓이, 곡선의 길이를 구해볼 것이다.

넓이

7.3절에서 정적분을 정의하기 위하여 구간 $[a,\ b]$에서 $f(x) \geq 0$이고 연속인 함수 $y = f(x)$와 직선 $x = a$, $x = b$, x축으로 둘러싸인 부분의 넓이는 $S = \int_a^b f(x)\,dx$임을 살펴보았다. 이제 함수 $y = f(x)$가 구간 $[a,\ b]$에서 $f(x) \leq 0$이고 연속이라 하자. $f(x) \leq 0$이므로 [그림 7-12(a)]와 같이 $\int_a^b f(x)\,dx$는 넓이를 나타내지 않는다. 그러나 이 함수를 [그림 7-12(b)]와 같이 x축에 대하여 대칭이동하면, $y = -f(x)$이다. 이 함수는 구간 $[a,\ b]$에서 연속이고 $-f(x) \geq 0$이므로 구간 $[a,\ b]$에서 $y = -f(x)$와 x축으로 둘러싸인 부분의 넓이는 $S = -\int_a^b f(x)\,dx$다. 그러므로 구간 $[a,\ b]$에서 $f(x) \leq 0$이고 연속인 함수 $y = f(x)$와 직선 $x = a$, $x = b$, x축으로 둘러싸인 부분의 넓이는 $S = -\int_a^b f(x)\,dx$다.

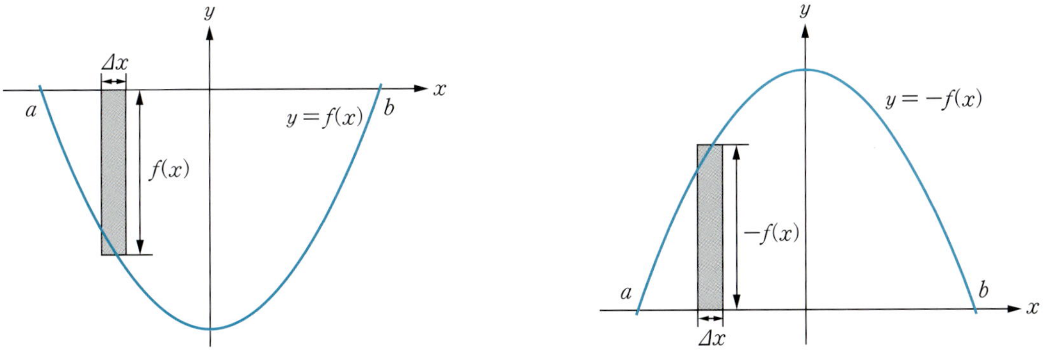

(a) $y = f(x)$ (b) $y = -f(x)$

[그림 7-12] $f(x) \leq 0$인 경우의 넓이

따라서 구간 $[a,\ b]$에서 연속인 임의의 함수 $y = f(x)$와 $x = a$, $x = b$, x축으로 둘러싸인 부분의 넓이는 다음과 같다.

$$S = \int_a^b |f(x)|\,dx$$

예제 7-29

함수 $f(x)=x^3$과 직선 $x=-1$, $x=1$, x축으로 둘러싸인 부분의 넓이를 구하라.

풀이

$-1 \le x \le 0$에서 $f(x) \le 0$이고, $0 \le x \le 1$에서 $f(x) \ge 0$이므로, 구하고자 하는 넓이는 다음과 같다.

$$S = \int_{-1}^{1} |f(x)|\,dx = \int_{-1}^{0} (-x^3)\,dx + \int_{0}^{1} x^3\,dx$$
$$= -\frac{1}{4}x^4\Big|_{-1}^{0} + \frac{1}{4}x^4\Big|_{0}^{1} = \frac{1}{4} + \frac{1}{4} = \frac{1}{2}$$

이를 그래프로 나타내면 다음 그림과 같다.

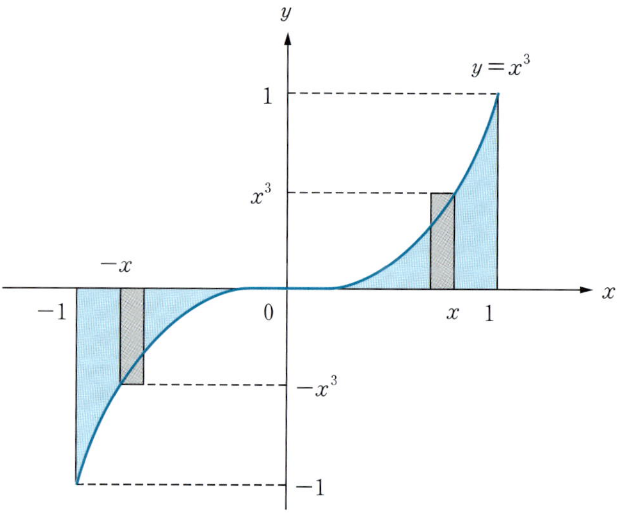

[그림 7-13]과 같이 구간 $[a, b]$에서 $0 \le g(x) \le f(x)$이거나 구간 $[a, c]$ 안의 어떤 점 $x=b$에서 $f(x)$와 $g(x)$가 교차한다고 하자. 여기서 두 함수 $f(x)$와 $g(x)$ 그리고 직선 $x=a$, $x=b$로 둘러싸인 부분의 넓이와, 두 함수와 직선 $x=a$, $x=c$로 둘러싸인 부분의 넓이를 구하는 방법을 살펴보자.

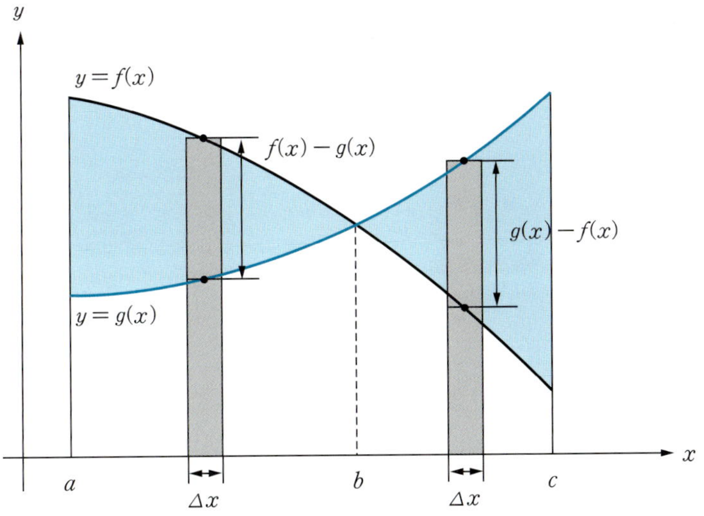

[그림 7-13] $f(x)$와 $g(x)$로 둘러싸인 부분의 넓이

[그림 7-13]과 같이 구간 $[a, b]$에서 $0 \le g(x) \le f(x)$이면, 이 구간에서 $f(x) - g(x) \ge 0$이다. 따라서 함수 $f(x)$, $g(x)$와 직선 $x = a$, $x = b$로 둘러싸인 부분의 넓이는 다음과 같다.

$$S = \int_a^b [f(x) - g(x)]\,dx$$

만일 구간 $[a, c]$ 안의 한 점 b에서 두 함수가 교차하면 두 구간 $[a, b]$와 $[b, c]$로 분할하여 각 구간에서 두 곡선으로 둘러싸인 부분의 넓이를 구한 후, 두 넓이를 더한다. 예를 들어, [그림 7-13]과 같이 구간 $[a, b]$에서 $0 \le g(x) \le f(x)$이고 구간 $[b, c]$에서 $0 \le f(x) \le g(x)$라고 하자. 그러면 구간 $[a, b]$에서 $f(x) - g(x) \ge 0$이고 구간 $[b, c]$에서 $g(x) - f(x) \ge 0$이다. 그러므로 두 함수 $f(x)$, $g(x)$와 직선 $x = a$, $x = c$로 둘러싸인 부분의 넓이는

$$\begin{aligned} S &= \int_a^b [f(x) - g(x)]\,dx + \int_b^c [g(x) - f(x)]\,dx \\ &= \int_a^c |f(x) - g(x)|\,dx \end{aligned}$$

이다. 즉 구간 $[a, c]$에서 두 함수 $f(x)$와 $g(x)$로 둘러싸인 부분의 넓이는 다음과 같다.

$$S = \int_a^c |f(x) - g(x)|\,dx$$

예제 7-30

구간 $[-1, 1]$에서 두 함수 $f(x)=x$, $g(x)=x^3$으로 둘러싸인 부분의 넓이를 구하라.

풀이

구간 $[-1, 0]$에서 $x \le x^3$이고, 구간 $[0, 1]$에서 $x^3 \le x$이므로, 구하고자 하는 넓이는 다음과 같다.

$$\begin{aligned} S &= \int_{-1}^{1} |f(x)-g(x)|\,dx = \int_{-1}^{0} (x^3-x)\,dx + \int_{0}^{1} (x-x^3)\,dx \\ &= \left(\frac{1}{4}x^4 - \frac{1}{2}x^2\right)\Big|_{-1}^{0} + \left(\frac{1}{2}x^2 - \frac{1}{4}x^4\right)\Big|_{0}^{1} \\ &= -\left(\frac{1}{4}-\frac{1}{2}\right) + \left(\frac{1}{2}-\frac{1}{4}\right) = \frac{1}{2} \end{aligned}$$

이를 그래프로 나타내면 다음 그림과 같다.

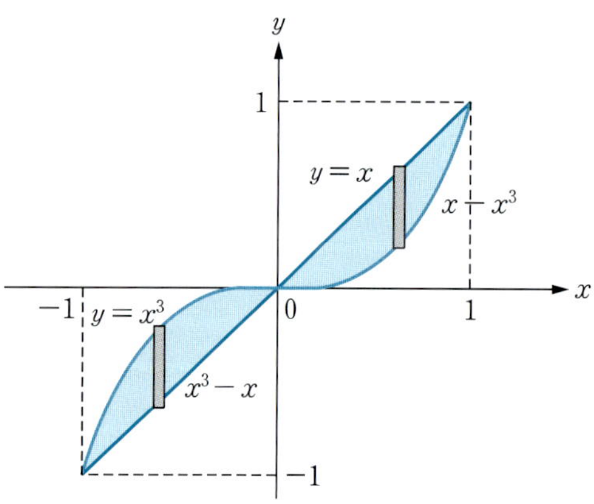

구간 $[a, b]$에서 $y=f(x)$와 $y=g(x)$로 둘러싸인 부분 $\{(x, y) \mid g(x) \le f(x),\ a \le x \le b\}$의 넓이를 구한다고 해보자. 어떤 경우는 y축을 기준으로 $x=f_1(y)$와 $x=g_1(y)$로 바꾸어 $\{(x, y) \mid g_1(y) \le f_1(y),\ c \le y \le d\}$의 넓이를 구하는 것이 더 간편할 때도 있다. 이 경우에도 x축을 기준으로 넓이를 구하는 것과 동일한 방법을 사용한다. 즉 구간 $[c, d]$에서 방정식 $x=f(y)$와 y축으로 둘러싸인 부분의 넓이는 다음과 같다.

$$S = \int_{c}^{d} |f(y)|\,dy$$

그리고 [그림 7-14]와 같이 구간 $[c, d]$에서 $x=f(y)$와 $x=g(y)$로 둘러싸인 부분의 넓이는 다음과 같다.

$$S = \int_{c}^{d} |f(y)-g(y)|\,dy$$

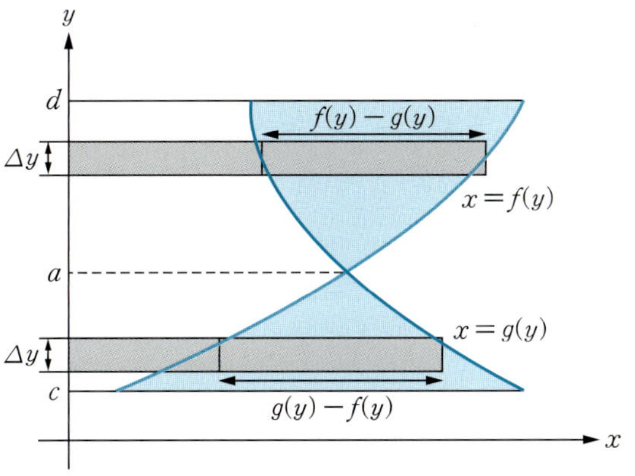

[그림 7-14] $f(y)$와 $g(y)$로 둘러싸인 부분의 넓이

예제 7-31

두 곡선 $x=y^2-4$와 직선 $y=x-2$로 둘러싸인 부분의 넓이를 구하라.

풀이

두 곡선의 교점의 y좌표를 구하면 $y=-2$, $y=3$이다. 그리고 $y=x-2$는 $x=y+2$이므로 그림과 같이 $-2 \le y \le 3$에서 두 곡선 $x=y^2-4$와 $x=y+2$로 둘러싸인 부분의 넓이를 구한다. 그러면 구하고자 하는 넓이는 다음과 같다.

$$S = \int_{-2}^{3} \{(y+2)-(y^2-4)\}\,dy = \int_{-2}^{3} (-y^2+y+6)\,dy$$
$$= \left(-\frac{1}{3}y^3 + \frac{1}{2}y^2 + 6y\right)\Big|_{-2}^{3} = \frac{125}{6}$$

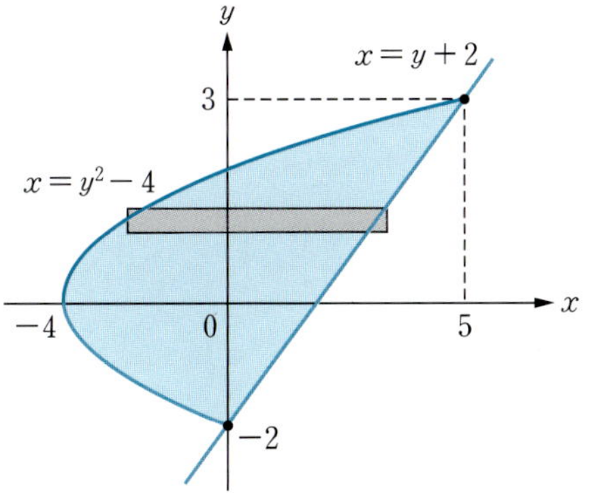

회전체의 부피

정적분을 이용하여 회전체의 부피를 구하는 방법에 대하여 살펴보자. 우선 구간 $[a,\ b]$에서 $f(x) \geq 0$이고 연속인 함수 $y = f(x)$를 x축을 중심으로 회전한 회전체를 생각한다. 이때 구간 $[a,\ b]$를 길이가 Δx로 동일한 n개의 소구간으로 분할한다고 하자.

$$[x_0,\ x_1],\ [x_1,\ x_2],\ \cdots,\ [x_k,\ x_{k+1}],\ \cdots,\ [x_{n-1},\ x_n] \qquad (\text{단, } x_0 = a,\ x_n = b)$$

그리고 $x_k \leq x_k^* \leq x_{k+1}$인 x_k^*에 대하여 $f(x_k^*)$를 x축을 중심으로 회전하면 [그림 7-15(a)]와 같다. 이때 각 소구간에서의 회전체는 [그림 7-15(b)]와 같이 밑면의 반지름이 $f(x_k^*)$이고 높이가 $\Delta x = x_{k+1} - x_k$인 동전 모양의 원기둥이 만들어진다.

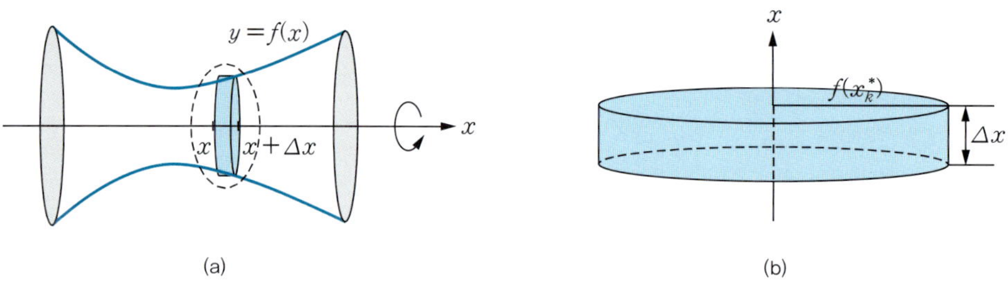

[그림 7-15] x축을 중심으로 회전한 회전체

그러므로 각 소구간에서의 원기둥의 부피를 구할 수 있다.

$$\Delta V_k = \pi \left\{ f(x_k^*) \right\}^2 \Delta x$$

따라서 n개의 원기둥 전체의 부피는 다음과 같다.

$$\sum_{k=1}^{n} \Delta V_k = \sum_{k=1}^{n} \pi \left\{ f(x_k^*) \right\}^2 \Delta x$$

이때 $n \to \infty$라 하면 회전체의 부피를 구할 수 있다.

$$V = \lim_{n \to \infty} \sum_{k=1}^{n} \Delta V_k = \lim_{n \to \infty} \sum_{k=1}^{n} \pi \left\{ f(x_k^*) \right\}^2 \Delta x = \pi \int_a^b \{f(x)\}^2 dx$$

따라서 구간 $[a,\ b]$에서 $f(x) \geq 0$이고 연속인 함수 $y = f(x)$를 x축을 중심으로 회전한 회전체의 부피는 다음과 같다.

$$V=\pi\int_a^b \{f(x)\}^2\,dx$$

이때 구간 $[a,\ b]$에서 연속인 함수 $y=f(x)$가 $f(x)\le 0$인 경우에도 x축을 중심으로 회전하므로 $f(x)\ge 0$인 경우와 동일하다. 또한 구간 $[a,\ b]$에서 연속인 두 함수 $y=f(x)$와 $y=g(x)$가 $g(x)\le f(x)$일 때, 이 두 함수로 둘러싸인 부분을 x축을 중심으로 회전한 회전체의 부피는 $f(x)$를 회전한 회전체의 부피에서 $g(x)$를 회전한 회전체의 부피를 뺀 것과 동일하므로 다음과 같이 구한다.

$$V=\pi\int_a^b \left[\{f(x)\}^2-\{g(x)\}^2\right]dx$$

동일한 방법으로 구간 $[c,\ d]$에서 연속인 곡선 $x=f(y)$를 y축을 중심으로 회전한 회전체는 [그림 7-16(a)]와 같이 생각할 수 있다. 그리고 소구간에서의 회전체는 [그림 7-16(b)]와 같으므로 이 회전체의 부피는 다음과 같이 구할 수 있다.

$$V=\lim_{n\to\infty}\sum_{k=1}^{n}\Delta V_k=\lim_{n\to\infty}\sum_{k=1}^{n}\pi\left\{f(y_k^*)\right\}^2\Delta y=\pi\int_c^d \{f(y)\}^2\,dy$$

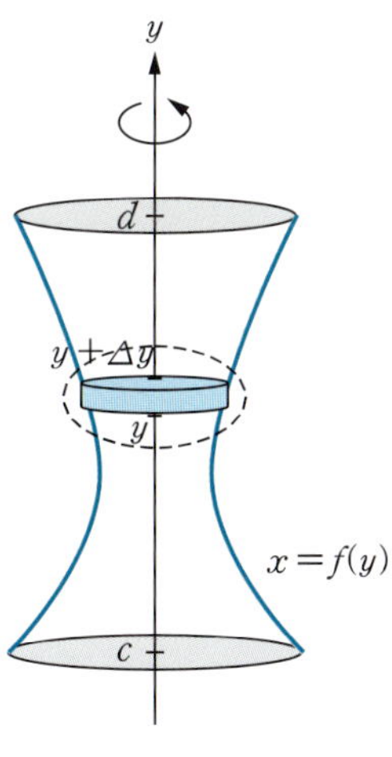

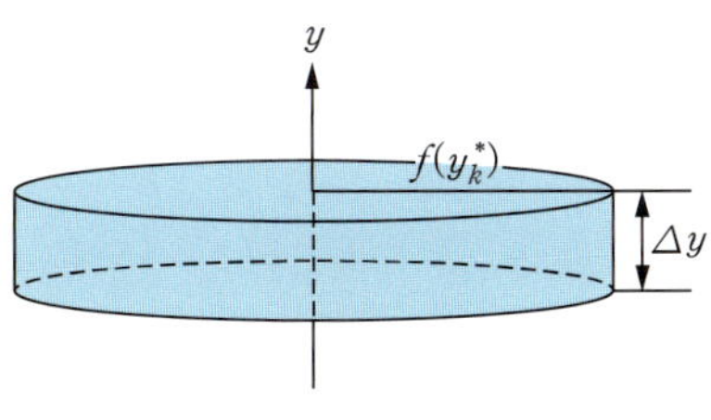

[그림 7-16] y축을 중심으로 회전한 회전체

그리고 구간 $[c,\ d]$에서 연속인 두 곡선 $x=f(y)$와 $x=g(y)$에 대하여 $g(y)\le f(y)$일 때, 이 두 곡선으로 둘러싸인 부분을 y축을 중심으로 회전한 회전체의 부피는 다음과 같다.

$$V=\pi\int_c^d \left[\{f(y)\}^2-\{g(y)\}^2\right]dy$$

예제 7-32

$y=x^2$과 $y=x$로 둘러싸인 부분을 다음과 같이 회전한 회전체의 부피를 구하라.

(a) x축을 중심으로 회전　　　　　(b) y축을 중심으로 회전

풀이

(a) $V=\pi\int_0^1\{(x)^2-(x^2)^2\}dx=\pi\int_0^1(x^2-x^4)dx$

$$=\pi\left(\frac{1}{3}x^3-\frac{1}{5}x^5\right)\Big|_0^1=\pi\left(\frac{1}{3}-\frac{1}{5}\right)=\frac{2\pi}{15}$$

(b) $V=\pi\int_0^1\{(\sqrt{y})^2-(y)^2\}dy=\pi\int_0^1(y-y^2)dy$

$$=\pi\left(\frac{1}{2}y^2-\frac{1}{3}y^3\right)\Big|_0^1=\pi\left(\frac{1}{2}-\frac{1}{3}\right)=\frac{\pi}{6}$$

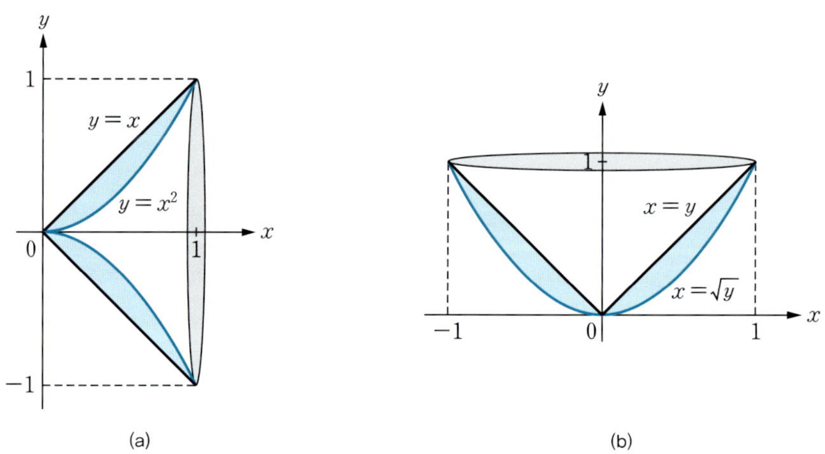

곡선의 길이

함수 $y=f(x)$가 구간 $[a, b]$에서 연속이고 구간 (a, b)에서 미분가능하면, 구간 $[a, b]$에서 $y=f(x)$의 곡선의 길이를 구할 수 있다. 구간 $[a, b]$를 길이가 Δx인 n개의 소구간으로 분할한다고 하자.

$$[x_0, x_1],\ [x_1, x_2],\ \cdots,\ [x_k, x_{k+1}],\ \cdots,\ [x_{n-1}, x_n] \qquad (\text{단, } x_0=a,\ x_n=b)$$

곡선 위의 분할된 점을 각각 P_0, P_1, $\cdots$, P_n이라 하고, [그림 7-17(a)]와 같이 곡선 위의 각 분할된 점을 선분으로 잇는다. 여기서 분할된 점 P_k의 좌표는 $(x_k, f(x_k))$이다. [그림 7-17(b)]와 같이 k번째 소구간을 확대하면 곡선 위의 두 점 P_k와 P_{k+1}을 잇는 선분을 빗변으로 하는 직각삼각형을 생각할 수 있다. 이 직각삼각형의 밑변의 길이는 Δx이고 높이는 $\Delta y = f(x_k) - f(x_{k+1})$이다.

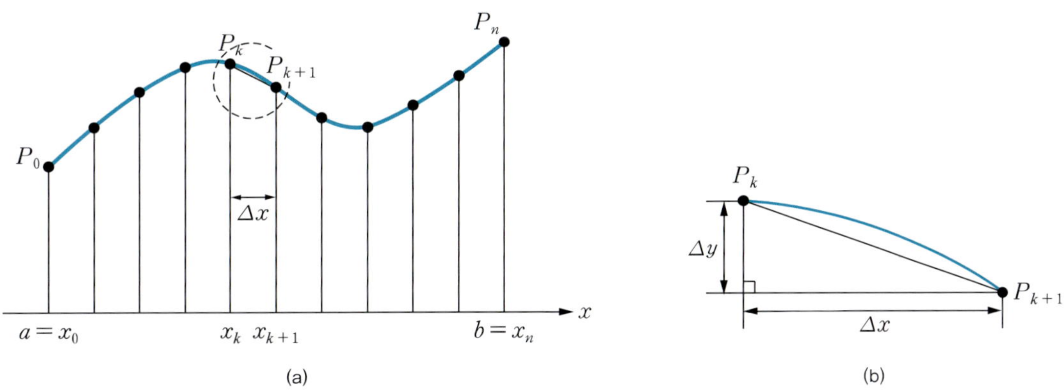

[그림 7-17] **곡선 $y=f(x)$의 길이**

이제 두 점 P_k와 P_{k+1}을 잇는 선분의 길이를 $\Delta l_k = \overline{P_k P_{k+1}}$이라 하면, 피타고라스 정리에 의하여 다음이 성립한다.

$$\Delta l_k = \overline{P_k P_{k+1}} = \sqrt{(\Delta x)^2 + (\Delta y)^2} \tag{1}$$

함수 $f(x)$가 구간 $[a, b]$에서 연속이고 구간 (a, b)에서 미분가능하므로 소구간 $[x_k, x_{k+1}]$에서 연속이고 구간 (x_k, x_{k+1})에서 미분가능하다. 그러므로 평균값 정리에 의하여 다음을 만족하는 x_k^*가 구간 (x_k, x_{k+1})에 존재한다.

$$\Delta y = f(x_k) - f(x_{k+1}) = f'(x_k^*)(x_{k+1} - x_k) = f'(x_k^*)\,\Delta x$$

따라서 Δl_k는 다음과 같이 쓸 수 있다.

$$\Delta l_k = \sqrt{(\Delta x)^2 + \left\{f'(x_k^*)\,\Delta x\right\}^2} = \sqrt{1 + \left\{f'(x_k^*)\right\}^2}\,\Delta x$$

선분 전체의 길이는 다음과 같다.

$$\sum_{k=1}^{n} \Delta l_k = \sum_{k=1}^{n} \sqrt{1 + \left\{f'(x_k^*)\right\}^2}\,\Delta x$$

그러므로 다음이 성립한다.

$$\begin{aligned} l &= \lim_{n\to\infty} \sum_{k=1}^{n} \Delta l_k = \lim_{n\to\infty} \sum_{k=1}^{n} \sqrt{1 + \left\{f'(x_k^*)\right\}^2}\,\Delta x \\ &= \int_a^b \sqrt{1 + \{f'(x)\}^2}\,dx \end{aligned}$$

즉 구간 $[a,\ b]$에서 곡선 $y = f(x)$의 길이는 다음과 같다.

$$l = \int_a^b \sqrt{1 + \{f'(x)\}^2 dx}$$

같은 방법으로 구간 $[c,\ d]$에서 곡선 $x = g(y)$의 곡선의 길이는 다음과 같다.

$$l = \int_c^d \sqrt{1 + \{g'(y)\}^2 dy}$$

예제 7-33

구간 $[0,\ 1]$에서 곡선 $y = 2x$의 길이를 구하라.

풀이

$f(x) = 2x$ 이라 하면, $f'(x) = 2$이므로 $1 + [f'(x)]^2 = 5$이다. 그러므로 구하고자 하는 곡선의 길이는 다음과 같다.

$$l = \int_0^1 \sqrt{1 + [f'(x)]^2}\,dx = \int_0^1 \sqrt{5}\,dx = \sqrt{5}\,\Big|_0^1 = \sqrt{5}$$

회전체의 겉넓이

회전체의 겉넓이를 구하기에 앞서 [그림 7-18(a)]와 같이 밑면의 반지름이 r이고 모선의 길이가 l인 원뿔을 절단하여 펼치면 [그림 7-18(b)]의 반지름의 길이가 l이고 호의 길이가 $2\pi r$인 부채꼴이 되는 것을 확인하자. 그러면 4.1절에서 살펴본 바와 같이 부채꼴의 넓이, 즉 원뿔 옆면의 넓이는 $S = \dfrac{1}{2}\, l(2\pi r) = \pi r l$이다.

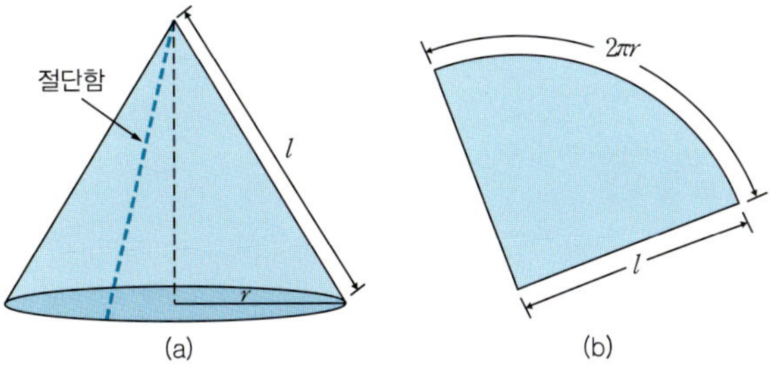

[그림 7-18] **원뿔과 절단면인 부채꼴**

이제 구간 $[a,\ b]$에서 연속이고 구간 $(a,\ b)$에서 미분가능한 함수 $f(x)$를 x축을 중심으로 회전한 회전체의 겉넓이를 구하기 위하여, 곡선의 길이를 구할 때와 같이 구간 $[a,\ b]$를 길이가 Δx인 n개의 소구간으로 분할해보자.

$$[x_0,\ x_1],\ [x_1,\ x_2],\ \cdots,\ [x_k,\ x_{k+1}],\ \cdots,\ [x_{n-1},\ x_n] \qquad (\text{단},\ x_0 = a,\ x_n = b)$$

곡선 위의 분할된 점 $P_0,\ P_1,\ \cdots,\ P_n$에 대하여 이웃하는 점을 선분으로 잇고, 선분 $\overline{P_k P_{k+1}}$을 x축을 중심으로 회전하면 [그림 7-19(a)]와 같다. 그리고 이 소구간에서 회전한 회전체는 [그림 7-19(b)]와 같은 원뿔대이다.

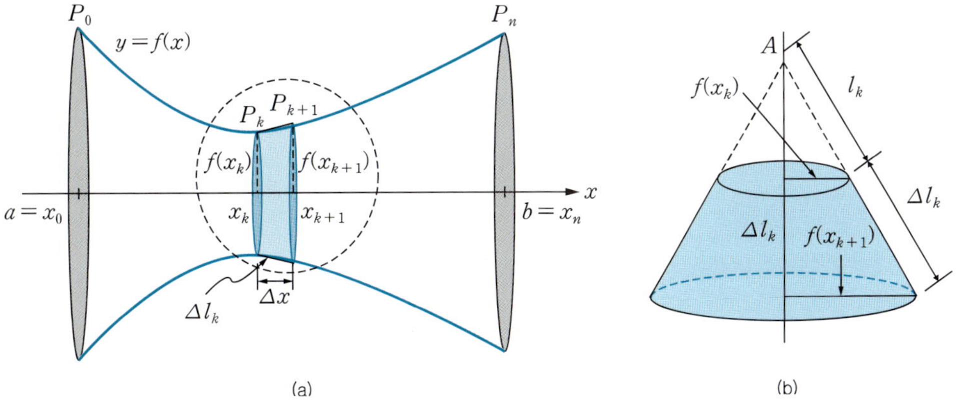

[그림 7-19] **회전체의 겉넓이**

이 원뿔대의 밑면의 반지름은 $f(x_{k+1})$, 윗면의 반지름은 $f(x_k)$, 모선의 길이는 Δl_k이다. 이제 원뿔대의 윗면을 밑면으로 하고 점 A를 꼭짓점으로 하는 원뿔의 모선의 길이를 l_k라 하자. 그러면 원뿔대의 옆면 넓이는, 밑면의 반지름이 $f(x_{k+1})$이고 모선의 길이가 $l_k+\Delta l_k$인 원뿔의 옆면 넓이에서 밑면의 반지름이 $f(x_k)$이고 모선의 길이가 l_k인 원뿔의 옆면 넓이를 뺀 것과 같다. 즉, 원뿔대의 옆면 넓이는 반지름의 길이가 $l_k+\Delta l_k$이고 호의 길이가 $2\pi f(x_{k+1})$인 부채꼴의 넓이에서 반지름의 길이가 l_k이고 호의 길이가 $2\pi f(x_k)$인 부채꼴의 넓이를 뺀 것과 같다. 따라서 원뿔대의 옆면 넓이 ΔA_k는 다음과 같다.

$$\begin{aligned}\Delta A_k &= \pi f(x_{k+1})(l_k+\Delta l_k) - \pi f(x_k) l_k \\ &= \pi\{f(x_{k+1}) l_k - f(x_k) l_k + f(x_{k+1})\Delta l_k\}\end{aligned}$$

한편 두 원뿔의 반지름과 모선의 길이 사이에 다음 비례식이 성립한다.

$$\frac{l_k}{f(x_k)} = \frac{l_k+\Delta l_k}{f(x_{k+1})}$$

그러므로 다음 관계식을 얻는다.

$$f(x_{k+1}) l_k = f(x_k)(l_k+\Delta l_k) = f(x_k) l_k + f(x_k)\Delta l_k$$

이 식을 정리하면 다음과 같다.

$$f(x_{k+1}) l_k - f(x_k) l_k = f(x_k)\Delta l_k$$

위 식을 ΔA_k에 대입하면 다음을 얻는다.

$$\begin{aligned}\Delta A_k &= \pi\{f(x_k)\Delta l_k + f(x_{k+1})\Delta l_k\} \\ &= \pi\{f(x_k) + f(x_{k+1})\}\Delta l_k\end{aligned}$$

301쪽의 식 (1)에 따라 $\Delta l_k = \sqrt{(\Delta x)^2+(\Delta y)^2}$ 이므로 ΔA_k는 다음과 같다.

$$\begin{aligned}\Delta A_k &= \pi\{f(x_k)+f(x_{k+1})\}\cdot\sqrt{(\Delta x)^2+(\Delta y)^2} \\ &= \pi\{f(x_k)+f(x_{k+1})\}\cdot\sqrt{1+\left(\frac{\Delta y}{\Delta x}\right)^2}\ \Delta x\end{aligned}$$

이때 $\Delta y = f(x_{k+1}) - f(x_k)$이다. 그러면 곡선의 길이를 구하는 방법에서와 같이 평균값 정리에 의하여 다음을 만족하는 $x_k < x_k^* < x_{k+1}$인 어떤 x_k^*가 존재한다.

$$\Delta A_k = \pi \{f(x_{k+1}) + f(x_k)\} \cdot \sqrt{1 + \{f'(x_k^*)\}^2}\ \Delta x$$

이때 충분히 작은 Δx에 대하여, $x_{k+1} \approx x_k{}^* \approx x_k$이고 $f(x)$가 연속이므로 $f(x_{k+1}) \approx f(x_k{}^*) \approx f(x_k)$이다. 따라서 다음 결과를 얻는다.

$$\Delta A_k \approx 2\pi f(x_k^*) \sqrt{1 + \{f'(x_k^*)\}^2}\ \Delta x$$

그러므로 정적분의 정의에 의하여 다음이 성립한다.

$$\begin{aligned} A &= \lim_{n \to \infty} \sum_{k=1}^{n} \Delta A_k = \lim_{n \to \infty} \sum_{k=1}^{n} 2\pi f(x_k^*) \sqrt{1 + \{f'(x_k^*)\}^2}\ \Delta x \\ &= 2\pi \int_a^b f(x) \sqrt{1 + \{f'(x)\}^2}\, dx \end{aligned}$$

따라서 함수 $f(x)$를 구간 $[a, b]$에서 x축을 중심으로 회전한 회전체의 겉넓이는 다음과 같다.

$$A = 2\pi \int_a^b f(x) \sqrt{1 + \{f'(x)\}^2 dx}$$

동일한 방법으로 함수 $x = g(y)$를 구간 $[c, d]$에서 y축을 중심으로 회전한 회전체의 겉넓이는 다음과 같다.

$$A = 2\pi \int_c^d g(y) \sqrt{1 + \{g'(y)\}^2 dy}$$

예제 7-34

$x=0$에서 $x=1$까지 함수 $y=2x$를 다음과 같이 회전할 때, 회전체의 겉넓이를 구하라.

(a) x축을 중심으로 회전 (b) y축을 중심으로 회전

풀이

(a) $f(x)=2x$ 이므로 $f'(x)=2$다. 따라서 x축을 중심으로 회전한 회전체의 겉넓이는 다음과 같다.

$$A=2\pi\int_0^1 f(x)\sqrt{1+\{f'(x)\}^2}\,dx = 2\pi\int_0^1 2x\sqrt{1+2^2}\,dx$$
$$=2\sqrt{5}\pi\left(x^2\right)\Big|_0^1 = 2\sqrt{5}\pi$$

(b) $y=2x$ 이므로 $x=g(y)=\frac{y}{2}$ 이고 $g'(y)=\frac{1}{2}$ 이며 적분 구간은 $[0,\ 2]$다. 따라서 y축을 중심으로 회전한 회전체의 겉넓이는 다음과 같다.

$$A=2\pi\int_0^2 g(y)\sqrt{1+\{g'(y)\}^2}\,dy = 2\pi\int_0^2 \frac{y}{2}\sqrt{1+\left(\frac{1}{2}\right)^2}\,dy$$
$$=\frac{\sqrt{5}\pi}{2}\left(\frac{1}{2}y^2\right)\Big|_0^2 = \sqrt{5}\pi$$

Section 7.7 확인문제

1. 다음 주어진 구간에서 곡선과 x축으로 둘러싸인 부분의 넓이를 구하라.

(a) $y=\cos x,\ [0,\ \pi]$ (b) $y=\tan x,\ \left[-\frac{\pi}{3},\ \frac{\pi}{3}\right]$

(c) $y=x^2+x-2,\ [-2,\ 1]$ (d) $y=\ln(3-x),\ [0,\ 2]$

2. 다음 곡선과 직선에 의하여 둘러싸인 부분의 넓이를 구하라.

(a) $y=2-x^2,\ y=x$ (b) $x+y^2=14,\ x+y=2$

(c) $y=\sqrt{x},\ y=x$ (d) $y=(x-1)^3,\ y=x-1$

3. 두 곡선에 의하여 둘러싸인 부분의 넓이를 구하라.

(a) $x=y^3,\ x=y^2$　　(b) $y=x^4-3x^2,\ y=2x^3$

(c) $x+2y^2=0\ ,\ x+4y^2=2$　　(d) $y=\dfrac{2}{1+x^2},\ y=x^2$

4. 다음 곡선과 직선으로 둘러싸인 부분을 x축을 중심으로 회전한 회전체의 부피를 구하라.

(a) $y=x^2,\ y=0,\ x=0,\ x=2$　　(b) $y=\dfrac{1}{x^2},\ y=0,\ x=1,\ x=2$

(c) $y=x-\sqrt{x}\ ,\ y=0,\ x=0,\ x=1$　　(d) $y=\sin x\cos x,\ y=0,\ x=0,\ x=\dfrac{\pi}{2}$

5. 다음 곡선과 직선으로 둘러싸인 부분을 y축을 중심으로 회전한 회전체의 부피를 구하라.

(a) $y=\sqrt{x}\ ,\ y=1,\ y=2$　　(b) $y=\dfrac{1}{x},\ y=1,\ y=2$

(c) $y=\ln(x+1),\ x=0,\ y=2$　　(d) $y=x^2+1,\ y=0,\ x=0,\ x=1$

6. 곡선 $y=x^2$과 직선 $y=2x$로 둘러싸인 영역을 직선 $y=4$를 중심으로 회전한 회전체의 부피를 구하라.

7. 밑면은 반지름이 a인 원이고 높이가 h인 원뿔의 부피를 구하라.

8. 다음 주어진 구간에서 함수에 대한 곡선의 길이를 구하라.

(a) $y=\dfrac{x^3}{3},\ [0,\ 1]$　　(b) $4x=y^2\ ,\ [0,\ 2]$

9. $0\le x\le 2$에서 직선 $y=2x$와 x축으로 둘러싸인 부분을 x축을 중심으로 회전한 회전체의 겉넓이를 구하라.

Chapter 07 연습문제

※ 다음 부정적분을 구하라.

7.1 $\int \frac{x^3-2x+1}{x}\,dx$

7.2 $\int \left(x+\frac{1}{x}\right)^3 dx$

7.3 $\int \frac{2x^2}{(x^3+1)^2}\,dx$

7.4 $\int \frac{1-x}{\sqrt{2x-x^2}}\,dx$

7.5 $\int \frac{x^2+1}{\sqrt{x^3+3x+4}}\,dx$

7.6 $\int \sin x \ln(\cos x)\,dx$

7.7 $\int (\ln x)^2\,dx$

7.8 $\int x^2 e^{-x}\,dx$

7.9 $\int x\cos(x^2)\,dx$

7.10 $\int x\cos 2x\,dx$

7.11 $\int x(\ln x)^2\,dx$

7.12 $\int 2x^3 \ln x^2\,dx$

7.13 $\int \frac{x^2+x-1}{x^2-1}\,dx$

7.14 $\int \frac{x^2+2}{x^4-1}\,dx$

7.15 $\int \frac{\sin^5 x}{\sqrt{\cos x}}\,dx$

7.16 $\int \frac{\cos^2 2x}{\sin^4 2x}\,dx$

7.17 $\int \cos 2x \sin 3x\,dx$

7.18 $\int \sin 2x \cos 3x\,dx$

7.19 $\int \frac{x\,dx}{\sqrt{2-x}}$

7.20 $\int \frac{\sqrt{x^2+1}}{x^3}\,dx$

※ 다음 정적분을 구하라.

7.21 $\int_0^1 \frac{x^2-1}{1+x^2}\,dx$

7.22 $\int_0^1 \frac{x}{1+x^2}\,dx$

7.23 $\int_0^1 (2^x+3e^x)\,dx$

7.24 $\int_{-1}^3 |x(x-2)|\,dx$

7.25 $\int_1^e \frac{\ln x}{x}\,dx$

7.26 $\int_1^e x\ln x\,dx$

7.27 $\int_0^{\pi} e^x \cos^2 x\,dx$

7.28 $\int_1^2 \frac{1}{x^3+x}dx$

7.29 $\int_{-1/2}^{1/2} \cos^{-1} x\,dx$

7.30 $\int_0^1 \tan^{-1} x\,dx$

7.31 $f(1)=0$ 이고 $\int f(x)dx = xf(x)-6x^4+6x^3$ 을 만족하는 함수 $f(x)$ 를 구하라.

Hint 양변을 x 에 대해 미분한다.

7.32 $0 \le x \le 4$ 에서 함수 $f(x)=2e^x+1$ 에 대하여 적분의 평균값 정리를 만족하는 c 를 구하라.

7.33 그래프 위의 각 점 (x, y) 에서 접선의 기울기가 $\cos x + \sin x$ 이고 점 $\left(\frac{\pi}{4}, 2\right)$ 를 지나는 함수 $y=f(x)$ 를 구하라.

※ 다음을 구하라.

7.34 $\frac{d}{dx}\int_1^x (t^2-1)(t^2-2)\,dt$

7.35 $\frac{d}{dx}\int_{-x}^{x^2} (x-t)^2(t+2)\,dt$

7.36 $\frac{d}{dx}\int_x^2 (t^2-1)\,dt$

7.37 $\frac{d}{dx}\int_x^{\sqrt{x}} \sqrt{t+1}\,dt$

※ 정적분을 이용하여 다음 극한값을 구하라.

7.38 $\lim_{n\to\infty} \frac{1}{n}\sum_{k=1}^{n}\left(3+\frac{k}{n}\right)^2$

7.39 $\lim_{n\to\infty} \sum_{k=1}^{n} \frac{n}{n^2+k}$

※ 다음 두 함수로 둘러싸인 부분의 넓이를 구하라.

7.40 $x+y^2=2,\ 2x+y^2=1$

7.41 $y=x^3,\ y=4-3x^2$

7.42 곡선 $y=\ln x$와 곡선 위의 점 $(e, 1)$에서 그은 접선, 그리고 x축으로 둘러싸인 부분의 넓이를 구하라.

7.43 곡선 $y=x(2-x)$와 x축으로 둘러싸인 부분의 넓이를 직선 $y=mx$가 이등분할 때, 직선과 곡선이 만나는 점의 x좌표를 구하라.

※ 다음 회전체의 부피를 구하라.

7.44 $y=x+3$, $y=x^2+1$로 둘러싸인 부분을 x축을 중심으로 회전한 회전체

7.45 $x=y^2\sqrt{y}$, $y=1$, $x=0$으로 둘러싸인 부분을 y축을 중심으로 회전한 회전체

7.46 $0 \le x \le \frac{\pi}{4}$에서 $y=\cos x$, $y=\sin x$로 둘러싸인 부분을 x축을 중심으로 회전한 회전체

7.47 $xy=2$, $y=1$, $y=2$, $x=0$으로 둘러싸인 부분을 y축을 중심으로 회전한 회전체

7.48 $-3 \le x \le 3$에서 타원 $\frac{x^2}{16}+\frac{y^2}{4}=1$을 x축을 중심으로 회전시켰을 때, 이 회전체의 부피를 구하라.

7.49 $0 \le \theta \le 2\pi$에서 곡선 $x=a\cos\theta$, $y=a\sin\theta$에 의한 곡선을 **성망형**astroid이라고 한다. 이 곡선의 길이를 구하라.

7.50 여객기의 날개 부분에 있는 기름 탱크는 함수 $f(x)=\frac{x^2}{8}\sqrt{2-x}$를 x축을 중심으로 회전한 회전체의 형태다. 이 기름 탱크의 부피를 구하라.

기타

가

다

라

마

바

사

아

자

차

카

타

파

하